nature

科学 系譜の知

竹内薫 監修

News & Views

バイオ（生命科学）｜医学｜進化（古生物）

Biology [life science], Medicine, Evolution [paleontology]

実業之日本社

はじめに

『ネイチャー』誌（nature〔論文などでは〝Nature〟とも記される〕）の名物解説「ニューズ・アンド・ヴューズ」（News & Views）のなかから、バイオ・医学・生物・進化のここ10年あまりの解説を集めてみた。10年というと、少し古い論文が含まれるような気がするが、実は、最新論文だけを見ているとわからない、科学の「大きな流れ」が見えてくるはずだ。

「ニューズ・アンド・ヴューズ」は、原論文の中身を専門家以外の人のために解説するもので、じっくりと読めば、一般読者でも最新科学の〝エッセンス〟がつかめるようになっている。

ただし、そもそも『ネイチャー』誌は、自然＝ネイチャーのあらゆる分野を扱っているため、あまりにも幅が広く、最初から最後まで全部読もうとすると、少々、しんどいかもしれない。読者が興味をもっている分野から読み始め、あまり興味をひかない分野はざっと飛ばし読みしてもらっても一向にかまわない。

本巻の読みどころを少し見ておこう（すべて重要な話題なので、あくまでも私が個人的にハマった解説になるが）。

「ミトコンドリアのタンパク質翻訳速度と寿命」は、細胞内に共生するミトコンドリアと核とのコミュニケーションがマウスや線虫の寿命と関係する可能性を示唆する。今から20億年前の微生物どうしの「食い合い」が「共生」に落ち着き、いまだに生命体の寿命とかかわっているとしたら、摩訶不思議としか言いようがない。

「もう1つのヒトゲノム」では、紹介される数字に驚かされる。人体の総細胞数を調べると、人（つまりわれわれ）の細胞は10パーセントにすぎず、残り90パーセントは共生細菌のものだという。いいかえると、細菌がわれわれの生活に極めて重要な役割を果たしている、ということになる。その全遺伝情報が解読された。今後、共生細菌がわれわれの健康に及ぼす影響がよりよくわかるようになるだろう。

「アノイキス：癌と宿無し細胞」「癌の発生を未然に防ぐ」「肺癌の原因となる融合遺伝子」「癌幹細胞：至るところに存在する？」の4つは、「癌」の仕組みに迫る研究としてまとめて読んでもらいたい。人類は近い将来、癌を根絶することができるであろうか。

「『膠《にかわ》』の役目だけでない脳内のグリア細胞」は、脳科学の最新の知見を扱っている。これまで脳の主要な役割は神経＝ニューロンが担っていると思われてきた。だが、単なる膠の役割しか果たしていないと考えられてきたグリア細胞が、もっと積極的な働きを担っていることがわかってきた。グリア細胞の機能が解明されれば、さまざまな神経性疾患の治療につながる可能性もある。

「デニソワ人が語る人類祖先のクロニクル」は、われわれ＝人類の進化の痕跡をたどる。アフリカから世界中に広まったわれわれの祖先は、ネアンデルタール人やデニソワ人からの遺伝子流動を受けたようだ（ようするに子供ができたわけですね）。自分の遺伝子にホモ・サピエンス以外の人類の血が混ざっているとは驚きである。

よく、トカゲの尻尾切りなどというが、「トカゲの尻尾の役割」は、なんともユーモラスな研究だ。トカゲはジャンプして壁に取りつく際に尻尾を丸めて、回転のバランスを取っているのだという。ちなみに、ネコやネズミやカンガルー、さらには恐竜の尻尾も同じ使い方があったらしい。『ネイチャー』誌には、たまに、このような面白い論文も掲載される。

駆け足で本巻の読みどころを見てきたが、この10年の『ネイチャー』誌の論文を知れば、この10年の人類の科学の歩みがわかる。くりかえしになるが、読者の興味にしたがい、どこから読み始めてもらってもかまわない。

素晴らしき「知」の旅へ、ようこそ！

２０１５年初春　竹内　薫

目次

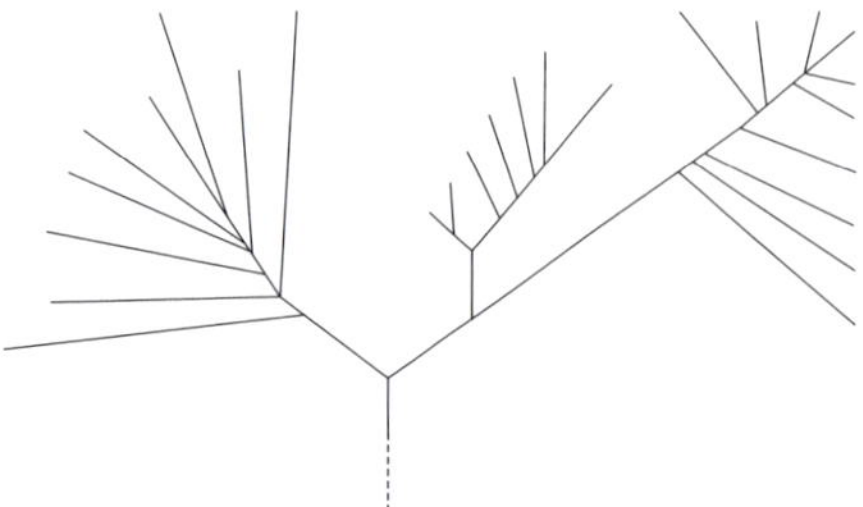

医学

Medicine

応用生物 Applied Biology

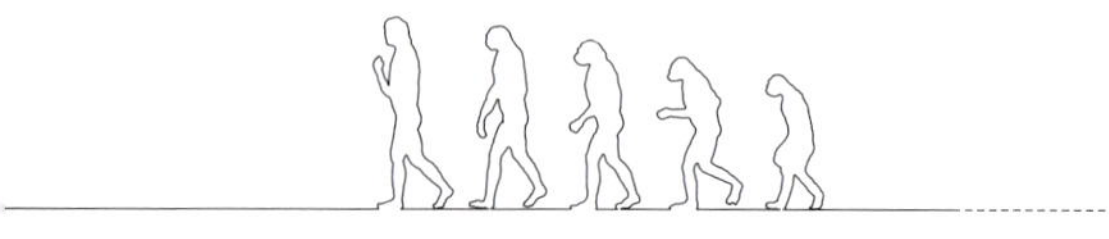

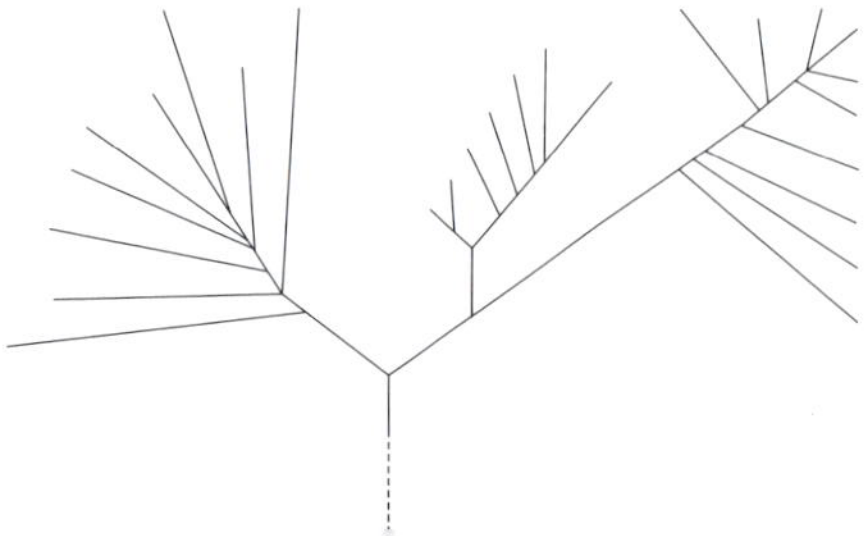

進化

Evolution [paleontology]

特別収録

Special compilation

本書の内容および筆者の所属・肩書き等は、『nature』誌発行時点のものです。参考文献についても原文のままとなっています。

本書は『nature』ならびに『natureダイジェスト』の「News & Views」を再編集し、再録したものです。本書への掲載にあたり記事または図版の一部を加筆・改編・割愛しているものもあります。さらに用字・用語等の一部を改編していますが、その責任はすべて本書編集部にあります。ご了承ください。

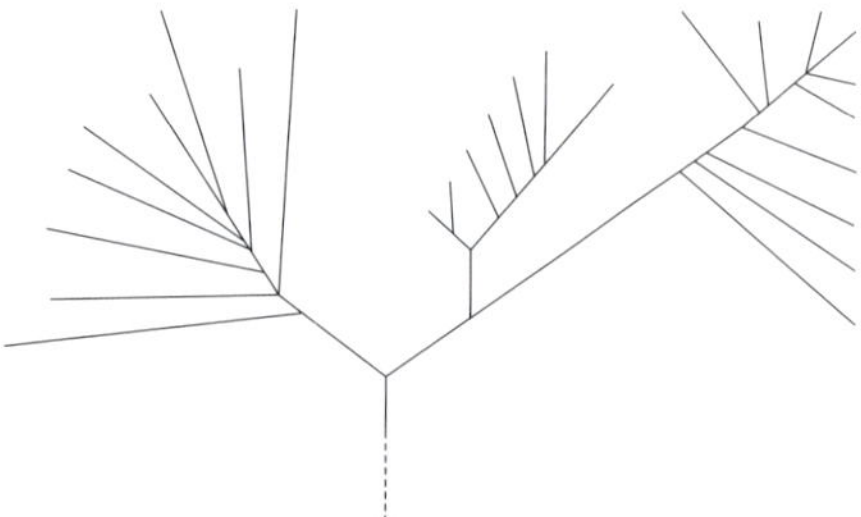

バイオ（生命科学）

Biology [life science]

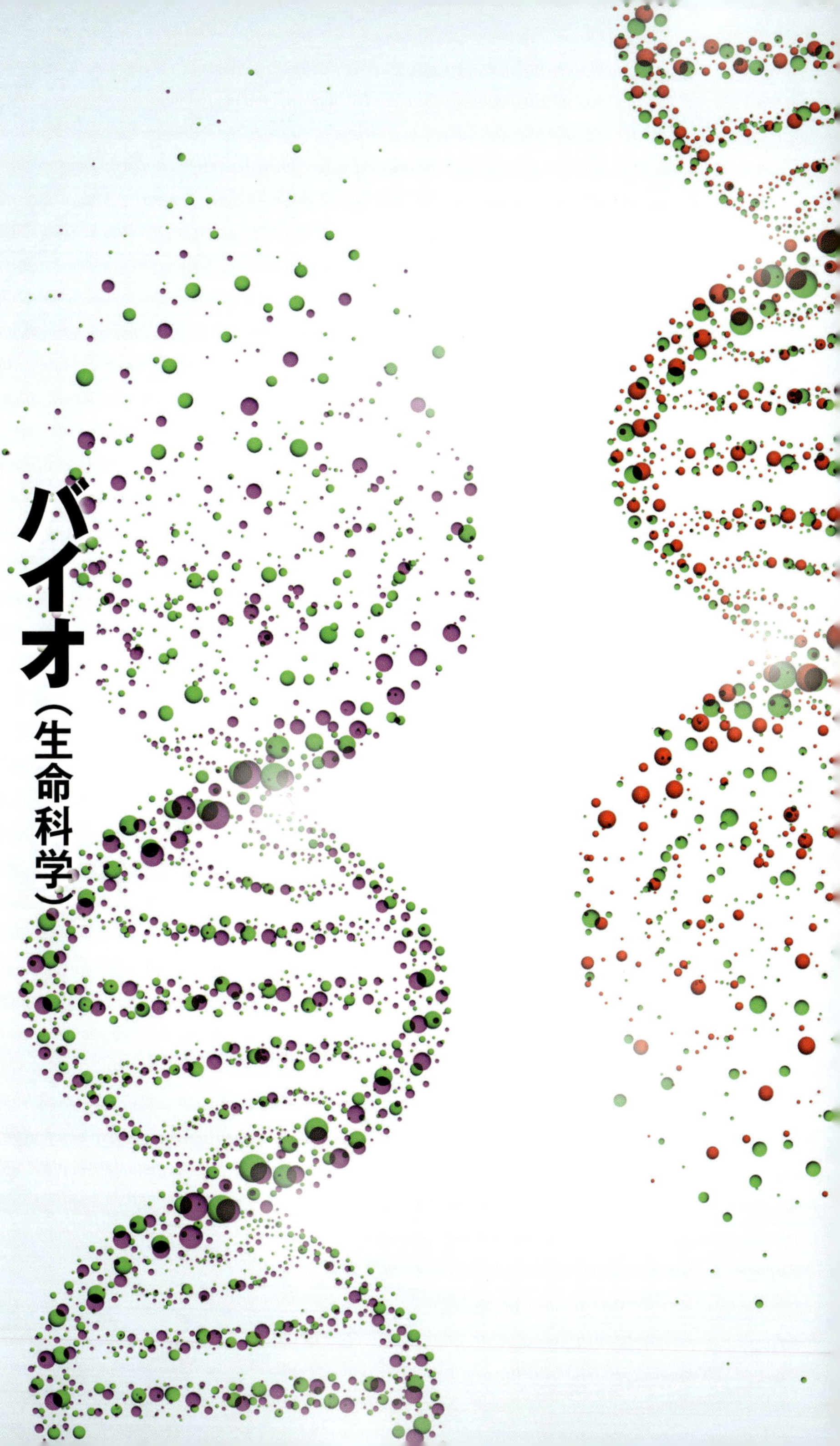

DNA複製を開始させるスイッチの解明

A switch for S phase

Michael Botchan　2007年1月18日号　Vol.445 (272-274)

真核細胞がDNAの二重螺旋《らせん》構造のあるスポットから複製を開始させ、必要なコピーが終わったら閉じるという、ON／OFFのスイッチに当たるタンパク質因子は何か？そのメカニズムの1つについて、詳細があきらかになった。

1992年、DNA上のスポットを認識し、細胞周期のDNA複製期を開始させるタンパク質因子が出芽酵母で発見されたものの、「複製開始点認識複合体」を見つけることは課題の1つにすぎず、DNA合成を開始させる〝スイッチ〟に何が関与しているのかが求められていた。その複雑に入り組んだプロセスの核心部分はSld3とSld2という2種類のタンパク質のリン酸化（活性化を意味する）と、Dpb11という名の第3のタンパク質が関与する――という新報告が出た。DNA複合開始点でこれら3つのタンパク質などが組み立てられると、DNAの巻き戻し過程が開始され、続いて未知の仕組みでDNA合成が始まる。複製開始のスイッチが判明してきた。

▼ポスト「複製開始点認識複合体」発見からの大きな目標 "S-CDK" 標的

1992年の『Nature』誌上でLiとAlbertsは、[1]同じ号に報告された創造的なある知見[2]について論評した。それは、DNA上のスポットを認識して細胞周期のDNA複製期を開始させるタンパク質因子を、出芽酵母*Saccharomyces cerevisiae*で見つけたという知見だった。しかし、この「複製開始点認識複合体」を見つけ出すことは課題の1つにすぎず、DNA合成を開始させる事実上のスイッチにいったい何が関与しているのかを突き止めることが、もう1つの課題として残されていた。後者の課題の達成が『Nature』2007年1月18日号で、ZegermanとDiffley[3]および田中誠司らのチーム[4]によって報告されている。この複雑に入り組んだ過程の核心部分は、Sld3とSld2という2種類のタンパク質のリン酸化（つまり活性化）と、Dpb11という名の第3のタンパク質の関与にある。DNA複製過程は細胞周期の早い段階に、核の分裂の最後とその次のG1期に起こる出来事とともに始まる。続いてS期にDNA合成が開始し、このDNA合成の最中には全ゲノムの完全なコピー1組がつくられる。細胞周期を区切る期から期への移行はいずれも、ほかのタンパク質のリン酸化を制御するサイクリン依存性キナーゼ（CDK）類の活性化と不活性化によって制御されている。したがって、複製開始点認識複合体が見つかってからは、S-CDK（G1期からS期へのスイッチ切り替えを促すCDK）の実質上の標的を見つけることが大きな目標となった。

このスイッチの仕組みを解明するには、DNA上の正しい位置にほぼ完全な複製装置をもってくる複雑な経路を調べる必要があった。最初にあきらかになったのは、G1期中に行なわれ

1. *Li, J. J. & Alberts, B.* Nature 357, *114-115 (1992).*
2. *Bell, S. P. & Stillman, B.* Nature 357, *128-134 (1992).*
3. *Zegerman, P. & Diffley, J. F. X.* Nature 445, *281-285 (2007).*
4. *Tanaka, S. et al.* Nature 445, *328-332 (2007).*

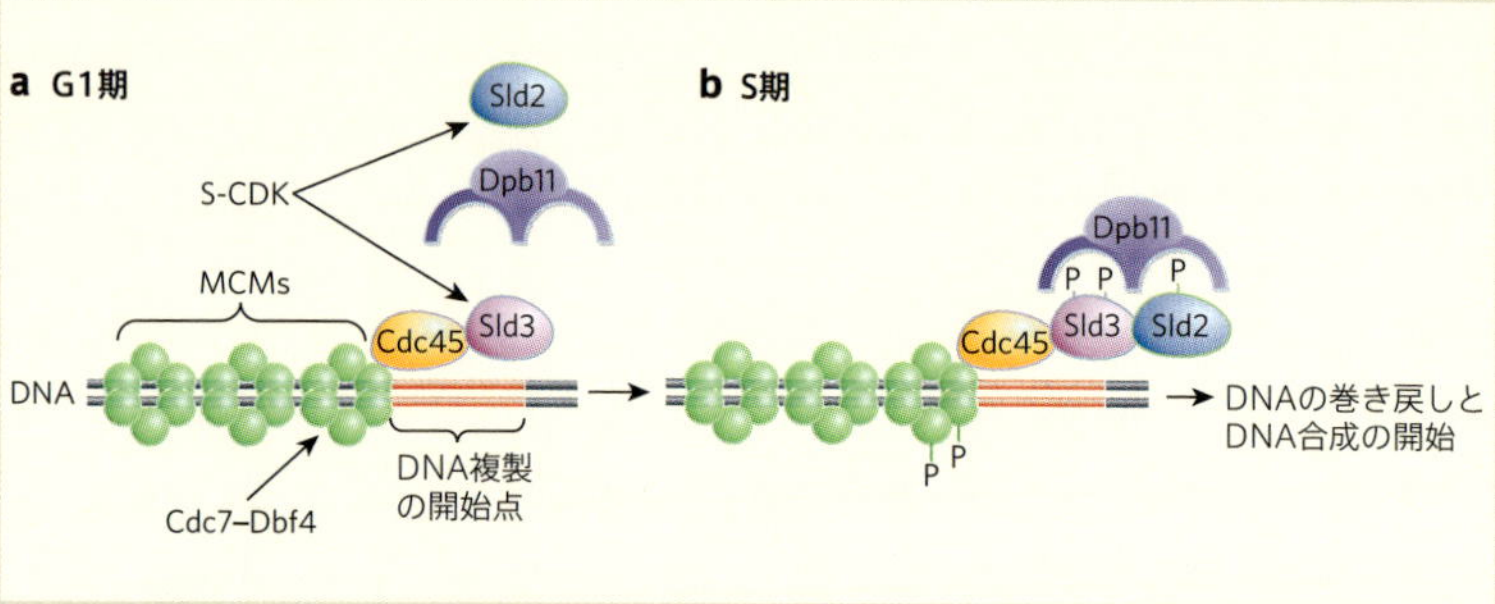

図１　DNA複製とG1期からＳ期へのスイッチ
ａ：G1期中に、DNA複製の開始点近くで複製前複合体が組み立てられる。MCMタンパク質は、複製開始点認識複合体とCdc6（図示していないが、複製開始点認識複合体の上に位置する）の働きによって該当部位に乗っかる。Sld3とCdc45は、まだよくわかっていない方法で、このDNA–タンパク質複合体と結びつく。
ｂ：DNA合成は、ａで図示した２つのキナーゼ（S-CDKとCdc7-Dbf4）がここで表示してあるようにほかの因子類をリン酸化（Ｐ）した後、迅速に開始する。どちらのキナーゼも複製開始点認識複合体と相互作用し、複製開始点認識複合体はこれらのキナーゼを複製開始部位に向かわせる。修飾によってSld3とSld2はDpb11といっしょになる（Dpb11のBRCT反復配列を介する）。DNA複製開始点でこれらのタンパク質（そしておそらく他のタンパク質も）が組み立てられると、DNAの巻き戻し過程が開始され、続いて未知の仕組みでDNA合成が始まる。今回の新しい成果[3, 4]の要点は、Sld3とSld2がDpb11にドッキングすることが、複製開始スイッチを入れるのに必須の出来事だということだ。

る複製前複合体の組み立ての解明だった（図1）。この組み立てには、複製開始点認識複合体および低量のCDKと相互作用するさまざまな因子類が必要である。ヘリカーゼ酵素の一種によって行なわれるDNA鎖の巻き戻しは、間違いなくDNA合成のもっとも初期段階の1つであり、そうした酵素の不活性型が、この経路の早い段階で複製前複合体のところにやってくる。複製開始点認識複合体ともう1つの「プレーヤー」であるCdc6が1つの装置をつくり上げ、これがG1期の最中に他のタンパク質（ミニ染色体維持タンパク質：MCM）をDNA複製の開始点へ動員する。[5] MCMは最終的に、S期中に不可欠なヘリカーゼ活性の担い手となる。他の研究[6]から、複製前複合体の成分がS期促進因子類によって破壊され、そのおかげでDNA合成を一度だけ開始できる仕組みがすでにあきらかにされていた。だが、DNA合成開始の実質的なスイッチは謎に包まれたままだった。

▼DNA合成開始の実質的スイッチS-CDKの標的成分を解明

Zegerman と Diffley[3] および田中らのチーム[4]は今回、分裂酵母でこのスイッチの構成成分、つまりS-CDKの標的に当たる成分をあきらかにした。また両チームは、細胞がDNA合成を開始するためにG1期中に何を完了しておかなければならないかを驚くほど詳しく解明している。おそらくこのスイッチは、ポリメラーゼ（DNA合成を実質的に担う酵素）の基質をつくり出すDNA巻き戻し過程の活性化に伴って登場し、Dpb11、Sld3、Sld2（略して11-3-2）を含んでいる。荒木弘之たちによるこれまでの研究で、Sld2がS-CD

5. *Randell, J. C. W., Bowers, J. L., Rodriguez, H. K. & Bell, S. P.* Mol. Cell 21, *29-39 (2006).*
6. *Blow, J. J. & Dutta, A.* Nature Rev. Mol. Cell Biol. 6, *476-486 (2005).*

Ｋの非常に重要な標的であることや、Ｓｌｄ２とＤｐｂ11の間に遺伝的・生化学的な相互作用が存在することがあきらかになっている。きわめて重要なことに、リン酸化型のＳｌｄ２はＤｐｂ11のＢＲＣＴ反復配列という特定部分にしっかりと結合する。正常遺伝子のコピーに代わってリン酸化型類似の残基をコードする改変ＳＬＤ２遺伝子を発現させると、機能は維持できたが、細胞はまだＧ１期通過と機能するＳ－ＣＤＫを必要とした。この知見は、Ｓ－ＣＤＫに他の標的が存在していることを実証したものではなく、あくまで暗示したものだった。Ｓｌｄ３にはＣＤＫ類によってリン酸化される部位が12カ所あり、Ｄｐｂ11とＳｌｄ３に遺伝的相互作用があることから、実験のスポットライトがＳｌｄ３に向けられた。Zegerman と Diffley[3] および田中らのチーム[4]の新しい実験によって、Ｓｌｄ３の２つのアミノ酸残基およびＳｌｄ２の１つのアミノ酸残基のリン酸化があれば、複製開始スイッチの作動に必要なものがすべて揃うことがあきらかになったのである。重要なことに、リン酸化したＳｌｄ２とＳｌｄ３の２つのタンパク質はＤｐｂ11に結合しなければならず（図１）、この結合はおそらく、複製開始点認識複合体によってＤＮＡ複製開始点の印づけをなされた部位で起こっているのだろう。

▼Ｓ－ＣＤＫの「バイパス」から〝11－３－２複合体〟の新たな探査が始まる

この知識を武器に、２つの研究チーム[3,4]はＳ－ＣＤＫがＳ期を促す必要のない「バイパス」状態を作り出すことができた。そして、このおかげでＳ期への進行を決定する機構を解きほぐすことができたのである。その研究手法には、細胞をＧ１期で停止させるα因子という酵母由来ホルモンが使われた。この因子を遺伝子操作技術と併用することで、S－CDK活性なしにS期に入ることのできる酵母株がどういう経緯をたどるかを調べられる。

S－CDK活性が必要でない条件下では、DNA複製が早まりG1期は完全に回避されると予想できるだろう。Zegerman と Diffley[3] によれば、S－CDKバイパス系を備えた細胞をα因子により停止させると、わずかなDNA複製しか見られない。G1期は細胞にとって忙しい時期であるし、もう1つの必須なキナーゼであるCdc7の調節サブユニットDbf4は、最初のうちは分解されてしまい、G1期に特異的なCDK類がタンパク質分解装置を不活性化させた後に初めて臨界値に達する。DNA複製でCdc7－Dbf4キナーゼのおもな標的になるものとして、MCMタンパク質群がある[7]（図1）。Zegerman と Diffley は、バイパス系が適所にあってDbf4が適正に発現すれば、α因子によるG1期停止細胞でのDNA複製を増強できること、そして、予想されるように死に至ることを報告している。したがって、G1期に時期尚早のDNA複製が起こらないようにするには、Cdc7とS－CDK両方の活性の調節が必要であり、図1にあるような一連の段取りが進められることになる。このようにして、細胞周期の次の期に入るため、あるいは少なくともDNA複製を行なうために必要十分な条件を整えるには、G1期中にどんなことを完了しなければならないのかが大まかにとらえられたわけである。現在探し求められているのは、11－3－2複合体がどんなことをやってDNA複製を開始させているのかを知るための機構上の手がかりである。その機能が何であれ、11－3－2複合体は一過性の存在であって、DNA合成を推進する段階を過ぎると必要でなくなる[8]。コ

7. *Sheu, Y. J. & Stillman, B.* Mol. Cell 24, *101-113 (2006).*
8. *Kanemaki, M. & Labib, K.* EMBO J. 25, *1753-1763 (2006).*

ラム１に現在の考え方の一部を紹介した。この話題はこれから大きな関心を集めるだろう。

ところで、15年前に出されたコメントには私も共感を覚える。LiとAlbertsは当時の「News & Views」で、複製開始点認識複合体を突き止めた成果を「聖杯」の発見に匹敵するものだと評価していたのだ。ZegermanとDiffley[3]および田中らのチーム[4]が果たした今回の発見の重要性も、細胞生物学者や分子生物学者の立場から見れば15年前の言葉をそのまま当てはめて評価できると思う。

Michael Botchanはカリフォルニア大学（米）バークレー校に所属している。

11-3-2複合体と分子の仲人

11-3-2（Dpb11-Sld3-Sld2）複合体がDNA複製を開始させるために何をしているかを知る手がかりは、田中たちの実験[4]の一部から得られた。

彼らが探したのは、バイパス型のSld2と高レベルのDbf4が発現した場合に、死に至る変異体だった。スクリーニングで、ある型のCdc45遺伝子が見つかった。この遺伝子はJET1として知られ、DNA複製に必須なことがわかっている別のタンパク質をコードしている。JET1をSld2バイパス型遺伝子といっしょに発現させると、G1期とDNA複製開始の連結も切り離される。Cdc45は、複製開始点認識複合体やSld3、Cdc6、ミニ染色体維持タンパク質（MCM）といっしょに複製開始点に乗っていることがわかっている（12ページ掲載の図1）。

しかしこのタンパク質集団のうち、DNAポリメラーゼとともにこの部位から移動するタンパク質は、MCM（結合したヘリカーゼとともに）とCdc45のみである。

おそらく、ヘリカーゼの活性化に必須の段階は、MCMに他の因子類が結合することだろう。これらの因子類の正体として、「G-NS」複合体が考えられている。これは、それぞれがDNA複製に不可欠な4つのタンパク質から構成されている。11-3-2複合体はいうなれば、DNAポリメラーゼに従う複製装置全体の組み立てを完了させる分子の「仲人」だと考えられ、JET1はこの複製装置とG-NS複合体の結びつきを安定化させているのかもしれない。

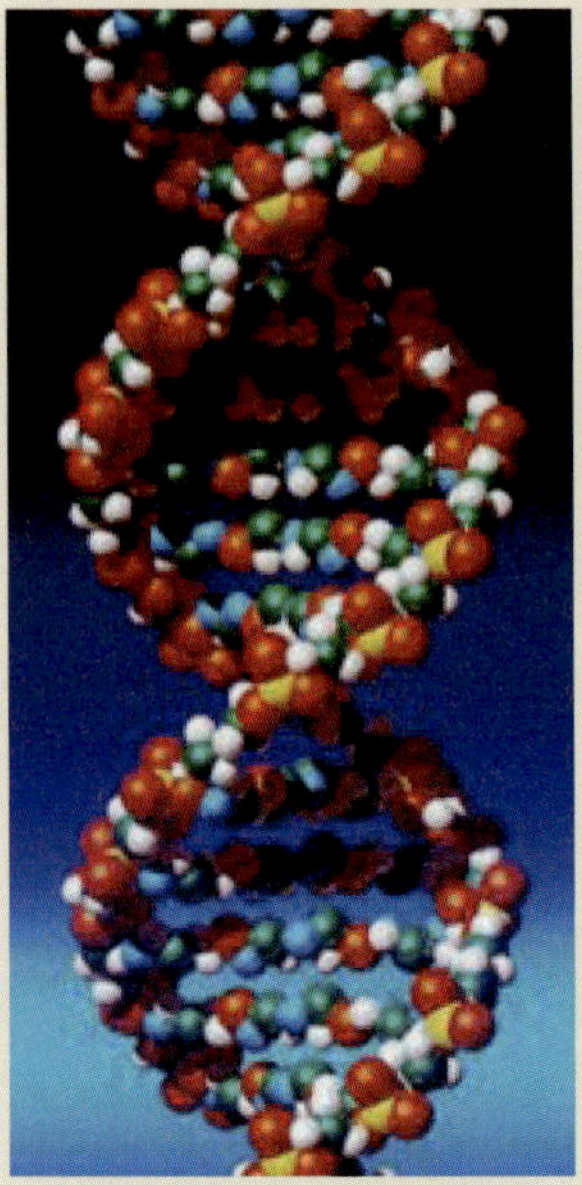
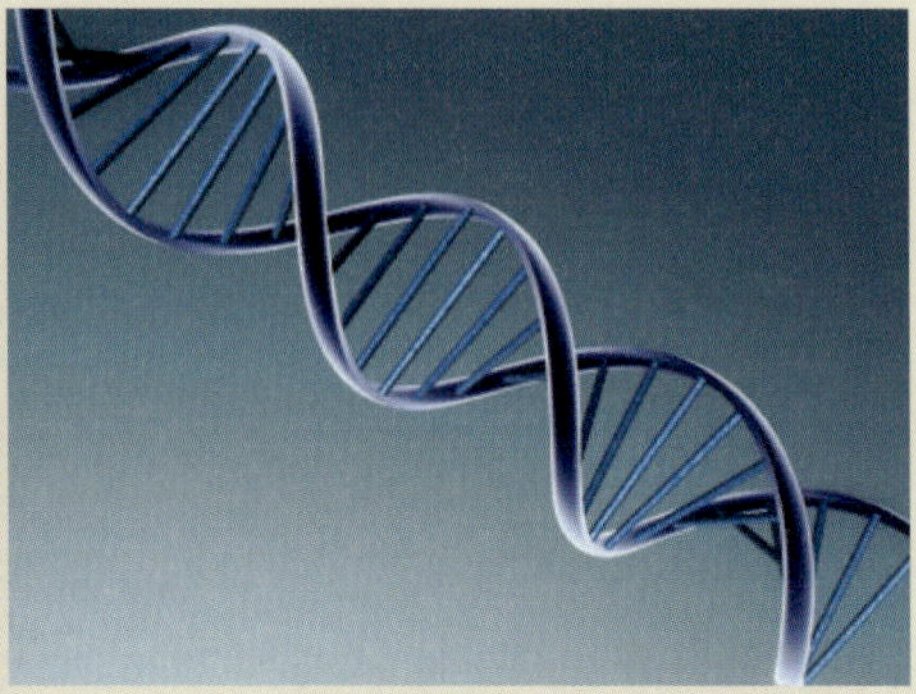

DNA複製のイメージ図

ＭＣＭ、Ｃｄｃ45、ＧＩＮＳ複合体を含む複合体[9]は*in vitro*条件下でヘリカーゼ活性を示し、また、こうした因子類は実際にＤＮＡポリメラーゼとともに移動する。[10,11]

Ｍ.Ｂ.

9. *Moyer, S. E., Lewis, P. W. & Botchan, M. R.* Proc. Natl Acad. Sci. USA *103, 10236-10241 (2006).*
10. *Pacek, M. et al.* Mol. Cell *21, 581-587 (2006).*
11. *Gambus, A. et al.* Nature Cell Biol. *8, 358-366 (2006).*

植物ホルモン、オーキシンの作用

Auxin action

Judy Callis　２００５年５月26日号　Vol.435 (436-437)

植物ホルモンであるオーキシンが、植物の成長を左右する性質は、農業や園芸の分野で古くから知られ、活用されてきた。そこに最近、植物細胞がこのホルモンタンパク質を「認識」し、応答する仕組みがようやく見えてきた。

オーキシンは、植物での細胞成長や分裂、専門化に作用することで、さまざまな生育プログラムを制御している。ところが、作用のターゲットとなる細胞が、オーキシンの存在を〝感知〟する仕組みは、いまだによくわかっていない。オーキシンの直接の受容体が見つかっていなかったからだ。今回、意外なオーキシン感知機構が見つかった。オーキシン応答経路の１成分であることがすでにあきらかになっていた「輸送抑制因子応答」タンパク質（ＴＩＲ１）が、応答経路のきわめて重要なつなぎ目に当たることが実証された。ＡｕＸ／ＩＡＡタンパク質の存在下でオーキシンが簡単にＴＩＲ１に結合し、その活性変化が示されたのだ。ＴＩＲ１とＡｕＸ／ＩＡＡの組み合わせだけで、オーキシン感知に必要十分な成分であるといえる。

▼オーキシンの存在とその知られざる受容体

植物生物学の研究には125年の歴史があるというのに、この無邪気なマザーグースの歌の問いかけに私たちはいまだに答えられずにいる。

カラス麦やエンドウ豆や大麦が育つ
カラス麦やエンドウ豆や大麦が育つ
あなたか私か誰か、知っている？
カラス麦やエンドウ豆や大麦はどうやって育つ？

答えられない理由の1つとして、植物の生育には少なくとも8群の化学物質がかかわっており、これらが生育や発達、環境への応答を調整していることがあげられる。その1群であるオーキシン類（この名は「育つ」を意味するギリシャ語の auxein に由来）の働きはなかでも抜きん出ている。オーキシンを生合成できない植物はこれまで見つかっていないため、オーキシンは植物が生きていくうえで欠かせないものだと考えられている。[1] これらのタンパク質は植物の細胞の成長や分裂、専門化に作用することでさまざまな生育プログラムを制御している。だが、作用の標的となる細胞がオーキシンの存在を「感知」する仕組みはいまだによくわかっていない。長年の研究にもかかわらず、オーキシンの直接の受容体が見つかっていなかったからだ。Dharmasiri のチーム[2]と Kepinski と Leyser の2人組[3]は『Nature』2005年5月26日号

1. *Woodward, A. W. & Bartel, B.* Ann. Bot.95*, 707-735 (2005).*
2. *Dharmasiri, N., Dharmasiri, S. & Estelle, M.* Nature 435*, 441-445 (2005).*
3. *Kepinski, S. & Leyser, O.* Nature 435*, 446-451 (2005).*

441ページ、446ページで、これまで知られていなかった受容体が関与するオーキシン感知機構を突き止めて報告している。

▼オーキシンに植物がどう対応するのかの古くからの疑問と解答

植物がオーキシンにどうやって応答するのかという疑問は1880年からすでにもたれており、チャールズ・ダーウィンはこの年、植物体内を移動する成長促進物質が存在することを報告している。[4] 1930年代になって、この物質がインドール－3－酢酸（IAA）であることが突き止められた。[1] IAAは現在、オーキシン類のなかでもっとも広く存在する物質だと考えられている。しかし、オーキシンの働く仕組みがわからなくても、農業分野では安全かつ有効な除草剤として、また園芸分野ではたとえば挿し木の根の発達を促進させる物質として長く使われてきた（図1）。除草剤にする場合、まさしく「過ぎたるは及ばざるがごとし」で、オーキシン濃度が高すぎると植物は死んでしまう。

20年前に植物のオーキシン結合タンパク質（ABP1）が発見され、[5] これにより植物のオーキシン感知機構の解明が大きく前進した。ABP1を欠く植物は発育中に細胞が正常に伸長せず、基本的な植物体構造を作り上げることができずに、やがて萎縮してしまう。[5] とはいえ、こうした植物でも細胞分裂は起こっていることから、細胞分裂を制御するオーキシン経路はまだ働いていることになる。精力的な探索の果て、ついに今回、意外なオーキシン感知機構が見つかった。[2,3] これに関与する重要なタンパク質は数年前からすでに研究されていたものだが、今回

4. *Darwin, C.* The Power of Movement in Plants *(Murray, London, 1880).*
5. *Napier, R. M., Davis, K. M. & Perrot-Rechenmann, C.* Plant Mol. Biol.49*, 339-348 (2002).*

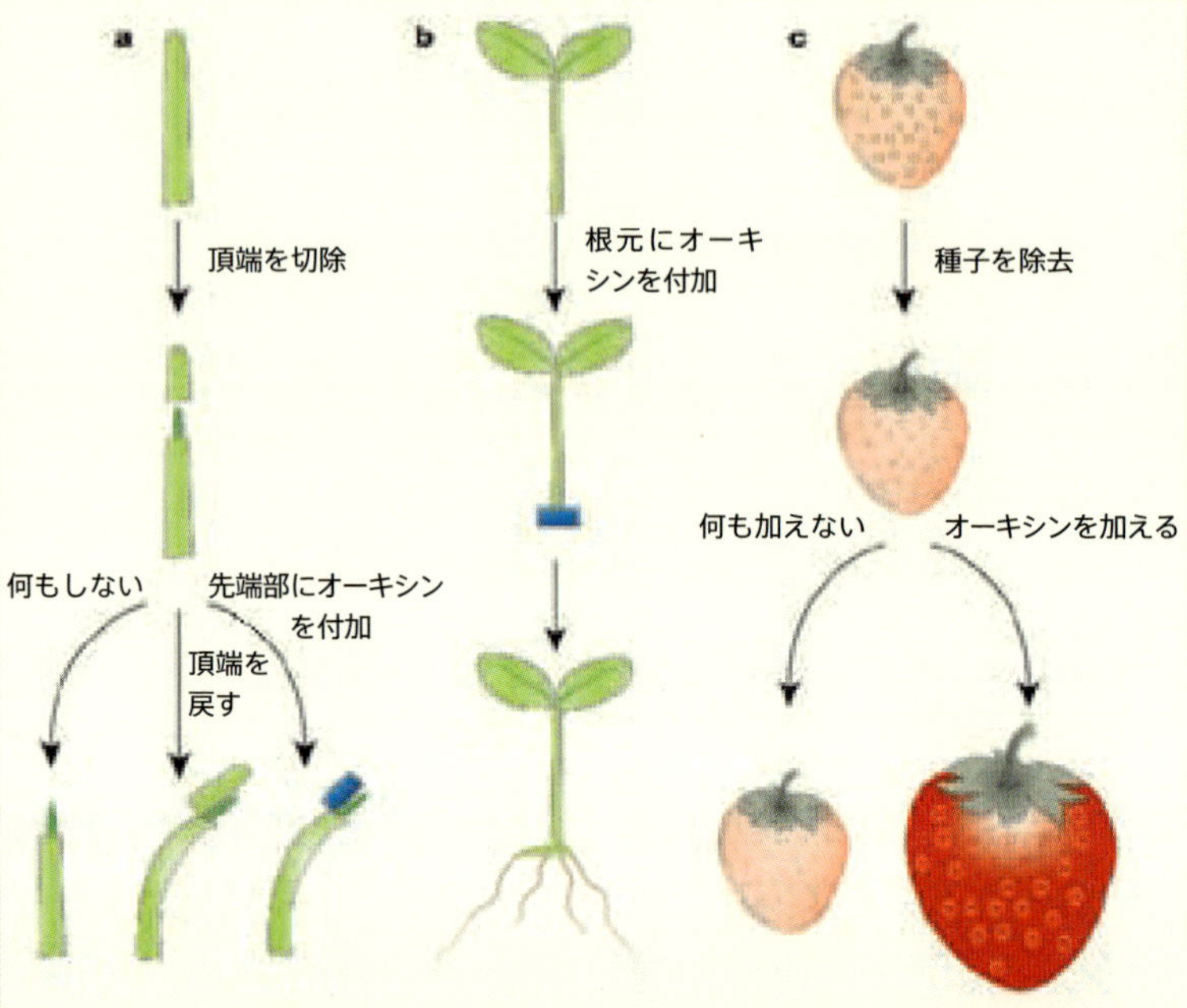

図1　苗条(びょうじょう)、根、果実ー植物の生育にオーキシンが及ぼす作用
ａ：イネ科草本の実生(みしょう)には子葉鞘と呼ばれる鞘があり、最初に出る葉を包んでいる。子葉鞘の成長は頂端に依存しており、頂端を取り除くと成長が止まる。頂端を非対称な形に戻すと、成長促進作用は下方に働くが横方向には働かず、片側が他方の側より速く成長するため実生は屈曲する。オーキシンは頂端に代わって、この作用を及ぼせる。
ｂ：オーキシンによって切り枝に根を生やすことができる。
ｃ：イチゴの実の拡大と成熟は、形成中の種子が作り出すオーキシンに依存している。種子を取り除くと、実はほとんど成長しない。オーキシンを使うと成長を正常に促すことができる。

やっと、オーキシンを直接「感知する」という予想外の能力をもつことがわかった。

　オーキシンは遺伝子発現に急速な変化を引き起こすが、この応答ではオーキシン応答因子（ARF）とＡｕＸ／ＩＡＡタンパク質という2群のタンパク質がすでに見つかっている。[6] ＡｕＸ／ＩＡＡタンパク質をコードする遺伝子は当初、「初期応答遺伝子」の性質に当てはまるように思われた。オーキシンにさらすと、ＡｕＸ／ＩＡＡタンパク質遺伝子の発現が急速に増すからだ。このモデルからするとＡｕＸ／ＩＡＡタンパク質は、細胞分裂や成長に直接かかわる因子類をコードする「後期応答遺伝子」の発現を調節していることになる。ところが、ＡｕＸ／ＩＡＡタンパク質は実際にはオーキシンが誘導する遺伝子発現を抑制することや、[7] オーキシンが高濃度だとＡｕＸ／ＩＡＡタンパク質の破壊が加速されることがあきらかになった。[8,9] だとすると、ＡｕＸ／ＩＡＡタンパク質は単に応答下流への正の伝達物質として働くだけでなく、負の調節因子としても働き、オーキシンが感知される場合にＡｕＸ／ＩＡＡタンパク質の存在量は少なくとも最初は低くなければならない。では、オーキシンはＡｕＸ／ＩＡＡタンパク質の破壊の変化にどう関与しているのだろうか。

▼「輸送抑制因子応答」タンパク質（ＴＩＲ１）が重要なつなぎ目に当たることの実証

　この応答経路の一成分であることがすでにあきらかになっていた「輸送抑制因子応答」[1] タンパク質（ＴＩＲ１）が今回、応答経路のきわめて重要なつなぎ目に当たることが実証された。[2,3]
ＴＩＲ１は以前、オーキシンへの応答異常を示す変異植物を探す遺伝的スクリーニングで単離

6. *Hagen, G. & Guilfoyle, T.* Plant Mol. Biol. 49, *373-385 (2002).*
7. *Tiwari, S. B., Wang, X. J., Hagen, G. & Guilfoyle, T. J.* Plant Cell 13, *2809-2822 (2001).*
8. *Gray, W. M., Kepinski, S., Rouse, D., Leyser, O. & Estelle, M.* Nature 414, *271-276 (2001).*
9. *Zenser, N., Ellsmore, A. & Callis, J.* Proc. Natl Acad. Sci. USA 98, *11795-11800 (2001).*

されている。ＴＩＲ１のタンパク質アミノ酸配列には「Ｆ－ｂｏｘ」というモチーフが１個あることから、その機能が示唆された。この短いアミノ酸配列は、ＳＣＦという名（３つのサブユニットであるＳＫＰ１、ｃｕｌｌｉｎ、Ｆ－ｂｏｘタンパク質の頭文字をとったもの）のタンパク質複合体の一部を構成するタンパク質群で見つかっている。ＳＣＦ複合体はタンパク質にユビキチン分子を共有結合的に付加する反応を触媒し、これらのタンパク質を破壊へと導く。このユビキチン経路は生物種間で高度に保存されており、すべての動物、菌類、植物で見つかっているが細菌にだけはない。綿密な生化学的研究から、ＴＩＲ１が実際に、植物でＡｕＸ／ＩＡＡタンパク質と相互作用する[8]ＳＣＦ複合体の一部を構成することが確認されている。[10]では、オーキシンはＳＣＦ複合体とどんなやり取りをしてＡｕＸ／ＩＡＡタンパク質の破壊に変化を起こすのだろうか。動物や菌類の系でＳＣＦ活性を制御するために確立された過去の例は、どれも利用できそうになかった。

▼遠からず答えられるマザーグースの問いかけ

Dharmasiri のチーム[2]と Kepinski と Leyser の２人組[3]は、ＡｕＸ／ＩＡＡタンパク質の存在下でオーキシンが簡単にＴＩＲ１に結合し、ともかくＴＩＲ１活性を変化させることを示した。植物のＴＩＲ１を昆虫[2]またはカエル（アフリカツメガエル）[3]などの動物細胞で作らせると、オーキシンはやはりＡｕＸ／ＩＡＡの存在下でＴＩＲ１に結合する。これは、ＴＩＲ１もしくはＴＩＲ１とＡｕＸ／ＩＡＡの組み合わせだけで、この経路でのオーキシン感知に必要十分な成

10. *Gray, W. M. et al.* Genes Dev. 13, *1678-1691 (1999).*

分であることを意味する。したがって、オーキシン感知機構はＳＣＦが関与する経路のなかでも特異な存在だ。標準的なＳＣＦ経路では、標的タンパク質の共有結合的な修飾によりＳＣＦ複合体との相互作用が促進される。オーキシン応答では標的タンパク質の修飾が見られない。むしろＡｕＸ／ＩＡＡタンパク質の破壊を増加させる原因は、ＴＩＲ１を含むＳＣＦ複合体に非共有結合的にオーキシンが結合することによって複合体が変化することにある（図２）。

今後取り組むべき課題は多い。ＳＣＦ－オーキシン－ＡｕＸ／ＩＡＡの相互作用の生化学的性質や、ＳＣＦによるオーキシン感知とＡＢＰ１によるオーキシン感知との関係は、さらに研究を続ける値打ちが確実にある。オーキシンとＳＣＦの相互作用から、生育過程で起こる多種

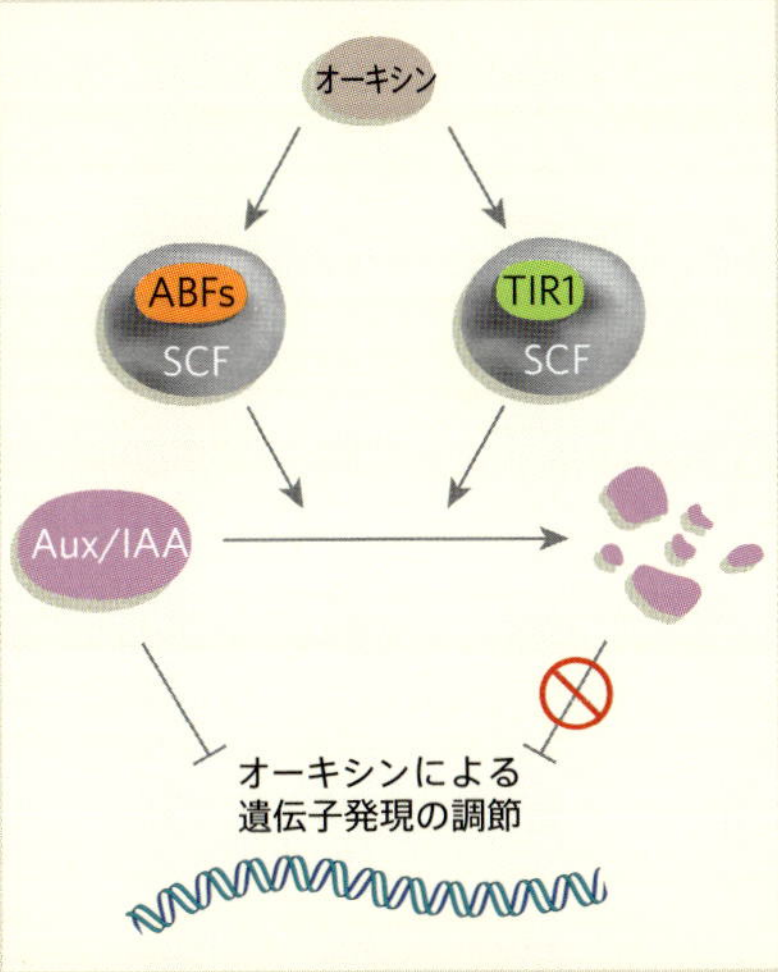

図２　オーキシンの作用のモデル
オーキシンは、輸送抑制因子応答１（TIR1）かそれとよく似たオーキシン結合因子（ABFs）のどちらかを含むSCF複合体に直接作用する。このSCFが、オーキシン応答を行なう遺伝子類を直接抑制しているAux/IAAタンパク質の破壊反応を触媒する。このようにしてAux/IAAの抑制作用が取り除かれ、オーキシン応答が可能になる。

多様なオーキシン応答を説明できるだろうか。冒頭のわらべ歌に遠からず答えられるようになることを願おう。

「そうさ、あなたも私も知ることができる、カラス麦とエンドウ豆と大麦がどうやって育つかを！」

Judy Callis はカリフォルニア大学（米）に所属している。

ミトコンドリアのタンパク質翻訳速度と寿命

Beneficial miscommunication
Suzanne Wolff & Andrew Dillin　２０１３年５月23日号　Vol.497 (442-443)

細胞内小器官であるミトコンドリアでは、タンパク質翻訳速度がごく自然に変動している。今回、その変動が寿命と相関していることが、あきらかになった。代謝の変化が長寿に及ぼす影響に関して、なんらかの統一的なメカニズムがあるようだ。

20億年以上前、ある細菌が別の細菌を食べようとして失敗し、最終的に一方が他方の細胞内小器官「ミトコンドリア」となった。この小器官が宿主《しゅくしゅ》細胞の小さな代謝工場となったおかげで、宿主は分化のためのエネルギーを得て、細胞や組織のネットワークを広げ、複雑な生命体を形成していった。では、この内部共生関係が崩れるとき、何が起きるのか。その崩れは寿命に意外な影響を及ぼしていた。核とミトコンドリアがコードするタンパク質の生産量に不均衡が生じると、恒常性を回復させるための防御機構が速やかに起動する。研究チームは防御機構の1つ、「ミトコンドリア折りたたみ異常タンパク質応答」の活性化に注目し、ミトコンドリア翻訳装置の部分的な機能喪失が、数十匹の近交系マウスで２・５倍の寿命延長と相関することを発見した。

▼かつては自律的な生物だった細胞内小器官「ミトコンドリア」

我々の生存は、細胞内に棲み着いた小さな侵入者に依存している。その長きにわたって共存している幻のような存在は、かつては自律的な生物だった。20億年以上前、ある細菌が別の細菌を食べようとして失敗したとき、両者の新たな関係が築かれた。それが進化して、最終的に、一方が他方の細胞内小器官「ミトコンドリア」となったのである。この小器官が宿主細胞の小さな代謝工場となったおかげで、宿主は分化のための十分なエネルギーを生成できるようになった。細胞や組織の複雑なネットワークを広げることが可能になり、それを基礎に複雑な生命体を形成していった。[1]では、この内部共生関係が崩れたとき、いったい生命体には何が起こるのだろうか。その崩れが寿命に及ぼす意外な影響について、今回、Riekelt Houtkooperらが『Nature』2013年5月23日号451ページに報告した。[2]

長い年月にわたり、ミトコンドリアはかたくなにその独自性を維持しようとしてきた。ミトコンドリアは、独自のDNAをもち続け、細胞の残りの部分とは無関係に増殖してきた。メンデルの遺伝法則にも従わない。現在、この小器官は1つの細胞に数百、場合によっては数千個も存在し、融合と分裂による絶え間ない物理的流れのなかで生きている。つまり、別々のミトコンドリアがくっついて1つの大きなミトコンドリアになったり、1つのものが突然分裂したりすることもある。[3]

しかし、共生している間にミトコンドリアは自律性の大部分を失い、その基本的構成もDNAの細胞内分布も変わってしまった。[4]いまでは、ミトコンドリアを構成するタンパク質の多く

1. *Martin, W., Hoffmeister, M., Rotte, C. & Henze, K.* Biol. Chem. 382*, 1521-1539 (2001).*
2. *Houtkooper, R. H. et al.* Nature 497*, 451-457 (2013).*
3. *Duchen, M. R.* Mol. Aspects Med. 25*, 365-451 (2004).*
4. *Gray, M. W.* Cold Spring Harb. Perspect. Biol. 4*, a011403(2012).*

は細胞核がコードし、ミトコンドリアDNAがコードするタンパク質は13個にすぎない。これは、ミトコンドリアを構成する全タンパク質の1パーセント未満だ。[5,6]

▼複雑なコミュニケーションが不可欠なミトコンドリアと核の関係

ミトコンドリアを作るためには、核はどのミトコンドリア遺伝子がいつ必要なのかを知らなければならない。また核は、どの種類のミトコンドリアを作るかも判断する必要がある。というのは、それぞれの組織ごと、あるいは細胞内の部位ごとに、タンパク質構成が大きく異なるミトコンドリアが存在するからだ。[7] 核は環境の変動にすばやく対応し、ミトコンドリアが代謝に必要となると、それを作り始めなければならない。さらに、細胞はミトコンドリアを作るために必要な遺伝子を速やかに翻訳して、細胞質のタンパク質を生成しなければならない。また、できたタンパク質を折りたたんでミトコンドリアに運ぶための十分なシャペロンタンパク質も必要になる。このように、ミトコンドリアの構築と維持は極めて骨の折れる仕事である。ミトコンドリアの形成と機能に必要なタンパク質を、適切な比率で間違いなく生産するためには、ミトコンドリアと核との複雑なコミュニケーションが不可欠だ。

そのような変動の一つひとつを細胞がすべて追跡するなど、不可能と思われる。それゆえ細胞は、ミトコンドリアに影響を及ぼすようなストレスに対して、それを検知して応答する「専用の複雑な仕組み」を進化させた。[8〜10] 核がコードするタンパク質とミトコンドリアがコードするタンパク質の生産量に不均衡が生じると、恒常性を回復させるための防御機構が速やかに起動

5. *Anderson, S. et al.* Nature 290*, 457-465 (1981).*
6. *Pagliarini, D. J. et al.* Cell 134*, 112-123 (2008).*
7. *Johnson, D. T. et al.* Am. J. Physiol. Cell Physiol. 292*, C689-C697 (2007).*
8. *Liu, Z. & Butow, R. A.* Mol. Cell. Biol. 19*, 6720-6728 (1999).*
9. *Parikh, V. S., Morgan, M. M., Scott, R., Clements, L. S. & Butow, R. A.* Science 235*, 576-580 (1987).*

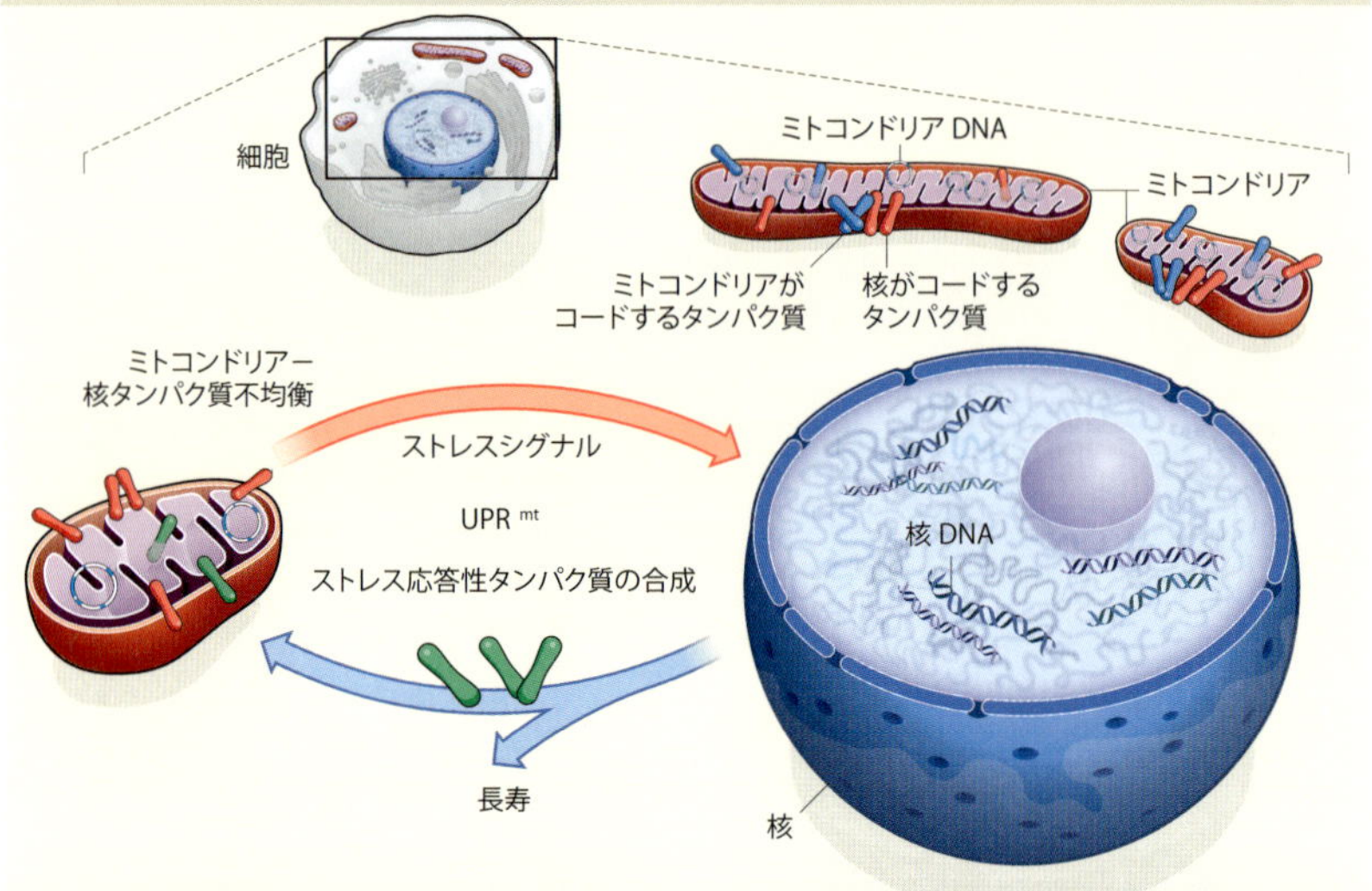

図１　細胞の不均衡の結末
ミトコンドリアを構成するタンパク質には、核がコードするものとミトコンドリアがコードするものが含まれている。ミトコンドリアタンパク質と核タンパク質とに不均衡があると、ミトコンドリア折りたたみ異常タンパク質応答（UPR^{mt}）が生じる。このとき、ミトコンドリアは核にシグナルを送ってストレス関連タンパク質の生産を誘導し、それによってミトコンドリアのバランスを回復させる。Houtkooper ら[2]は、UPR^{mt}の活性化がマウスおよび線虫で寿命の延長と相関していることをあきらかにした。

する。そのとき、ミトコンドリアは核に向けてシグナルを発し、核がコードするミトコンドリア遺伝子の発現量を変化させることによって、ミトコンドリアの増殖量を変化させる。このシグナルは、ミトコンドリアがそれ以上傷つかないようにするため、ストレス関連タンパク質ネットワークの翻訳量も増加させる（図1）。

Houtkooperらが着目したのは、まさにそのような防御機構の1つ、「ミトコンドリア折りたたみ異常タンパク質応答

10. *Zhao, Q. et al.* EMBO J. 21, *4411-4419 (2002).*

（UPRmt）」の活性化だった。[2] そして、ミトコンドリア翻訳装置の部分的な機能喪失が、単一の祖先系統に由来する数十匹の近交系マウスで2・5倍もの寿命延長と相関することを発見したのだ。とりわけ、タンパク質翻訳に関与するミトコンドリアリボソームタンパク質（MRP）の一種、Mrps5をコードする遺伝子多型に、この系統の寿命延長との相関が認められた。線虫（*Caenorhabditis elegans*）でも、ミトコンドリアの翻訳をドキシサイクリンにより抑制すると、寿命の延長とUPRmt の活性化が認められ、その効果は用量依存的であった。

▼20億年の協力関係を経たいまも、重要な核とミトコンドリアのバランス

研究チームは、MRPの機能の喪失により、ミトコンドリアと核がコードする電子伝達系（ミトコンドリアのエネルギー工場）の構成要素に関して、相対的な量の不均衡が生じているのではないかという仮説を立てた。この不均衡により、二次的にUPRmt が活性化している可能性もある。さらに、重要なのは、この効果は相互的だということだ。つまり、ラパマイシンやレスベラトロール（ミトコンドリアではなく細胞質の翻訳の停止を伴う薬剤だが、ミトコンドリアの形成を調節して細胞の代謝状態を変化させる）を加えるだけでもUPRmt が活性化して寿命が延長したのだ。

この研究は極めて示唆に富むが、端緒にすぎない。知られているかぎり、多くの状況でミトコンドリアの機能不全は決して有益ではない。ヒトの場合、ミトコンドリア遺伝子の変異は、衰弱性で寿命を縮めるさまざまな疾患の原因となる。[11] またこれまで、ミトコンドリア遺伝子の

11. *Wallace, D. C.* Science 283*, 1482-1488 (1999).*

変異が哺乳類の健康増進や長寿と関連づけられたことはない。そのため、ＭＲＰ機能の自然な変化を寿命の延長と結びつけるのは、常識外れと思われる。

ミトコンドリアの機能とそのタンパク質の合成を調節することは、必然的に複雑である。このため、ＭＲＰの喪失が電子伝達系のさまざまな構成要素の全体的なモル比にどう影響するのかを調べることが重要と考えられる。ミトコンドリアの増加に影響する他の変化が、UPR^{mt} に依存して寿命に影響するかどうかも調べるべきだ。それでも今回の論文は、核とミトコンドリアとのコミュニケーションのバランスが、細胞の恒常性維持にとってどれだけ必要であるかを教えている。

20億年の協力関係を経たいまもなお、ミトコンドリアと核とのコミュニケーションは生命体の寿命の重要な決定要因なのかもしれない。当然ながら内部共生では、全体に大きな利益をもたらすために、異なる機能的要素の要求の間に均衡が必要だ。我々の細胞はこの均衡の喪失に極めて敏感なようで、迅速かつ効果的な防御が必要になっている。加齢研究の分野では、加齢を引き起こす要因に UPR^{mt} が与える特別な影響を解明し、そのような応答が極めて複雑な生物の世界でどれだけ広がり共有されているのか、あきらかにする必要がある。また、加齢で発現する疾患が UPR^{mt} の誘導でどのように緩和されるのか、より深く解明することも必要だ。

Suzanne Wolff と Andrew Dillin はカリフォルニア大学バークレー校（米）分子細胞生物学科およびハワード・ヒューズ医学研究所（米）に所属している。

ヒトの多様性をもっとよく知るために

ヒトゲノムの遺伝的多様性に関する膨大なデータの一大集成ともいうべき労作が完成した。これらのデータを読み解き、ヒト個人間の差異が健康へ及ぼす影響を探っていくことは、時間がかかるが、価値ある研究だ。

Understanding human diversity

David B. Goldstein & Gianpiero L. Cavalleri

２００５年10月27日号 Vol.437 (1241-1242)

ヒトゲノムには「多型」がおよそ１０００万カ所ある。多型とは集団内に保有される遺伝的な変動であって、頻度の低い遺伝子の型でも、少なくとも１００例に１例は存在する。血縁関係がない場合、２人の遺伝的な違いは数百万カ所にのぼる。遺伝的な多様性は、人類の進化史の貴重な遺産ではあるが、その代償も小さくない。健康にも影響を及ぼすからだ。ヒトゲノムにある多型は多くの場合、互いに連動し相関しているから、１０００万もの部位をすべてを直接分析して、疾患との関連を判定する必要はない。１個の変異が生じたとき、この変異は同じ染色体上にある特定の多型と連動して振る舞う（このようにまとまって遺伝する多型群を「ハプロタイプ」という）。ハップマップ解析グループの目標はまず、多型間の相関を見つけることだった。

▼相反する治療法の向上と高齢で発症する疾患の急増

小説家サマセット・モームが医学生だったころ、1本の神経があるはずの場所に見つけられずにいると、解剖学の教官が隠れていた神経を見つけ出し、「この世界では教科書どおりの正常な例など、めったにないんだよ」と教えてくれたという。[1] 正常な型といえるヒトなど現実には存在しない、そのおもな理由の1つは、『Nature』10月27日号に発表された国際ハップマップコンソーシアムの論文[2]を見ればよくわかる。

ヒトゲノムには「多型」がおよそ1000万カ所ある。ここでいう多型とは、集団内に保有される遺伝的な変動であって、頻度の低い遺伝子の型でも少なくとも100例に1例の割合で存在する。血縁関係のない2人の人間どうしだと、遺伝的な違いは数百万カ所にのぼり、そのせいで外見も振る舞いも異なってくる。こうした遺伝的な多様性は、私たち人類の進化史の貴重な遺産ではあるが、その代償も小さくない。遺伝情報および遺伝機構は、恵み深く興味深くもある形に私たちの差異をつくり出すとともに、私たちの健康にも影響を及ぼすからである。

現代の遺伝学研究は、嚢胞《のうほう》性線維症やテイ・サックス病といった単純な家族性遺伝疾患に結びつく遺伝子異常を突き止めることには、すでに大きな成功を収めている。しかし、こうした異常は比較的まれである。たとえば、癌や心血管疾患や神経変性疾患といった私たちの多くがかかる遺伝疾患は、もっと複合的である。それどころか、これらの頻度の高いありふれた遺伝疾患については、ある厳然たる必然性が見られる。つまり、若くして死に至る病に対する治療法が向上していけば、認知症など高齢で発症する疾患が急増していくとみられるのだ。これら

1. *Meyers, J.* Somerset Maugham:A Life *(Knopf, New York, 2004).*
2. *The International HapMap Consortium* Nature 437, *1299-1320 (2005).*

のありふれた疾患は複合的な性質をもつため、いままでは遺伝解析による解明がほとんど進んでいなかった。しかし、遺伝的なものがこうした疾患に重要な役割を果たしていることには疑問の余地がない。これは数多くの研究によって実証されている。たとえば、ある集団内のごくありふれた疾患の多様な型のうち40パーセント以上、また、統合失調症など一部疾患のうち70パーセント以上が遺伝的多型から説明づけられた報告がある。[3〜5] ややこしいことに、遺伝子の多型によって、ヒトはありふれた疾患にかかりやすくはなるが、必ずなるわけではない。また、こうした多型に他の遺伝子の多型や環境が組み合わされることで疾患が起こりやすくなる。

1000万カ所もの多型のどれが疾患に影響するのかを見極めるには、どうしたらよいのだろうか。幸いなことに、1000万もの部位すべてを直接分析して、疾患とそれらとの相関を判定する必要はない。なぜなら、ヒトゲノムにある多型は多くの場合、互いに連動し相関しているからだ。1個の変異が生じたとき、この変異は同じ染色体上にある特定の多型と連動して振る舞う（このように、まとまって遺伝する多型群を「ハプロタイプ」という）。この理由や他の理由から、多型間には統計的に強い相関性がしばしば見られ、そのため1本の染色体上のある部位に特定の多型が存在すれば、別の部位にも特定の多型が存在することを予測できる。すなわち標識用の「タグ」として使えるのである。

▼「ハップマッププロジェクト」の大いなる成果

ハップマップコンソーシアムの目指した第1のゴールは、多型間のこうした相関性を見つけ

3. *Pedersen, N. L., Posner, S. F. & Gatz, M.* Am. J. Med. Genet. 105, *724-728 (2001).*
4. *Sullivan, P. F., Kendler, K. S. & Neale, M. C.* Arch. Gen. Psychiat. 60, *1187-1192 (2003).*
5. *Zdravkovic, S. et al.* J. Intern. Med. 252, *247-254 (2002).*

ること（プロジェクト名もここからきている）であり、これは見事に成功を収めた。プロジェクトの第1期では、今回報告されたように、[2]１００万カ所以上の一塩基多型（ＳＮＰ：スニップと読む）について、4種類のヒト集団の代表者グループの遺伝的構成（遺伝子型）に関するデータを編集・解析した（ＳＮＰは、挿入や欠失などとは対照的に、ヒトゲノムに見られるもっともありふれた多型の種類の1つである）。その設定目標は、塩基配列上の５０００塩基ごとにＳＮＰを1カ所ずつ確実に配置していくことだった。第2期ではＳＮＰの被覆率を大幅に高める予定だが、まだ完了していない。ハップマップ解析グループは、概念的に簡便で信頼できるタグ選別法を用いて、ありふれた多型でゲノム全体の地図をつくるのに必要なタグ数が、多型部位総数の10分の1たらずでよいだろうと見積もった。もっと精妙で洗練された方法であれば、さらによい結果が得られそうである。

ハップマッププロジェクトは多型の相関性を記載しただけでなく、他にも成果を上げた。３年前の段階では、わかっていた多型の数は１７０万未満だった。現在その数は、同プロジェクトと関連研究のおかげで８００万を超えた。多型の大部分がわかれば、形勢はおおいに有利となる。いまや私たちは、これらのデータに生物情報学のツールを駆使して、考えられる機能の面から多型に優先順位をつけられるようになった。たとえば、タンパク質のアミノ酸配列を変化させる多型や、機能的に重要な（つまり種を超えて保存度が高い）染色体領域に位置する多型、もしくは他のゲノム解析基準を使うのが適切とみられる多型などを重点的に調べることができる。

この成果は、ヒトの疾患や治療に対する反応の個人差を調べるうえで、どんな意味をもつのだろうか。ハップマッププロジェクト以前に、ある医薬の分子標的に一般に起こる高い遺伝的多型が、患者の反応に影響するかどうかを判定しようとしたとする。その場合、十分な数の多型を見つけ出すためには、調査対象の集団を代表する人々で、問題の遺伝子の塩基配列を再度読み取らねばならないことになる。4年前のこと、私たちのグループは抗てんかん薬の標的をコードするSCN1Aという遺伝子について、実際にこの作業を行なった。この一般的な多型を突き止めて適切なタグ部位を見つけるのに、2年も要した。いまなら、ハップマップのデータを利用して、単純なコンピュータ・アルゴリズムを使うだけで同じことが数分でできてしまう（40ページのコラム「ハプロタイプ地図作製の手順」参照）。

ハップマップデータを使ったゲノム全域の相関解析がどれほどの威力をもつかは、同じ号に掲載されたもう1つの成果（1365ページ）を見ればよくわかる。[6] Cheungらは、家系調査で遺伝的多型によって発現が影響を受けていることがすでにわかっている27個の遺伝子を解析し直した。そして、これらの遺伝子の多くがゲノム全域の相関解析によって検出されることや、1つの例ではハップマップのデータのおかげで、*in vitro* 解析により遺伝子発現を変化させることがあきらかなある多型の同定を容易にすることを報告している。

▼次なるゲノム科学の歩みは生物学的理解と臨床的有用性

次に重大な問題は、ヒトの健康とのかかわりである。これらの解析ツールはまったく新しい

6. *Cheung, V. G. et al.* Nature 437*, 1365-1369 (2005).*

ものなので、ありふれたヒト疾患への遺伝的な関与をこれまで突き止められなかったからといって、今後もできないとあきらめてかかることはない。しかし同じく、成功するという保証もない。ありふれた疾患に遺伝的特性が関与していることがわかっても、どんな種類の遺伝的多型が原因なのかはわからない。もし、そうした多型が一般的なもの（つまり1000万カ所のうちの1つ）なら、新しい解析ツールキットで、疾患と関連する遺伝的多型の特定は大きく加速するはずである。しかし、もし原因となる多型の頻度がこれより低ければ、見つけるのはずっとむずかしくなるだろう。同じように、他の種類の多型（たとえば反復配列要素や挿入や欠失）がSNPのタグによってどの程度うまく把握できるかもわからない。まだ十分な取り組みがなされていないもう1つのややこしい問題は、ハップマッププロジェクトで調べられた4種類の集団が、他のヒト集団の多型をどこまで反映しているかという懸念である。

またこれも認めねばならない現実なのだが、ありふれたヒト疾患のリスク因子を突き止めれば健康状態が改善されることにつながると直接示した証拠は、いまのところほとんどない。リスク因子がはっきり突き止められた希有《けう》な例でも、それが治療や予防に役立っていないのが普通である。たとえば、APOE遺伝子の多型の1つは老年性アルツハイマー病の強力な発症予測因子だが、この疾患を防ぐために生活スタイルや食事内容をどう変えたらよいのかはわかっていない。もっとも期待されるのは、リスク因子から治療の新しい道筋が見えてくることだろうが、この面でも成功例はほとんどない。

もっとはっきり言えそうなのは、患者の治療への反応にかかわる遺伝的予測因子の同定が、近い将来の臨床にかかわってくるだろうということだ。多型はこうした反応に大きな影響をもつ可能性があり、これらの影響を見極めることで、代替となる治療法が見えてくるかもしれない。例として、数十年前に導入された薬と新世代の薬を比較した場合でも、異なる抗精神病薬の間で総体的な有効性にはほとんど差がない。[7] ところが、患者の反応は薬剤の種類によって個人差が非常に大きい。たとえば、新しいほうの薬剤がひどい体重増加を起こすかどうかや、古いほうの薬剤が重度の運動障害を起こすかどうかを予測できるような遺伝子多型を突き止められたら、それに応じて治療の選択肢を考えることができるだろう。ハップマッププロジェクトは、こうした多型の研究を飛躍的に推し進めてくれそうだ。

現時点のゲノム科学は、暗中模索してもがく思春期の段階だといえるかもしれない。現在のゲノム解析ツールキットの威力は驚異的である。この数年で、ゲノムの観点から（つまり特定の遺伝子ではなく、ゲノム全体を対象として）特徴をとらえた例がほとんど何もない状態から、多数の生物の全ゲノム塩基配列が得られるまでになり、そして今回、ヒトのありふれた遺伝的な差異を記したほぼ完全なカタログまで得られたのだから。ただし、すぐれた技術能力それ自体は、科学の成熟の証《あかし》とはならない。ゲノム解析研究の次の段階では、生物学的理解と臨床的有用性の両方にもっと目を向ける必要がある。ゲノム研究者たちはいまこそ、関心を技術から応用へと転ずべきである。

David B. Goldstein と Gianpiero L. Cavalleri はデューク大学（米）に所属している。

7. *Lieberman, J. A. et al.* N. Engl. J. Med. 353*, 1209-1223 (2005).*

ハプロタイプ地図作製の手順

ヒトの遺伝的多型と健康状態の関係に関心を寄せる研究者たちにとって、国際ハップマッププロジェクトはまさに天恵である。このデータのおかげで、遺伝子やゲノム領域に対応した信頼できる標識用の一塩基多型（タグSNP）を、ほんの数分で選び出せる。

（1）遺伝子型データをダウンロードする。調べたい1個の遺伝子（または領域）のデータは、ハップマップのウェブサイトから無料で自由にアクセスして入手できる。

（2）タグSNPを選別するために、データ内のSNPどうしの相関性を解析する。図では、互いに強く相関するSNPを同じ色で表わしてある。全SNPからなるセットは、タグSNPからなるサブセットに圧縮・省略化できる。図ではタグSNPを各色で描いてある。

関係するサンプルでは平均すると、1個のSNPには完全に相関するSNPが他に3～10個（この数は集団によって違う）ある（ただし、同じ集団からとったもう1つのサンプルでもこうなるとは限らない）。したがって、こうした相関するSNPのセットから1つのSNPだけを残して他をすべて除外することで、塩基判別の必要なSNPの数を大きく減らすことができる。もっと無駄なく洗練された方法をとることで、費用対効果はより高くなるだろうし、さまざまな統計的手法もすでに提案されている。総合的に見てどんな方法が最良かは、まだ統一見解が得られていないが、やがて1つか複数の方法が浮上してきて、全ゲノムを効率よく解析できるタグSNPセットが得られるだろう。

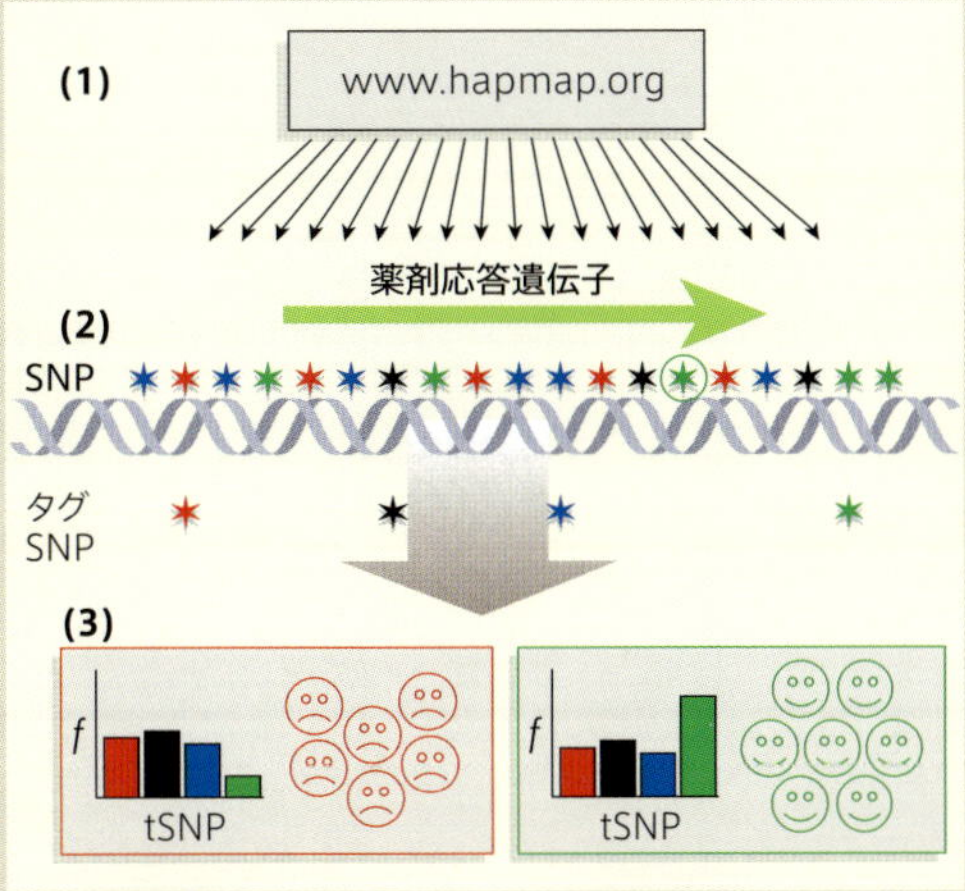

図　国際ハップマッププロジェクトデータベースでのSNP薬剤応答遺伝子の反応を調べるのに有用性が高い。

（3）遺伝的な相関性。タグSNPは、ある集団サンプルでの遺伝子型を表わしており、その集団内では、ある薬への反応のよし悪しといった関心がもたれる一部の形質に個人差がある。特定の反応と相関するタグSNPがあるということは、そのタグSNPと相関するSNPの1つがその反応に影響を及ぼしているということである。図の場合、緑色のSNPの1つ（丸をつけたもの）が問題の薬への患者の反応をよくしており、結果として該当するタグSNPと相関性がある。

D. B. G. & G. L. C.

もう1つのヒトゲノム

The tale of our other genome
Liping Zhao　２０１０年６月17日号　Vol.465 (879-880)

ヒトのマイクロバイオームを解析するための基礎的な研究として、「人体に常在する微生物全体のゲノム」の塩基配列が解読された。この研究は、ヒトの健康と疾患の両方を理解するうえできわめて重要だ。

ヒトには２つのゲノムがある。ヒトが遺伝によってゲノムを継承する〝第一のヒトゲノム〟に対し、「人体に常在する外界由来の微生物全体がもつ遺伝情報の集合体」が〝第二のヒトゲノム〟を構成している。こうした常在の微生物群は、ひとまとめに「マイクロバイオーム」と呼ばれている。今回、ヒトのマイクロバイオームから細菌１７８種の参照ゲノム塩基配列が初めて解読された。ヒトの腸内にはおよそ１・５kgの細菌が棲み着き、そのほか人体の外表面や内表面にもいる。人体に存在する細菌の総数のうちヒト細菌はわずか10パーセントにすぎない。残りは共生細菌なのだ。有益な腸内細菌は抗酸化物質やビタミン類を産生するが、有害な細菌はＤＮＡに変異を起こさせる物質を作り出し、肥満や糖尿病などの慢性疾患を引き起こす。

▼細菌叢の集合ゲノムは第二のヒトゲノムの解明となったか

ヒトに2つのゲノムがあることをご存じだろうか。ヒトが遺伝によってゲノムを継承していることはよく知られているが、「人体に常在する外界由来の微生物全体がもつ遺伝情報の集合体」が第二のゲノムを構成していることについては、知らない人が多い。こうした常在の微生物群はひとまとめにして「マイクロバイオーム」と呼ばれ、普段は宿主であるヒトと仲よく平和に暮らしている。

この第二のヒトゲノムの解明をめざして、ＩＨＭＣ（国際ヒトマイクロバイオーム・コンソーシアム）が組織されている。そのおもな構成組織が、ヨーロッパのＭａｔａＨＩＴ（Metagenomics of the Human Intestinal Tract：ヒト腸管メタゲノミクス）プロジェクトや、米国立衛生研究所（ＮＩＨ）のＨＭＰ（Human Microbiome Project：ヒトマイクロバイオーム・プロジェクト）などだ。

そのＨＭＰに属するＨＭＪＲＳＣ（ヒトマイクロバイオーム・ジャンプスタート参照株コンソーシアム）の Nelson らの研究チームは、今回、ＩＨＭＣとして第2弾の成果を『Science』[1]に発表した。ヒトのマイクロバイオームから、細菌１７８種の参照ゲノム塩基配列を初めて解読したのである。第1弾の成果は、今年（２０１０年）の3月に Qin らが『Nature』に発表している。[2]

人体に微生物が棲み着いているという理由だけで、それらの集合ゲノム（メタゲノム）を第二のゲノムとみなすべきではない、という意見もあるだろう。しかし実際のところ、微生物の

1. *Nelson, K. E. et al.* Science 328*, 994-999 (2010).*
2. *Qin, J. et al.* Nature 464*, 59-65 (2010).*

貢献には驚くべきものがある。ヒトの腸内にはおよそ1・5kgの細菌が棲み着いており、ほかにも人体の外表面や内表面に常在する細菌がいる。また、人体に存在する細胞の総数のうち、ヒト細胞が占める割合はわずか10パーセントにすぎず、残りは共生細菌なのである。[3]

健康や疾患への関与についてみると、腸内細菌が産生した分子は、腸肝循環と呼ばれる組織を介した標準的なルートを通るか、もしくは部分的に損傷した腸障壁をくぐり抜けて、血流に入る。有益な腸内細菌は、抗炎症因子や鎮痛作用のある化学物質、抗酸化物質やビタミン類を産生して、人体を守り、はぐくむ。反対に、有害な細菌は、エネルギー代謝に関与する遺伝子の調節を狂わせることがあり、また、DNAに変異を起こさせる物質をつくり出して、神経系や免疫系に影響を及ぼすこともある。その結果、肥満や糖尿病、果ては癌まで、さまざまな種類の慢性疾患を引き起こす。[4~6] このように共生細菌叢《そう》は、ヒト細胞と密接かつ特異的に接触して栄養素と代謝老廃物を交換することで、いうなればもう1つのヒト臓器を作り上げているわけだ。このように、細菌叢の集合ゲノムは我々の第二のゲノムとなっている。

▼大きく向上したヒトマイクロバイオームの参照ゲノム作成水準

ヒト腸内のマイクロバイオームには、約1000種の細菌が含まれると推定されている。Qinら[2]は、1回の稼働で数百万の短いDNAリード（読み取った断片）が得られる次世代シーケンシング技術を用いて、ヨーロッパ人124人の便検体から、遺伝子330万個のカタログを作成した。この第二のヒトゲノムには、第一のヒトゲノムの100倍以上の遺伝子がコード

3. *Savage, D. C.* Annu. Rev. Microbiol. 31, *107-133 (1977).*
4. *Bäckhed, F., Manchester, J. K., Semenkovich, C. F. & Gordon,J. I.* Proc. Natl Acad. Sci. USA 104, *979-984 (2007).*
5. *Cani, P. D. et al.* Diabetes 56, *1761-1772 (2007).*
6. *Zhao, L. & Shen, J.* J. Biotechnol. *doi:10.1016/j.jbiotec.2010.02.008 (2010).*

されていることがわかった。しかし、マイクロバイオームの構成が変動すると健康にどう影響するかを解明するには、メタゲノム配列解読で得られたランダムなリードが、マイクロバイオームの既知の細菌種ゲノムのどこから由来するのか、きちんと対応させる必要がある。

そうした参照用のゲノム配列として、今回、Nelsonらが[1]初めて、微生物178種のゲノム参照配列の解読を報告したのだ。これらの微生物の大半は腸内のものだが、口腔や尿生殖路・膣管、皮膚、気道、果ては血中に存在するものまである。この研究のおかげで、ヒトマイクロバイオームの参照ゲノム作成の水準が、大きく向上した。そのデータは現在、自由に利用することができる。[7]

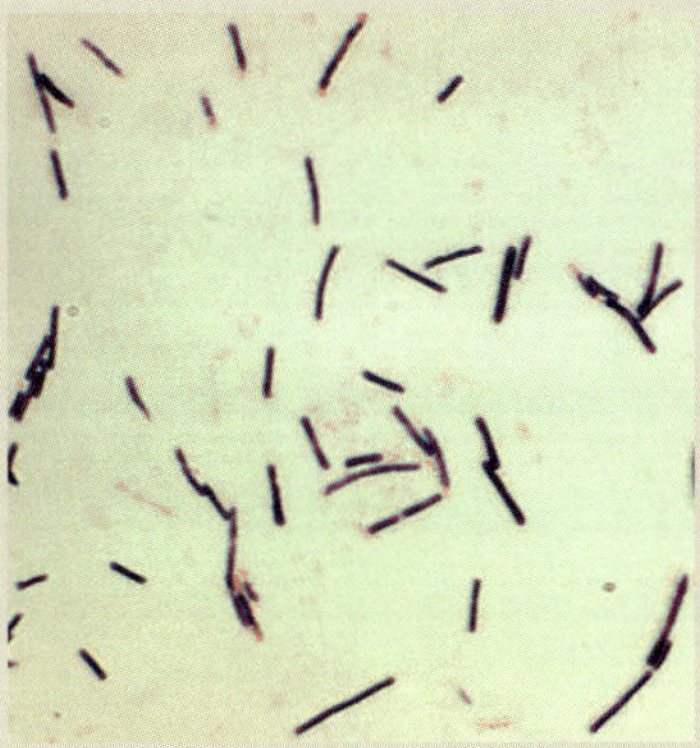

図1　ビフィズス菌などと対比されるウェルシュ菌。これらのものから得られる情報は医療の助けになろう。［CDC/Don Stalons］

ＩＨＭＣは、微生物1000種のゲノムからなる参照ゲノムセットの作成を目標としている。しかし、一見すると遠大なこの目標も、ヒトの健康に関連するマイクロバイオームの膨大な遺伝的多様性をとらえるには不十分かもしれない。1000種の参照ゲノムセットで十分事足りるかどうかは、ランダムなメタゲノムリードを、既知の細菌ゲノムにどれくらいうまく結びつけられるかにかかっている。

Nelsonらは、中サイズの米国メタゲノムデータセット2つを検証し、リードの3分の1が、

7. *Human Microbiome Project www.hmpdacc-resources.org/cgi-bin/hmp_catalog/main.cgi?section=HmpSummary&page=showSummary*

配列解読した178菌種の参照ゲノムのいずれにも対応しないことを見つけた。多様な民族集団に由来する人々では、腸内マイクロバイオームもさまざまに異なっている可能性があり[8]、それを踏まえると、Nelsonらの米国人を主とする参照ゲノムセットを、他集団由来のメタゲノムデータの解析に用いた場合には、参照ゲノムに対応させることのできないリードの割合はさらに高くなるかもしれない。

▼「コアゲノム」解読の積み重ねで「パンゲノム」を読み解く

1つの細菌種に属する株の間では、遺伝子の塩基配列は、最大で30パーセントも違う場合がありうる。ヒトとマウスのゲノムにはわずか10パーセントしか違いがないことを考えると、同一細菌種内の遺伝的、機能的な多様性は圧倒的に高いのかもしれない。実際Nelsonらは、同一種の異なる株の塩基配列を解読することで、新しい遺伝子の発見がかなり進む可能性があることを示している。Nelsonらは[1]、たとえばビフィズス菌の一種 *Bifidobacterium longum* で、ゲノムの違いが大きく、系統的に離れた株について1つだけ塩基配列を解読した。この方法によって、この細菌種の解読済み4株のパンゲノム（pan-genome）に、新しい遺伝子が640個も加わったのだ（パンゲノムとは、1つの種で配列解読された複数の株に存在する全遺伝子のこと）。一方、これらの株のコアゲノムに含まれる遺伝子は、わずか1430個である（コアゲノムとは、1つの種で配列解読された株のすべてが共有する遺伝子群のこと）。したがって、多くの腸内細菌種について、さらに多くの株の配列を解読すべきであり、そうすることで初め

8. *Li, M. et al.* Proc. Natl Acad. Sci. USA 105, *2117-2122 (2008).*

て、パンゲノムを読み解くことができるのである。

参照ゲノムセットを完成させるうえでネックになっているもう1つの問題は、ヒトの健康や疾患に関係する一部の微生物株が、培養では維持できないことだ。過去の研究[8]で、腸内微生物叢の構成と、機能的メタゲノム解析法で得られた尿中代謝物のプロファイルの間で相関変動解析を行なうことで、宿主の代謝にもっとも大きな影響を及ぼす微生物種を特定できることがわかっている。そこで1つの可能性として、そういった種の単一細胞を、顕微操作技術で塩基配列を目印に選別して集めることができる、遺伝子プローブの開発が考えられる。集められた細胞は、全ゲノムを増幅し、塩基配列を解読することで[9]解析できるだろう。こうした手法によって、実験室で培養不可能な微生物株のための参照ゲノムを入手できると考えられる。

▼まさに真実だった「食は人なり」の格言

さらに多くの腸内細菌株が解読されるにつれて、さまざまな因子が、腸内マイクロバイオームの構成、ひいては健康と疾患に及ぼす影響をより正確に判定できるようになる。たとえば食習慣は、腸内マイクロバイオームの構成を形づくっているので、宿主のもつ遺伝学的特性の影響よりも優位に作用している可能性がある[10]。食習慣は、肥満や糖尿病、結腸癌などの疾患発生率の増加の背景にある主要な因子[11]である。実際、ヒトが食物や薬剤を消化吸収した後、腸内細菌叢は個体数レベルを維持するために、どんな残存物でも利用する。何を食べるかによって、ヒト腸内でどの細菌種や株が繁殖するかが決まり、これによって第二のゲノムの遺伝子構成や

9. *Marcy, Y. et al.* Proc. Natl Acad. Sci. USA 104*, 11889-11894 (2007).*
10. *Zhang, C. et al.* ISME J. 4*, 232.241 (2010).*
11. *Campbell, T. C. & Campbell, T. M.* The China Study *(BenBella Books, 2005).*

宿主の健康にも影響が出るわけだ。「食は人なり」の格言はまさに真実だといえるだろう。

Qinらが用いた高性能メタゲノム解析法[2]と、Nelsonらの参照ゲノムセット[1]を組み合わせれば、食生活や生活スタイルが急激に変化している集団の腸内細菌について、その動的変化をモニターすることができる。さらに、そのモニター結果を、疾患にかかったことで生じる変化と結びつけることもできる。こうして得られた情報のなかに、特定疾患の発症と腸内マイクロバイオームの特異的パターンが伴っているようなものがあれば、将来的には早期治療のためのバイオマーカーや治療の標的として利用できるだろう。

ヒトのマイクロバイオームの配列解読と特性解析は、気が遠くなるほどめんどうな作業である。しかしこれは、栄養の摂《と》り過ぎが慢性疾患につながる過程を解明するうえで、きわめて重要な研究手段であると思われる。今後は、微生物学者とヒト遺伝学者の間のコミュニケーションが一層必要になるだろう。たとえば、ゲノム全域に関する研究はヒト疾患の遺伝的基盤をあきらかにするために行なわれているが、そこに腸内マイクロバイオーム、尿、血液の機能的メタゲノム解析も入れるべきではないだろうか。このようにして「第一のヒトゲノム」と「第二のヒトゲノム」の相互作用を解き明かすことで、新薬を開発するための新たな道が開けるかもしれない。

Liping Zhaoは上海交通大学（中国）生命科学技術学院に所属している。

酸素不足でも細胞を生き残らせる

Lack of oxygen aids cell survival

Jo Anne Powell-Coffman & Clark R. Coffman　２０１０年6月3日号　Vol.465 (554-555)

線虫では環境中の酸素が不足してくるとニューロンが反応し、ニューロンから離れた組織でストレス誘導性の細胞死が抑制される。低酸素で細胞死を抑制する、細胞間シグナル伝達の仲介分子ＴＹＲ－２は、ヒトにもホモログが存在することを示した。

細胞のＤＮＡが損傷を受けた場合、細胞の自殺プログラム（アポトーシス）が実行され、細胞が除去されれば、ＤＮＡ損傷による細胞の癌化を防ぐことができるので、生物自体の健康には有利に働くかもしれない。生物で、このような外界からの多くのストレスを統合し、それに対する応答を開始しているのは、ニューロンである。ニューロンは、離れた場所にある組織のストレス誘導性の細胞死を抑制できるのか。研究者たちは、線虫で、感覚ニューロンが低酸素に応答して長距離シグナルを発し、体の他の場所の細胞死を防いでいることを示した。さらに、このシグナルの本体である可能性が高いチロシナーゼＴＹＲ－２を同定し、この分子が化学療法の際にヒト癌細胞の死を防いでいる分子ＴＲＰ２のホモログ（相同体）であることも示した。

▼低酸素誘導因子（ＨＩＦ）はＤＮＡに結合する転写因子複合体

いつ生まれ、いつ死ぬのか？　細胞は、正常な発生過程においても、疾患の際にも、生死の決定に直面する。たとえば、細胞のＤＮＡが損傷を受けた際、アポトーシスとして知られる細胞の自殺プログラムが実行され、細胞が除去されれば、ＤＮＡ損傷による細胞の癌化を防ぐことができるので、生物自体の健康には有利に働くかもしれない。また、生物が生存するためには、環境の変動に耐え、適応することが必要な場合もある。生物において、このような外界からの多くのストレスを統合し、それに対する応答を開始しているのはニューロンである。では、ニューロンは離れた場所にある組織のストレス誘導性の細胞死を制御できるのだろうか？

チューリヒ大学（スイス）の Ataman Sendoel らは、線虫（*Caenorhabditis elegans*）において、感覚ニューロンが酸素レベルの低下（低酸素）に応答して長距離シグナルを発し、体の他の場所の細胞死を防いでいるとする重要な発見を、『Nature』２０１０年６月３日号５７７ページに報告した。[1]　さらに、Sendoel らは、このシグナルの本体の可能性があるチロシナーゼＴＹＲ－２を同定し、この分子が化学療法の際にヒト癌細胞の死を防いでいる分子ＴＲＰ２（tyrosinase-related protein 2）のホモログであることも示した。

酸素は、細胞機能に必要なエネルギーを解糖により作り出す分子経路（クエン酸回路や電子伝達系）において不可欠である。しかし細胞は、低酸素状態に適応して、他の方法でエネルギーを産生し、細胞の損傷を最小限に抑えている。このような低酸素への適応の大部分を指示するのが、低酸素誘導因子（ＨＩＦ）と呼ばれるＤＮＡに結合する転写因子複合体である。

---

1. *Sendoel, A., Kohler, I., Fellmann, C., Lowe, S. W. & Hengartner, M. O.* Nature 465*, 577-583 (2010).*

ＨＩＦ活性と細胞死の関係は腫瘍において精力的に研究されている。固形腫瘍の増殖では、血管新生が腫瘍の増殖に追いつかないため、腫瘍内部の細胞には酸素が供給されにくくなり、腫瘍内部の細胞は低酸素ストレスを受ける。これにより腫瘍細胞死が引き起こされるならば、患者にとっては有益である。しかし、腫瘍細胞では低酸素によりＨＩＦ活性が誘導され、細胞の生存が促進されるのである。そのため、癌患者においては、高レベルのＨＩＦ発現は予後不良に関連している。したがって、ＨＩＦが、癌細胞の死滅を目的とする治療を含む、環境ストレスから細胞を保護する仕組みを理解することが重要である。[2]

Sendoel らは、単純な線虫において遺伝学的アプローチを用いることで、ＨＩＦとストレス誘導性の細胞死の関係について調べた。[1] 線虫は、ＤＮＡに損傷を与える放射線に曝露されると、生殖細胞系列（卵および精子を形成する細胞）の一部に、アポトーシスによる細胞死が引き起こされる。ストレス誘導性の細胞死を支配する分子経路は、進化的に保存されており、線虫ではＣＥＰ－１タンパク質、および哺乳類では腫瘍抑制因子タンパク質ｐ53（ＣＥＰ－１のホモログ）が中心的役割を担っている。[3] Sendoel らは、薬剤や変異によりＨＩＦ－１レベルを上昇させると、生殖細胞系列のＣＥＰ－１／ｐ53が仲介する細胞死が抑制されることを示した。

この知見は前述した腫瘍生物学の研究結果と一致するが、ＨＩＦ－１が離れた場所にある生殖細胞系列の生存を促進するという知見は意外なものである。というのは、ＨＩＦ－１は線虫の頭部のＡＳＪ感覚ニューロンで機能しているからだ。そして、このＡＳＪ感覚ニューロンは、相当離れた場所にある生殖腺までシグナルを伝達し、生殖細胞系列の細胞死の決定を調節して

2. *Rankin, E. B. & Giaccia, A. J.* Cell Death Differ. 15*, 678-685 (2008).*
3. *Gartner, A., Boag, P. R. & Blackwell, T. K.* WormBook *doi:10.1895/wormbook.1.145.1 (2008).*

いるのだ。

▼「自殺防止」シグナルは生殖腺に取り込まれて細胞死を抑制する

では、生殖細胞系列の細胞死を抑制するシグナルは何だろうか？ Sendoel らは、ＴＹＲ－２酵素、あるいはＴＹＲ－２やその関連タンパク質が作り出す小分子代謝物質ではないかという証拠を３つ示した[1]。１つ目は、ＨＩＦ－１はＡＳＪ感覚ニューロンでＴＹＲ－２の発現を促進する。２つ目は、生殖細胞系列のストレス誘導性の細胞死を防ぐＨＩＦ－１の能力は、ＡＳＪニューロンの機能とＴＹＲ－２の分泌の両方に依存している。最後に、生殖細胞系列でのＴＹＲ－２の発現が、放射線誘導性の細胞死の抑制に十分である。総合すると、これらのデータは図１に示されるモデルを裏づけている。このモデルでは、線虫は酸素不足に応答してＨＩＦ－１の発現を上昇させ、次に、ＡＳＪニューロンでのＴＹＲ－２合成が増強される。その後、ＴＹＲ－２タンパク質あるいはその産物が、線虫の体液が満ちた体腔（偽体腔）から拡散する。この「自殺防止」シグナルは生殖腺に取り込まれ、生殖細胞系列の放射線誘導性の細胞死を抑制する。

この知見は、癌細胞が、ある種の化学療法に抵抗性を示す原因を理解する手がかりになるかもしれない。線虫のＴＹＲ－２タンパク質は、ヒトのＴＲＰ２のホモログである。ＴＲＰ２は皮膚に存在し、メラノサイトと呼ばれる細胞のメラニン色素の産生を触媒している。これまでの研究から、黒色腫でのＴＲＰ２発現レベルと放射線療法やある種の化学療法剤に対する抵抗

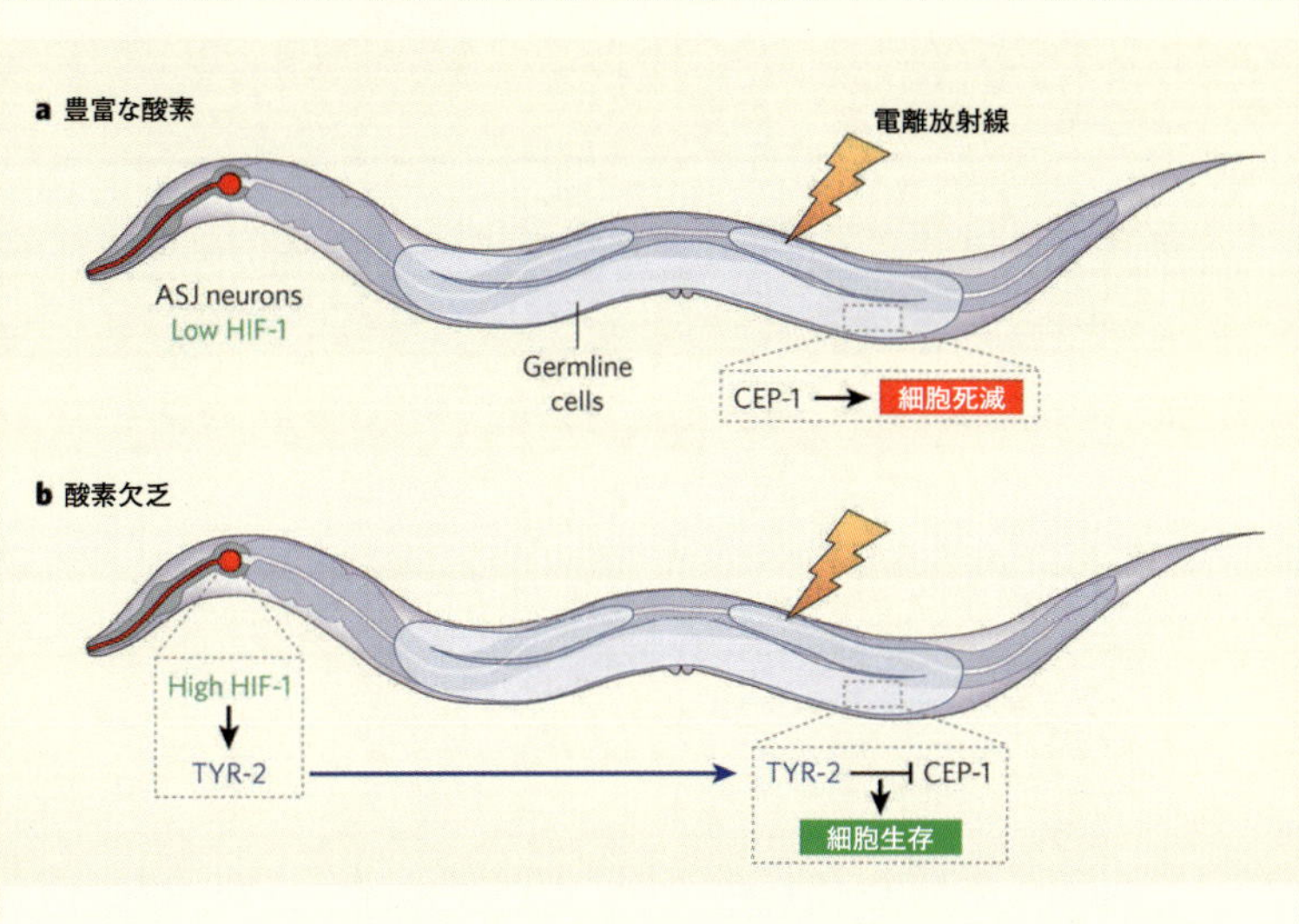

図１　離れた場所へのシグナル伝達およびストレス誘導性の細胞死の調節
ａ：酸素が豊富に存在すると、転写因子HIF-1は急速に分解される。放射線への曝露により、CEP-1/p53タンパク質が仲介する経路が生殖細胞系列に細胞死を誘導する。
ｂ：低酸素状態では、HIF-1は安定である。Sendoelらは、線虫（*Caenorhabditis elegans*）では、HIF-1が線虫頭部のASJニューロンにおいてTYR-2酵素の発現を誘導することを示した[1]。次に、ASJニューロンはTYR-2を分泌し、このTYR-2酵素自体あるいはTYR-2やその関連酵素がつくり出す小分子が細胞外間隙から拡散する。このシグナルは生殖腺に取り込まれ、生殖細胞系列の放射線誘導性の細胞死を抑制する。

性の間に正の相関があることが示されている。[4] 逆に、黒色腫細胞株においてＴＲＰ２発現を低下させると、化学療法剤シスプラチンや、他の種類の細胞ストレスを引き起こす薬剤に対する黒色腫細胞の感受性が上昇する。[1,5] ＴＲＰ２のこのような細胞死防止効果は、その酵素活性を阻害する変異により消失する。[1]

しかし、Sendoelらの発見により新たな疑問も生じる。ＴＹＲ－２やＴＲＰ２が細胞死を抑制する仕組みは何か？ ＴＹＲ－２関連酵素は、放射線あるいは化学療法によって引き起こされる損傷を抑制するのか、あるいは、ＣＥＰ－１／ｐ53シグナル伝達を直接抑制するのか？ ＨＩＦ－１活性化やＴＹＲ－２発現に応答してＣＥＰ－１／ｐ53タンパク質を調節する遺伝子や経路は何か？ ＨＩＦ－１の過剰発現は、線虫の老化を遅延させることがわかっているので、[6,7] ＴＹＲ－２はストレスから他の組織も守ることで、寿命を延ばしているのだろうか？ 機能的なｈｉｆ－１遺伝子を欠損する線虫はＣＥＰ－１の発現レベルが高く、放射線に曝露されなくても生殖細胞系列の細胞死が高率で見られること[1]は興味深い。しかし、この機構はわかっていない。低酸素、細胞間シグナル伝達および細胞死の間の関係を調べる研究から多くのことがあきらかになるだろう。

Jo Anne Powell-Coffman と Clark R. Coffman はともにアイオワ州立大学（米）に所属している。

4. *Pak, B. J. et al.* Oncogene 23*, 30-38 (2004).*
5. *Michard, Q. et al.* Free Radical Biol. Med. 44*, 1023-1031 (2008).*
6. *Zhang, Y., Shao, Z., Zhai, Z., Shen, C. & Powell-Coffman, J. A.* PLoS ONE 4*, e6348 (2009).*
7. *Mehta, R. et al.* Science 324*, 1196-1198 (2009).*

細胞が外部に及ぼす力を3次元で可視化

Push It, Pull It

Pascal Hersen & Benoit Ladoux　２０１１年2月17日号　Vol.470 (340-341)

移動する細胞は、環境に対して機械的な力を及ぼし、環境からの力も受けている。今回、２つの技術を組み合わせて、細胞と環境との相互作用の様子が詳しく調べられた。細胞の「押し引き機構」で力は水平・垂直方向にも及んでいた。

メカノバイオロジー（機械生物学）は、生きている細胞が環境の機械的・物理的な刺激を感知し、それに反応する仕組みを解明しようとする。生きている細胞は、移動しながら環境に力を及ぼす。そうした力は細胞の変形だけでなく、細胞・環境間の接着シグナル伝達や細胞骨格の再編成なども行なっている。機械的な力は、細胞の移動や癌の進行、幹細胞の分化など主要な役割を果たしている。開発された顕微鏡技術で、こうした力が時間と空間のなかでどのような特性を示すのか、正確に記述することが可能になった。研究チームは細胞と基質の相互作用が「押し引き機構」により調節されていることをあきらかにした。細胞の牽引《けんいん》力（粘着摩擦力）が、水平面だけでなく、垂直方向でも重要であり、全体の理解に欠かせないことが明確に示された。

▼新しい研究分野「メカノバイオロジー」が迫ったもの

メカノバイオロジー（機械生物学）は、生きている細胞が環境の機械的・物理的な刺激を感知し、それに反応する仕組みを解明しようとする新しい研究分野である。水滴のような受動的なものとは対照的に、生きている細胞は、移動しながら環境に力を及ぼして、能動的に環境を探索している。[1] そうした力は、細胞の変形といった物理的・機械的な事象を引き起こすだけでなく、細胞－環境間の接着シグナル伝達や細胞骨格の再編成のような細胞内の過程をも誘発する。このような文脈のなかで、機械的な力が、細胞の移動、癌の進行、幹細胞の分化など、多くの生物機能において主要な役割を果たしていることが示されている。[1~3]

しかし、こうした力が空間と時間のなかでどのような特性を示すのか、これまで正確には記述されてこなかった。今回、Delanoe-Ayariらが『Physical Review Letters』に発表した顕微鏡技術は、まさにそれをあきらかにする手段である。[4]

１９８０年代初頭のHarrisらの重要な研究により、外力を受けてたわむことができる２次元の基質上に細胞を置くと、細胞がこれに力を及ぼして変形させることが実証された。[5] それ以来、細胞の牽引力（粘着摩擦力）による弾性基質の変形をマッピングするため、さまざまな技術が開発されてきた。[1] こうした顕微鏡技術は、分子レベルから多細胞レベルまで、細胞－基質間相互作用の調節過程についての理解を深めた。[6~8] しかし、つい最近まで、この技術は水平面内の力の計算にしか用いられていなかったため、細胞内の力に関係する生体要素は、大半が２次元表面と平行な方向にあると仮定されることになってしまった。つまり、基質に対して垂直な

1. *Discher, D. E., Janmey, P. & Wang, Y.-L.* Science 310, *1139-1143 (2005).*
2. *Paszek, M. J. et al.* Cancer Cell 8, *241-254 (2005).*
3. *Engler, A. J., Sen, S., Sweeney, H. L. & Discher, D. E.* Cell 126, *677-689 (2006).*
4. *Delanoe-Ayari, H., Rieu, J. P. & Sano, M.* Phys. Rev.Lett. 105, *248103 (2010).*
5. *Harris, A. K., Wild, P. & Stopak, D.* Science 208, *177-179 (1980).*

方向の要素は、無視できるほど小さいと仮定されていた（図1a）。

ところが近年、細胞は環境の3次元的な形状を探索し、それに反応する際も、すべての次元で活動していることがわかってきた。[9,10] Delanoe-Ayariらは、基質に接着する細胞が生成する3次元の力のパターンを正確にマッピングする方法を考案した。[4] その手法は、基本的にはDemboとWangが開発した牽引力顕微鏡技術の拡張版で、[11] 細胞から力を受ける基質の弾性特性と、その表面付近に埋め込んだ蛍光ビーズの動きから、基質の変形と細胞の牽引力を測定する。この手法を、ビーズの動きを3次元的に追跡する技術[12]と組み合わせることで、今回、細胞の牽引力の空間的・時間的な分布を、3次元すべてで正確に決定することができたわけだ。

具体的に述べよう。著者らは、力学的特性を容易に制御できる柔らかいゲル基質の上に、土のなかに生息するアメーバ状の粘菌キイロタマホコリカビ（*Dictyostelium discoideum*）の細胞を置いて、この手法で観察・測定した。驚いたことに、蛍光ビーズはゲルの内部にランダムに分布していたにもかかわらず、光の焦点をゲルの上面に合わせて観察すると、ちょうど細胞がいる場所に、蛍光シグナルの「ブラックホール」が現われた。これは、細胞が蛍光ビーズをゲルの内部に押し込んだため、顕微鏡の焦点からはずれて見えなくなったことを意味する。実際、基質から細胞を取り除くと、蛍光ビーズは平衡位置に戻って、再び蛍光シグナルが現われた。

さらに、観察された3次元の力のパターンは、粘菌の細胞が「押し引き機構」によって柔らかい基質との相互作用を調節していることを明示していた。すなわち、粘菌細胞は、核の下の

6. *Beningo, K. A. & Wang, Y.-L.* Trends Cell Biol. 12*, 79-84 (2002).*
7. *Balaban, N. Q. et al.* Nature Cell Biol. 3*, 466-472 (2001).*
8. *Trepat, X. et al.* Nature Phys. 5*, 426-430 (2009).*
9. *Vogel, V. & Sheetz, M.* Nature Rev. Mol.Cell Biol. 7*, 265-275 (2006).*
10. *Ghibaudo, M. et al.* Biophys. J. 97*, 357-368 (2009).*

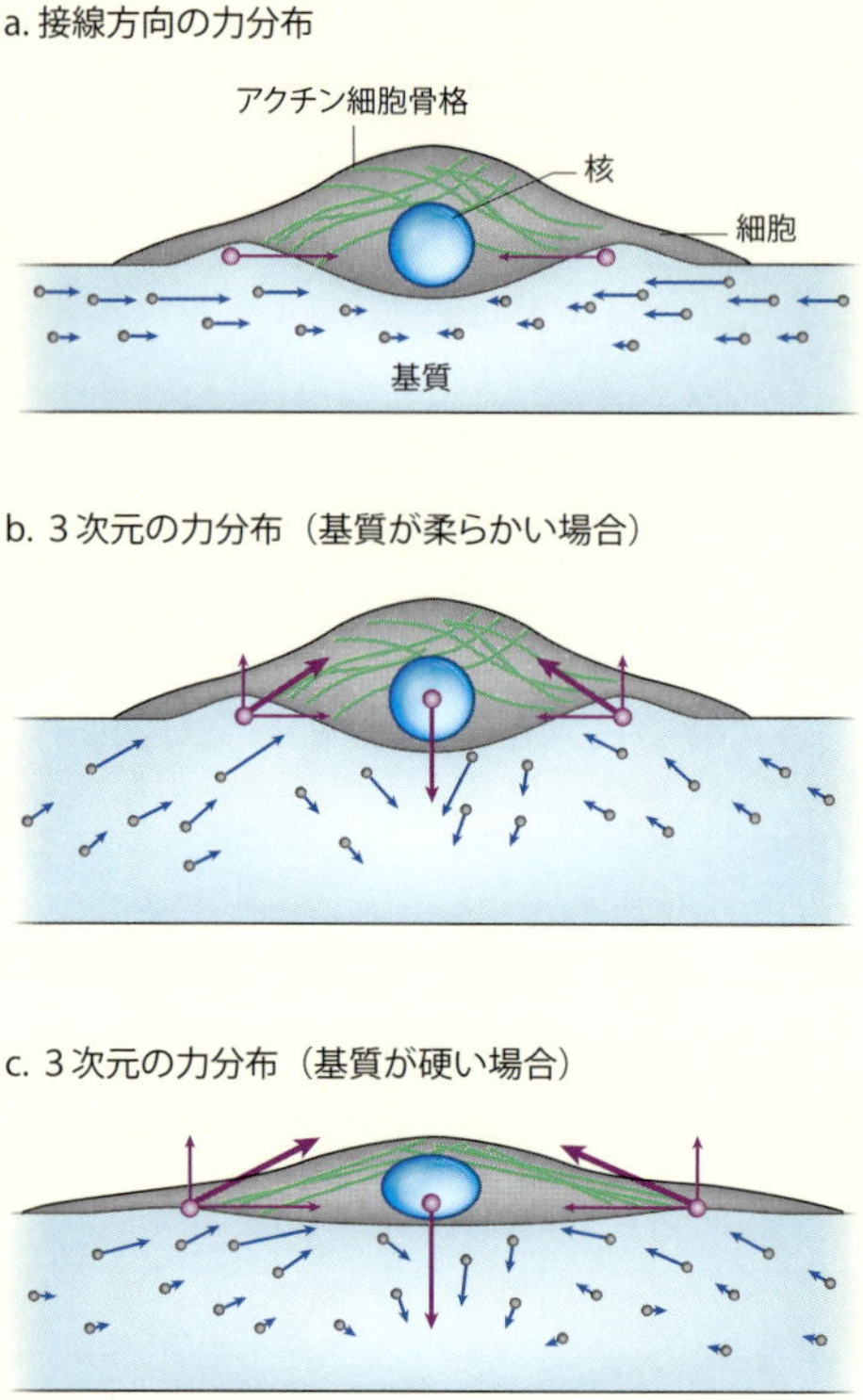

図1　細胞接着に関与する機械的な力
a：牽引力顕微鏡技術の古典的な表現。蛍光ビーズ（灰色の点）を変形可能な基質のなかに埋め込み、その上に細胞を置く。細胞が基質に及ぼす力によって、蛍光ビーズが移動する（青い矢印）。これに基づいて、接線方向の牽引力（紫色の矢印）を求める。
b：Delanoe-Ayariらは、上の技術を拡張して、細胞が柔らかい基質に及ぼす牽引力を3次元で正確に決定できるようにした[4]。彼らは、細胞－基質間相互作用が「押し引き機構」により調節されていることを発見した。細胞は、核の下の部分では基質を真下に押し、外縁部では細胞の中心に向かって斜め上に引っ張っている。紫色の細い矢印は、斜めに引っ張る力を接線成分と垂直成分に分解したもの。
c：硬い基質の上に置いた細胞は薄く広がるため、細胞のアクチン細胞骨格（緑色の細い線）の張力により、核が大きくひずむ可能性がある。

11. *Dembo, M. & Wang, Y.-L.* Biophys. J. 76, *2307-2316 (1999).*
12. *Weeks, E. R., Crocker, J. C., Levitt, A. C., Schofield, A. & Weitz, D. A.* Science 287, *627-631 (2000).*

部分ではゲルを真下に押し、外縁部では細胞の中心に向かって斜め上に引っ張っているのだ(図1b)。全体の力はゼロになる理屈なので、垂直方向に引く力と押す力はちょうど釣り合っている。

▼あらゆる種類の接着細胞に重要な3次元の力の考慮

Delanoe-Ayariらは、鉛直方向の力が存在しているだけでなく、その強さが水平面内の力と同程度であることも証明した。[4] これは、生物機能における細胞-基質間相互作用の役割を調べる際に、垂直方向の力も調べる必要があることを教えている。これまでの研究から、哺乳類の組織細胞も、粘菌とほとんど同じように環境を変形させることがわかっている。[13,14] このことと考え合わせると、著者らの今回の知見は、あらゆる種類の接着細胞において、3次元の力を考慮することが重要であることを示している。同時に、押す力と引く力の間の力学的な釣り合いについて、新しい明確な説明を与えたものといえる。

基質の弾性が、細胞の運命を決定することもある。[3] したがって、機械的な力が及ぼす細胞-環境間相互作用と遺伝子発現のかかわりを理解することは、メカノバイオロジーの主要課題の1つなのだ。観察された力のパターンを見ると、細胞の核と細胞質部分との間の物理的結合について、疑問が生じる。[15] 著者らは、核より柔らかい基質の上で細胞を培養しており、細胞が基質と接触するとき、基質のほうが核よりも大きく変形するようになっている。では、細胞を硬い基質の上に置いたとき、押す力が核の変形を引き起こすのだろうか。細胞の運命を再プログ

13. *Hur, S. S., Zhao, Y., Li, Y. S., Botvinick, E. & Chien, S.* Cell. Mol. Bioeng. 2, *425-436 (2009).*
14. *Maskarinec, S. A., Franck, C., Tirrell, D. A. & Ravichandran, G.* Proc. Natl Acad. Sci. USA 106, *22108-22113 (2009).*
15. *Mazumder, A. & Shivashankar, G. V.* J. R. Soc. Interface 7, *S321-S330 (2010).*

ラミングするかどうかも含めて、今後の研究課題だ。

哺乳類の組織細胞は、硬い基質の上ではより大きな力を及ぼし、基質の表面に大きく広がって、核をいっそう圧縮することが知られている（図1c）。それゆえ、基質の硬さが増すことで、水平面内の力が大きくなり、鉛直方向の力が相対的に小さくなる可能性がある。著者らの技術がさまざまな硬さの基質にどこまで適用できるかは、まだわからない。

細胞機能と機械的刺激との相互作用が完全に解明されるのは、ずっと先のことであろう。しかし、Delanoe-Ayariらは、細胞の牽引力（粘着摩擦力）が、水平面内だけでなく鉛直方向でも重要であり、全体の理解に不可欠であることを明確に示したといえる。

Pascal HersenとBenoit Ladouxはパリ・ディドロ大学およびＣＮＲＳの材料複雑系研究所（フランス）とシンガポール国立大学メカノバイオロジー研究所に所属している。

RNA干渉法でコレステロール値を下げる

A cholesterol connection in RNAi
John J. Rossi　２００４年11月11日号　Vol.432 (155-156)

ＲＮＡ干渉法（ＲＮＡｉ）は、疾病関連遺伝子の発現の抑制に役立つ可能性がある。だが、その進展を妨げているのは、標的へうまくＲＮＡｉを送り込めないことだ。こうした問題が、少なくともマウスによる実験では解決されたようだ。

治療上重要なメッセンジャーＲＮＡ（ｍＲＮＡ）分子を標的にして、低分子干渉ＲＮＡ（ｓｉＲＮＡ）と呼ばれる核酸を、静脈内経由で体内に送り込むための単純だが有効な方法が開発された。ｍＲＮＡは遺伝子の発現に必要な一段階であり、遺伝子とタンパク質の仲立ちをする。ｓｉＲＮＡは21～23個の塩基からなる二重鎖ＲＮＡで、1鎖はタンパク質複合体に組み込まれ、ｍＲＮＡの切断や翻訳を阻害する。そこで、ｓｉＲＮＡ－コレステロール複合体をマウスの静脈に注射したところ、肝臓・空腸・心臓・腎臓・肺・脂肪組織などに取り込まれた。ｍＲＮＡの量を、肝臓で50パーセント以上、空腸で70パーセントも効果的に減少させた。その結果、コレステロール値はアポリポタンパク質Ｂ遺伝子を欠失したマウスに匹敵するほど下がった。

▼「アンチセンスを使った遺伝子発現の抑制」でRNAiに秘められた可能性

『Nature』2004年11月11日号173ページでSoutschekらが[1]、治療上重要なメッセンジャーRNA（mRNA）分子を標的として、低分子干渉RNA（siRNA）と呼ばれる核酸を静脈内経由で送達するための単純だが有効な方法を報告している。mRNAは遺伝子の発現に必要な一段階であり、遺伝子とタンパク質の仲立ちをする。siRNAは長さが21〜23塩基の二重鎖RNAであり、鎖の1本はタンパク質複合体に組み込まれる。この小さいRNA分子が案内役となってmRNAにある相補的塩基配列を見つけ出し、タンパク質複合体によるmRNAの切断を引き起こしたり（図1）、あるいはそのmRNAがタンパク質に翻訳されるのを阻害したりする[2〜5]。その結果、これをコードする遺伝子は発現抑制（サイレンシング）を受ける。この方法はヒトの疾患関連遺伝子の抑止に使えるのではないかと期待されており、Soutschekらのマウスを使った研究の成果でこの夢が実現に一歩近づいた。

1970年代の後半、核酸の相補的配列どうしの特異的な結合を利用して、目的とする遺伝子の発現を抑制する因子をつくり出せることが初めて示された[6]。この成果は、研究者が現在「アンチセンスを使った遺伝子発現の抑制」と呼ぶ分野の登場を告げるものだった。この分野の初期の研究で使われていたのは化学合成されたDNA鎖で、相補的塩基対の形成によって標的mRNAに選択的に結合し、リボヌクレアーゼHと呼ばれる細胞内酵素を介して目的のmRNAを切断するように設計された。

こうしたアンチセンス機構は、2本の核酸を選択的に結合させられることから、ウイルス起

1. *Soutschek, J. et al.* Nature 432, *173-178 (2004).*
2. *Novina, C. D. & Sharp, P. A.* Nature 430, *161-164 (2004).*
3. *Mello, C. C. & Conte, D. Jr* Nature 431, *338-342 (2004).*
4. *Hannon, G. J. & Rossi, J. J.* Nature 431, *371-378 (2004).*
5. *Tuschl, T. & Borkhardt, A.* Mol. Interv. 2, *158-167 (2002).*

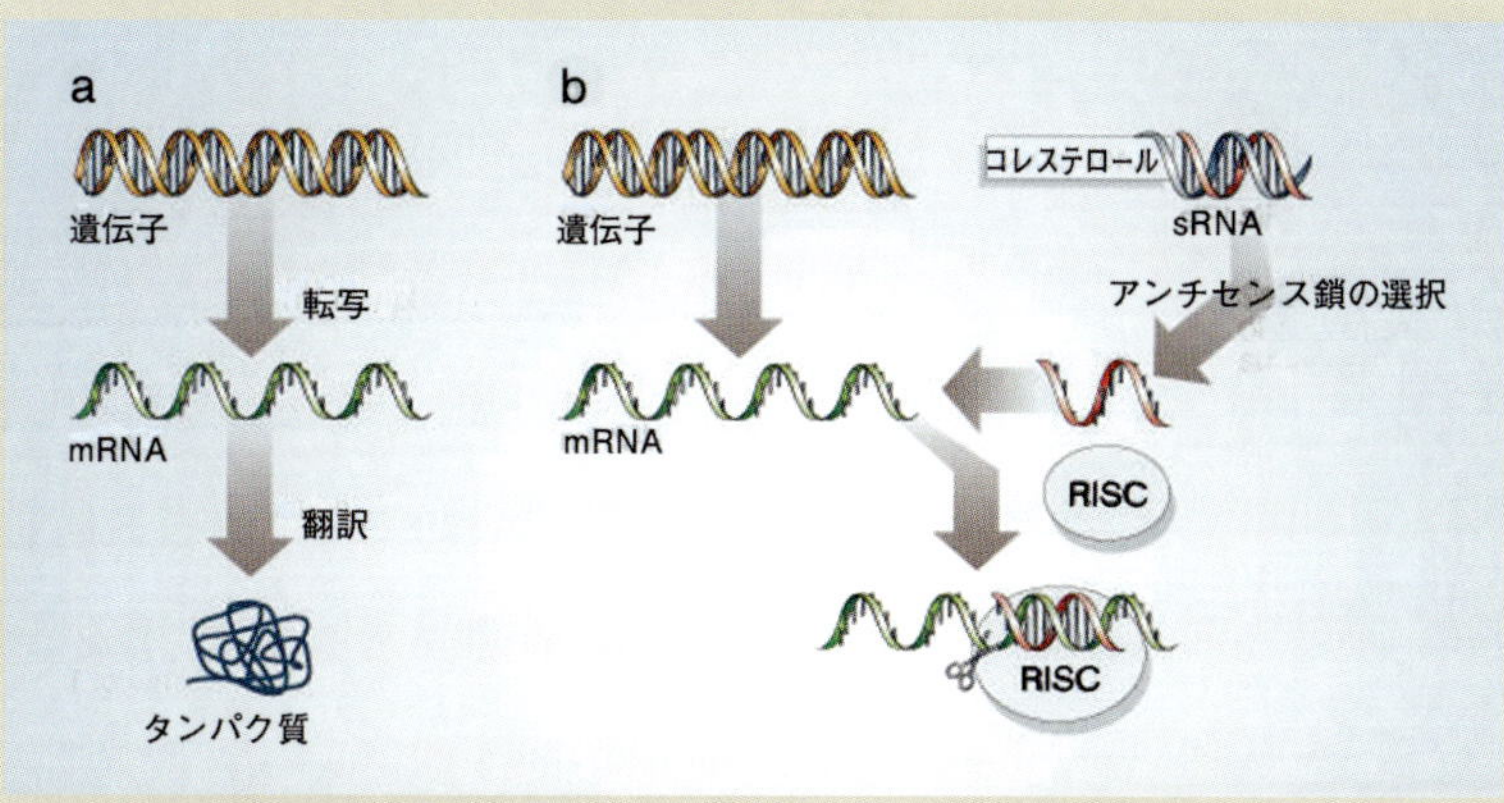

図1　RNAiが遺伝子の発現を抑制する仕組み
a：発現すべき遺伝子はそのDNA塩基配列がメッセンジャーRNA（mRNA）に転写され、これが次にタンパク質のアミノ酸配列に翻訳される。
b：RNAiは、mRNAを破壊する（下）か、もしくはmRNAが翻訳されるのを妨げる（図示していない）ことにより働く。RNAiの一般的な手法に手を加えたSoutschekら[1]の方法では、低分子干渉RNA（siRNA）を合成して化学的に修飾し、「センス」鎖（青色）をコレステロールで標識する。次にsiRNAをマウスの静脈に注射すると、siRNAはコレステロール基があるおかげで組織に取り込まれる。組織に入るとセンス鎖が内在性のRNAi機構によって破壊され、アンチセンス鎖（赤色）は標的mRNAの相補的塩基配列に結合したままになる。RNA誘導型サイレンシング複合体（RISC）というタンパク質複合体が動員されて、このmRNAは切断される。

源であっても非ウイルス起源であっても有害な遺伝子を特異的に発現抑制できる高度な選択性をもった薬剤につながるのではないかという見方が出てきた。この見方に大きな追い風となったのが、細菌以外のほぼすべての生物に、天然のアンチセンス機構であるＲＮＡ干渉（ＲＮＡｉ）が存在するという発見だった。[7] ＲＮＡｉでは、ｓｉＲＮＡは長い二重鎖の前駆分子から酵素に切断されることで天然につくられる。これが案内役となって、ＲＮＡ誘導型サイレンシング複合体（ＲＩＳＣ：図1）というタンパク質複合体

6. *Zamecnik, P. C. & Stephenson, M. L.* Proc. Natl Acad. Sci. USA 75*, 280-284 (1978).*
7. *Fire, A. et al.* Nature 391*, 806-811 (1998).*

によって標的ｍＲＮＡが切断（もしくは翻訳を抑制）される。その後、化学合成されたｓｉＲＮＡを脂質との複合体の形で培養条件下のヒト細胞に送り込むと、相補的ｍＲＮＡの配列特異的な発現抑制を引き起こせることがわかり[8〜10]、ＲＮＡｉに秘められた可能性をめぐる興奮は一段と高まった。

科学界も投資家たちもすぐに、これらの発見に目をつけた。この強力な細胞内機構は特定の細菌だけに効く薬剤をつくるのに利用できそうなこと、そして、おそらくは応用の面でも市場価値についても、ＤＮＡを使った従来のアンチセンス技術に勝りそうなことに気づいた。だが、問題が１つあった。培養細胞でｓｉＲＮＡが有効なことには疑いの余地がなかったが、こうした二重鎖ＲＮＡを生体内の組織へ効率よく送り届けることがなかなかできなかったのだ。糖とリン酸からなる主鎖に選択的に化学的修飾をした合成の低分子ＤＮＡは、静脈に注射するだけで生体内の組織や細胞に届く。ところがｓｉＲＮＡは、施せる修飾の種類が少なく、組織に容易に取り込まれない。しかもヌクレアーゼという血中酵素に分解されやすい。

▼「コレステロール複合体法」のヒトへの応用の前の課題

この送達の問題に対して今回 Soutschek らが[1]、かなり単純な解決法を編み出した。彼らが標的に選んだのは、コレステロール代謝に関与するアポリポタンパク質Ｂという分子をコードするｍＲＮＡだった。ヒトでは、このタンパク質の血中濃度はコレステロール値と相関しており、両者の値が高くなるほど冠動脈性心疾患のリスクが高まる。

---

8. *Elbashir, S. M. et al.* Nature 411, *494-498 (2001).*
9. *Elbashir, S. M., Lendeckel, W. & Tuschl, T.* Genes Dev. 15, *188-200 (2001).*
10. *Caplen, N. J., Parrish, S., Imani, F., Fire, A. & Morgan, R. A.* Proc. Natl Acad. Sci. USA 98, *9742-9747 (2001).*

Soutschekらは、アポリポタンパク質BのmRNAを標的にする複数の長さのsiRNAを合成した。これらのsiRNAには選択的に安定化する修飾が施されており、センス鎖RNAの末端ヒドロキシル基にはコレステロール基が化学的に架橋して連結している。このsiRNA－コレステロール複合体をマウスの静脈内に注射したところ、肝臓や空腸（小腸の一部）、心臓、腎臓、肺、脂肪組織など何カ所かの組織に取り込まれた。ここで肝心なのは、siRNAがアポリポタンパク質BのmRNA量を肝臓で50パーセント以上、空腸で70パーセントも効果的に減少させた点だ。このmRNA量減少の結果、血中コレステロール値はアポリポタンパク質B遺伝子を欠失したマウスに匹敵する値まで低下した。

この研究成果の優れた点は、送達方法が比較的簡単なことである。このシステムには高価な脂質複合体や他の高分子担体を必要とせず、DNA二重鎖1本につきわずか1つのコレステロール複合体ですむ。このコレステロール基も、著者たちの成功の鍵となった。コレステロールがなければ、siRNAに化学的修飾を施して血中ヌクレアーゼ酵素に抵抗性をもたせても、組織へ送達されることはなかった。コレステロールの起用が細胞によるsiRNAの取り込みを助けたのである。Soutschekらは、siRNAがRISCの関与するmRNAの切断を介して機能していたことを実証するために、mRNAが切断される箇所も突き止めた。切断が起こったのは、siRNAの片方の端（5′末端）から10塩基目に対応する箇所で、これはまさしくRISCで切断されることが知られる箇所だった[11]。しかも、この切断でできた産物は、機能的なsiRNA－コレステロール複合体を投与した動物から採取したRNAにしか見られなかっ

11. Schwarz, D. S., Tomari, Y. & Zamore, P. D. Curr. Biol. 14, *787-791 (2004).*

た。

確かにSoutschekらの上げた成果は大いに励みになる。だが、この方法をヒトに応用する前に取り組むべき問題は多い。たとえばヒトの高コレステロール血症の治療では、コレステロール降下剤を一生使う必要も出てくる。しかし長期にわたってｓｉＲＮＡで治療した場合に何が起こるかわからないし、得られる恩恵がいかなるリスクにも勝るかどうかもわからない。もう1つの起こりうる問題は、望む効果を得るのに必要な用量である。マウスのデータをヒトに転用すると、通常の注射でグラム単位のｓｉＲＮＡ－コレステロール複合体が必要となり、これではあまりに高価になってしまう。こうした懸念はあるものの、ＲＮＡｉの発見と作用機構の報告からわずか数年で、疾患治療に役立ちそうな方法が報告されたのは嬉しい驚きである。これと比べて、アンチセンスＤＮＡが同じような期待をもたれるまでには優に10年以上かかった。今回のコレステロール複合体法が他の疾患関連遺伝子の発現抑制にも使えるかどうか、今後さらに動物モデルでの研究が待たれる。もし証明されれば、ＲＮＡｉの利用に大変革がもたらされるはずだ。

John J. Rossi はベックマン研究所生物科学大学院（米）分子生物学部門に所属している。

小さなＲＮＡがもつ大きな役割

Big roles for small RNAs

Frank J. Slack　２０１０年2月4日号　Vol.463 (616)

胚性幹細胞は、自分自身の複製を作ることも、分化して体を構成するほとんどすべての種類の細胞を作り出すことも可能である。そして、マイクロＲＮＡと呼ばれる小さな遺伝子調節因子が、幹細胞のこれらの性質を管理する役割をもっていることがわかった。

マイクロＲＮＡは小さなＲＮＡ分子で、ヒトのゲノム内にコードされている。それはタンパク質には翻訳されず、他の種類、特にメッセンジャーＲＮＡ（ｍＲＮＡ）に結合することで、遺伝子発現の調節機能をもつ。マイクロＲＮＡへの結合はｍＲＮＡのタンパク質への翻訳を阻害し、ヒトでは数千個のマイクロＲＮＡが、複雑なネットワークにより数千個のｍＲＮＡを調節している。また、幹細胞に変異が生じることが、多くの癌の原因との仮説が裏づけられてきており、将来的な幹細胞を基盤とする治療の重要性が指摘されている。研究者たちはマイクロＲＮＡが幹細胞生物学に非常に重要な役割を担っており、抗癌治療でその量を操作する戦略の正しさを印象づけた。

▼細胞〝再プログラム化〟に重要な「マイクロRNA」

受精卵（胚）というたった1個の細胞から、我々の体を構成する何兆個もの特殊化した細胞がすべて作り出される。そして、このような増殖と特殊化が起こる生命の神秘が、何世紀にもわたって発生生物学者を魅了し続けている。そのうえ、人工的な強制により、成熟・分化した細胞をナイーブ状態に「巻き戻す」（再プログラム化と呼ばれる）方法が開発されたことは、再生医療のみならず、発生についての理解を深めるためのツールとして、非常に大きな可能性を秘めている。カリフォルニア大学サンフランシスコ校（米国）のColin Melton、Robert L. JudsonおよびRobert Blellochは[1]、マイクロRNAと呼ばれる小分子RNAが幹細胞生物学に非常に重要な役割を担っていること、そのため将来的に幹細胞を基盤とする治療に重要になるであろうことを、『Nature』2010年2月4日号621ページに報告した。

受精直後の細胞（胚性幹細胞）は、迅速に細胞分裂を行なう能力、自分自身の複製を作り出す（自己複製する）能力、およびあらゆる種類の特殊化した細胞に分化できる能力（多能性として知られる特性）を備えた優れた細胞である。胚性幹細胞が分化を開始すると、自己複製の抑制と分化状態の確定を行なう因子をコードする一連の遺伝子群が発現する。このような多能性状態と分化状態を切り替える機構については、まだ理解され始めたばかりであるが、いくつかの重要な調節遺伝子がこの過程に必要であることがわかっている。たとえば、このような調節遺伝子（「幹細胞性（自己複製能および分化能）」因子として知られるタンパク質をコードしている）の一部を、分化した細胞（皮膚細胞など）に人工的に発現させると、分化した細胞を

---

1. *Melton, C., Judson, R. L. & Blelloch, R.* Nature 463*, 621-626 (2010).*

再プログラム化して多能性状態に「巻き戻す」ことができる。[2,3]これが、人工多能性幹細胞として知られる細胞の作製法である。そして、多能性幹細胞（ｉＰＳ）ら、興味深い事実が浮かび上がってきた。マイクロＲＮＡと呼ばれるＲＮＡの一種が、この多能性状態と分化状態の切り替えに関わる不可欠な要因であることを示す多数の証拠があるのだ。

マイクロＲＮＡは、その名前が示すように、小さなＲＮＡ分子で、我々のゲノム内にコードされている。マイクロＲＮＡはタンパク質には翻訳されず、他の種類のＲＮＡ〔特にメッセンジャーＲＮＡ（ｍＲＮＡ）〕に結合することで、遺伝子の発現を調節する機能をもつ。[4]つまり、マイクロＲＮＡのｍＲＮＡへの結合はｍＲＮＡのタンパク質への翻訳を阻害する。ヒトでは、数千個のマイクロＲＮＡが複雑なネットワークにより数千個のｍＲＮＡを調節している。

▼分化促進因子「ｌｅｔ－７マイクロＲＮＡ」の作用機構が判明

マイクロＲＮＡは最初に線虫（*Caenorhabditis elegans*）で発見された。線虫においてマイクロＲＮＡをコードするｌｉｎ－４やｌｅｔ－７に変異があると、幹細胞の分化異常が引き起こされることがわかったのだ。[5,6]特に、これらのマイクロＲＮＡが存在しないと、線虫の上皮幹細胞（seam 細胞：継目細胞）は自己複製状態を脱して分化することができない。さらに研究が進むと、マイクロＲＮＡは、あらゆる多細胞生物において、発生、代謝および老化を含む、ほぼすべての生物学的過程に関与していることがあきらかになった。[4]そのうえ、マイクロＲＮＡは、多くのヒト疾患に関与していることもあきらかになり、特に癌で重要な役割を担ってい

2. *Yu, J. et al.* Science 318, *1917-1920 (2007).*
3. *Wernig, M. et al.* Nature 448, *318-324 (2007).*
4. *Bartel, D. P.* Cell 116, *281-297 (2004).*
5. *Lee, R. C., Feinbaum, R. L. & Ambros, V.* Cell 75, *843-854 (1993).*
6. *Reinhart, B. J. et al.* Nature 403, *901-906 (2000).*

ることがわかってきた。[7,8]

ｌｅｔ－７マイクロＲＮＡは、分化の直前にseam細胞や哺乳類の幹細胞[9]で発現が見られる。したがって、ｌｅｔ－７は保存された抗幹細胞性因子、つまり分化促進因子であると提案されている。しかし、ｌｅｔ－７の作用機構はわかっていなかった。今回、Meltonらは、ｌｅｔ－７がマウス胚性幹細胞の分化誘導の鍵となる因子であることを実証した。[1]ｌｅｔ－７は、いくつかの幹細胞性因子の細胞からの除去に必須であると考えられ、それら幹細胞性因子がコードされている遺伝子やｍＲＮＡにはｌｅｔ－７の結合部位が豊富に存在する。これら幹細胞性因子の量の減少が分化を促進する（図１）。さらに、Meltonらは、ｌｅｔ－７による分化促進を阻害する別のマイクロＲＮＡファミリー〔ＥＳＣＣ（胚性幹細胞細胞周期調節）マイクロＲＮＡ〕も同定した。これらの知見は、異なる種類のマイクロＲＮＡが、胚性幹細胞の運命に逆の影響を与える（一方は自己複製を促進し、他方は分化を促進する）とするモデルの基盤となる。

線虫では、ｌｉｎ－28遺伝子の変異が、通常よりも早い段階で幹細胞の分化を引き起こす（幼虫後期で成虫の特徴を示す）ことから、[10]ＬＩＮ－28タンパク質も幹細胞性因子であることが示されている。最近の研究から、ＬＩＮ－28が、哺乳類と線虫の両方において、ｌｅｔ－７マイクロＲＮＡのプロセッシングおよび成熟（マイクロＲＮＡは、さまざまなタンパク質によって修飾されることで完全な機能を獲得する）を阻害するＲＮＡ結合タンパク質であることが示された。[11～15]そのうえ、ＬＩＮ－28は効率的なｉＰＳ細胞の作製に必要である。[2]これらの結果の「点

7. *Esquela-Kerscher, A. & Slack, F. J.* Nature Rev. Cancer 6,*259-269 (2006).*
8. *Yu, F. et al.* Cell 131*, 1109-1123 (2007).*
9. *Wulczyn, F. G. et al.* FASEB J. 21*, 415-426 (2007).*
10. *Moss, E. G., Lee, R. C. & Ambros, V.* Cell 88*, 637-646 (1997).*

を結ぶ」と、ｉＰＳ細胞作製におけるＬＩＮ－28の役割の１つがｌｅｔ－７マイクロＲＮＡの成熟阻害である可能性が想像できるだろう。[16] Meltonらの研究[1]は、ｌｅｔ－７の阻害により、分化細胞からのｉＰＳ細胞作製が促進されることを示しており、このモデルを裏づけるとともに、分化状態の維持にｌｅｔ－７マイクロＲＮＡが重要であることを浮き彫りにしている（図１）。

Meltonらの観察[1]は再生医療に興味深い未来を提起する。第一に、マイクロＲＮＡレベルの一過性の操作がｉＰＳ細胞作製の望ましい方法になるかもしれない。また、Meltonらの知見は癌分野に携わる人の興味をかきたてるかもしれない。癌分野では、幹細胞に変異が生じるこ

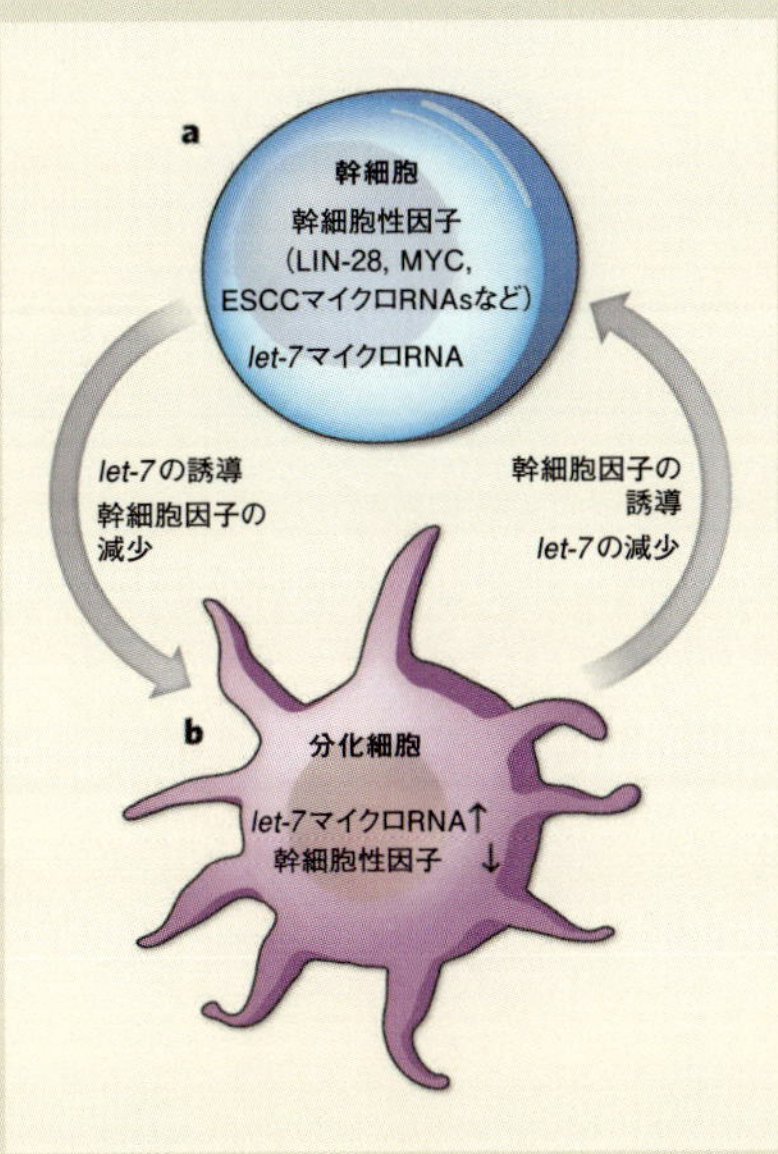

図１　胚性幹細胞におけるマイクロRNAの役割のモデル
ａ：胚性幹細胞では、ESCC（胚性幹細胞細胞周期調節）マイクロRNA、LIN-28タンパク質、MYCタンパク質などの「幹細胞性」因子の発現レベルが高い。今回、Melton、JudsonおよびBlelloch[1]は、マウス胚性幹細胞も低レベルで*let-7*マイクロRNAを発現していることを報告している。*let-7*マイクロRNAは、細胞分化の引き金を誘導しなければならず、幹細胞性因子の濃度低下に不可欠であると考えられる。ｂ：しかし、分化細胞では、幹細胞性因子の発現レベルが低く、*let-7*の発現レベルが高い。細胞を脱分化させるためには、幹細胞性因子が利用可能になり、*let-7*が阻害されなければならない。

11. *Lehrbach, N. J. et al.* Nature Struct. Mol. Biol. 16, *1016-1020 (2009).*
12. *Viswanathan, S. R., Daley, G. Q. & Gregory, R. I.* Science 320, *97-100 (2008).*
13. *Rybak, A. et al.* Nature Cell Biol. 10, *987-993 (2008).*
14. *Newman, M. A., Thomson, J. M. & Hammond, S. M.* RNA 14, *1539-1549 (2008).*
15. *Heo, I. et al.* Mol. Cell 32, *276-284 (2008).*

とが、多くの癌の原因であるとする新しい仮説が次第に裏づけられている。今回の Melton らの研究[1]は、腫瘍において、抗癌治療として、このようなマイクロＲＮＡの量を操作する戦略の正当性を強化している。このようなもっとも小さいＲＮＡ分子が大きな未来を開くと考えられる。

Frank J. Slack はエール大学（米）に所属している。

16. *Nimmo, R. A. & Slack, F. J.* Chromosoma 118*, 405-418 (2009).*

模倣のニューロン

Neurons of imitation

Ofer Tchernichovski & Josh Wallman　２００８年1月17日号　Vol.451 (249-250)

ナイチンゲールは、数回聴いただけの歌（さえずり）を少なくとも60種類覚えられる。鳴鳥類には、自分が歌ったときと他の鳥の同じような歌を聴いたときとで、驚くほど似た活動を示す、鏡のようなニューロンがあるようだ。

縄張りをもつ鳴鳥が、侵入してきた他の個体の歌によく似た歌を返して、警告を発することがある。鳴鳥がある歌を聴くときやそれに似た歌を返すときにも、活動する脳内ニューロン群が見つかった。これらのニューロンはサルの脳で見つかった「ミラーニューロン」を連想させる。ミラーニューロンは、ある動作を認識した場合と、その動作を実際に行なった場合とで同じような応答を示す鏡のようなニューロンであり、模倣と共感という本質的に異なる現象を解く鍵になる。そしてミラーニューロンから伸びる神経の軸索の行き先を調べたところ、脳内の高次発声中枢（ＨＶＣ＝歌を生み出す神経核領域）には２つの出力があった。１つは歌う運動系経路から発声器官に向かい、もう１つは歌うには必要ない前脳経路（ＡＦＰ）に向かうものだ。

▼鳴鳥類（鳴禽類）に見い出された「ミラーニューロン」

鳴鳥類（鳴禽類）は歌まねのチャンピオンである。たとえばナイチンゲールは、数回聴いただけの歌（さえずり）を少なくとも60種類覚えることができる。[1] 幼鳥は、まねをして種に固有の歌を覚える。こうした模倣の能力は社会的にも重要であり、縄張りをもつ鳴鳥が、侵入してきた他の個体の歌によく似た歌を返して警告することがよくある。[2] では、このような模倣能力やコミュニケーション能力にはどのようなニューロンが介在しているのだろうか。『Nature』2008年1月17日号305ページでPratherら[3]は、鳴鳥がある歌を聴くときにも、それに似た歌を返すときにも活動する脳内ニューロン群を見つけたことを報告している。

こうした特性から、これらのニューロンはサルの脳で見つかった「ミラーニューロン」を連想させる。ミラーニューロンは、ある動作を認識した場合と、その動作を実際に行なった場合とで同じような応答を示す鏡のようなニューロンであり、その発見は、模倣と共感という本質的に異なる現象を解明するための鍵となるのではないかとおおいに話題を呼んだ。ミラーニューロンは、サル自身が親指と人差し指で小さい物をつまむ動作を行なっているときと、他のサルやヒトがそれと同じ動作をするのを見ているときに活動するが、[4] 同じ動作をしてみせても目的が達成されない場合（物をつまんだふりをした場合）には活動しない。

ミラーニューロンにとって、実際に行なった動作と観察した動作が等価なものであることから、これらのニューロンは、模倣という謎に包まれた学習様式の一端を担っているのではないかと考えられる。ヒトはどのようにして、特定の視覚効果に対応する筋収縮のパターンを知る

1. *Hultsch, H. & Todt, D.* J. Comp. Phys. A 165*, 197-203 (1989).*
2. *Beecher, M. D., Campbell, S. E., Burt, J. M., Hill, C. E. & Nordby, J. C.* Anim. Behav. 59*, 21-27 (2000).*
3. *Prather, J. F., Peters, S., Nowicki, S. & Mooney, R.* Nature 451*, 305-310 (2008).*
4. *Rizzolatti, G., Fadiga, L., Gallese, L. & Fogassi, L.* Brain Res. Cogn. Brain Res. 3*, 131-141 (1996).*

のだろうか。心理学者のWilliam Jamesは、赤ん坊は自分の手足のランダムな動きと目で見える手足の様子とを相関させることで、運動出力と視覚入力との関連づけを形成し、他人がどうやって同じような手足の動きをしているかまで推測できるようになると考えた。しかし、他人の表情をまねるために鏡の前で何時間も過ごす必要はない。[5] フランス人の子どもであれイタリア人の子どもであれ、自分自身をわざわざ観察しなくても、年長者に特有の顔のしぐさを習得することができる。ミラーニューロンは、受け取った感覚情報と生み出されるしぐさをつなぐ役目をしているのかもしれない。

しかもミラーニューロンは、複雑な感覚刺激の知覚と記憶を促進している可能性もある。[6] たとえば、ダンスでよく似たステップを次々と踏むには、手足の動きに見られる小さな変化すべてを思い出しながらやるよりも、手足を動かすために脳が伝える指令の段階で記憶にコード化してしまうほうが、簡単なのではないかと思われる。ミラーニューロンのこうした機能は、模倣を促進するその能力と無関係ではないだろう。実際、映画などでカーチェイスを見ていると き、無意識のうちにハンドル操作やブレーキを踏む動作を少しばかりしてしまうのは誰しも覚えがあることだ。ミラーニューロンがこうした応答を示すことから、心理学者たちは、これらのニューロンは他人の心の動きを推《お》し量り、ひいては社会的コミュニケーションや思いやりの発達に必須なものだと考えるようになった。[7] そして、ミラーニューロンの高次機能が重要視されるようになったのである。Pratherらが鳴鳥で見つけたミラーニューロンも、そうした機能をもっている可能性はあるが、どうやら、運動技能の獲得や学習において、もっとありきたり

5. *Meltzoff, A. N. & Prinz, W.* The Imitative Mind: Development, Evolution, and Brain Bases *(Cambridge Univ. Press, 2002).*
6. *Craighero, L., Metta, G., Sandini, G. & Fadiga, L.* Prog. Brain Res. 164*, 39-59 (2007).*
7. *Gazzola, V., Aziz-Zadeh, L. & Keysers, C.* Curr. Biol. 16*, 1824-1829 (2006).*

な役割を果たしているようだ。

▼脳内の高次発声中枢（ＨＶＣ）での「随伴発射」シグナル等の考察

今回、鳴鳥で見つかったミラーニューロンに想定される機能は、すべて歌を歌うことに関係している。これらのニューロンは、脳内の高次発声中枢（ＨＶＣ）と呼ばれる、歌を生み出す神経核領域に存在している。ＨＶＣにある他のニューロンと同様に、ミラーニューロンは特異的な歌に応答し、神経インパルスのタイミングが高度に定型化した形を示す。不思議なことに、これらのミラーニューロンは鳥が歌っているときには聴覚入力に対して「耳を塞《ふさ》いで」おり、このことから、これらのニューロンの応答は、聴く状態と運動活動を反映する状態を切り替えているとみられる。

ＨＶＣは前運動領域なので、発声に先立ち、神経インパルスすなわち神経の興奮はここで生じると考えられ、一方でミラーニューロンの聴覚応答は発声より遅れて生じると思われる。しかしPrather たち[3]は、ＨＶＣのミラーニューロンからの神経インパルスのタイミングは、鳥が歌っているときと聴いているときで同じであることを見つけた。このように運動シグナルが著しい遅延を示すということは、ミラーニューロンが「随伴発射」シグナルを送っていることを意味している。つまり、運動出力（歌を歌うこと）が、聴覚入力（歌を耳で聴くこと）と簡単に比較できるような形でコード化された神経表現になっていると考えられる。こうした随伴発射によりミラーニューロンは、外向きの運動出力と内向きの感覚入力とを比較するという情報処理のときに脳の抱える主要な問題（動作と感覚の不調和）に対して、２つの解決策を示している。つまり、運動出力とその結果生じる感覚のフィードバックとの間に等しい関係を築き、また、両者の間に生じる遅延を補正しているのである。[8]

この随伴発射はどんな働きをしていると考えたらよいのだろうか。Prather たちは、ミラーニューロンから伸びる突起（軸索）の行き先を調べて１つの手がかりを得た。ＨＶＣには２つの出力があるのだ。１つは歌を歌う運動系経路を下って発声器官へ向かうもの、もう１つは、歌の学習に必要だが歌を歌うには必要でない前脳経路（ＡＦＰ）である。すべてのミラーニューロンがＡＦＰへ投射（軸索を伸ばしてシナプスを形成）し、次に歌の学習中にＡＦＰが歌のパターンに変動可能性を導入することで、運動発声系の訓練が行なわれる。[9]

ＡＦＰへの随伴発射には、いくつかの機能があると考えられる。第一に、聴くことへの応答と歌うことへの応答を同期させることによって、その歌のチューニングを可能にする（図１ａ）。歌っている最中には、歌の発声中枢からの随伴発射は、自分の歌う歌からの聴覚フィードバックで比較されることになる。こうした「オンライン」での比較によって、チューニングが可能になっていると思われる。[10] 第二に、近隣個体の歌を聴いてそれを模倣しているとき、ミラーニューロンは随伴発射のものと類似したパターンをＡＦＰへ送っていると考えられる（図１ｂ）。その後ＡＦＰがその歌を認識して、近隣個体を効果的に特定できる仕組みになっている可能性がある。

第三に、ミラーニューロンは鳥が親の歌を段階的にまねて覚える過程に必要なのかもしれな

8. *Troyer, T. W. & Doupe, A. J.* J. Neurophysiol. 84*, 1224-1239 (2000).*
9. *Olveczky, B., Andalman, A. S. & Fee, M. S.* PLoS Biol. 3*, e153 (2005).*
10. *Tumer, E. C. & Brainard, M. S.* Nature 450*, 1240-1244 (2007).*

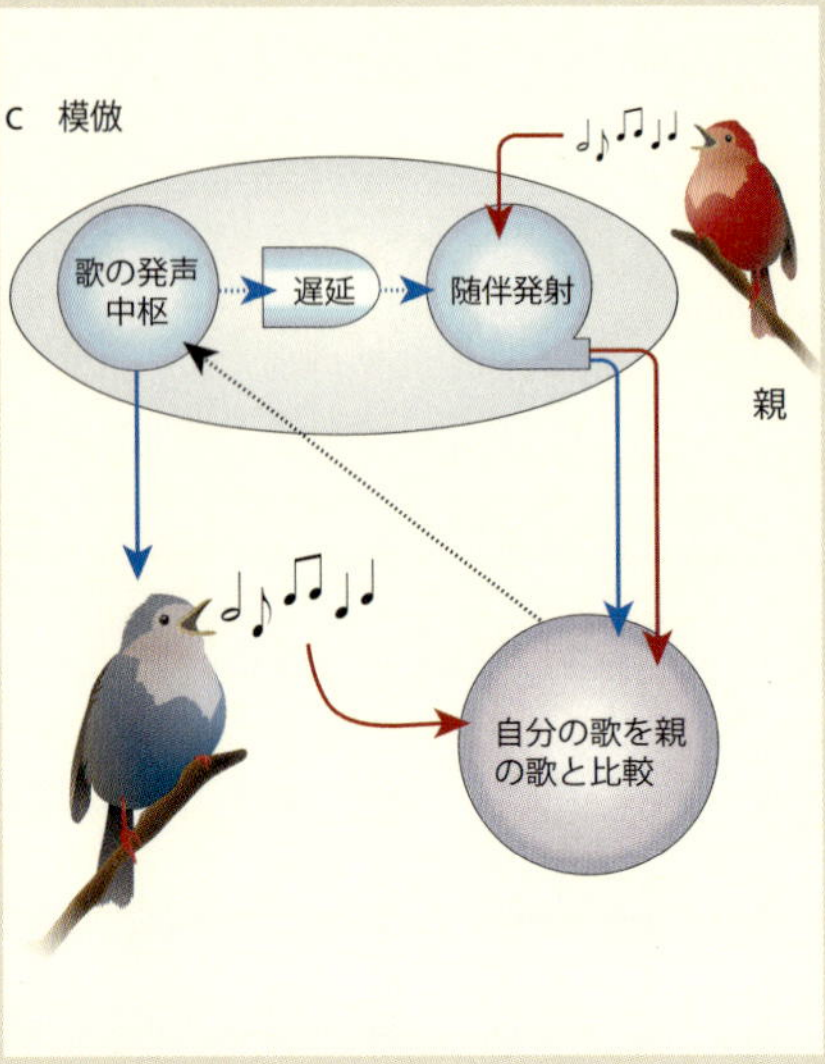

図１　歌うことと聴くことをつなぐニューロン
Pratherら[3]が見つけたニューロンは、３つの感覚運動過程に関与している。
ａ：歌パターンの遅延した随伴発射は、鳥自身の歌の聴覚フィードバックと同時比較され、チューニングが可能となる。
ｂ：近隣個体の歌への（ミラーニューロンにおける）聴覚応答は、歌っている最中に生じる随伴発射の記憶と比較されていると考えられる。これにより、鳥は近隣個体による模倣を認知できるのかもしれない。
ｃ：歌っているときの随伴発射は、親の歌に対するミラーニューロンの応答記憶と比較されると考えられる。次にエラーが歌発声中枢へフィードバックされ、歌っている最中の聴覚入力からの手引きに加えて、歌の発達に際した音声学習の手引きとなっているのかもしれない（いちばん下の矢印）。

い（図１ｃ）。幼鳥は、自分が歌っているときの随伴発射と、親の歌に対するミラーニューロンの応答の記憶とを比較することで、比較を簡略化し、歌まねが段階を追って容易にうまくなるようにしているのかもしれない。この機能に関係している可能性が高いのは、歌を学習する数週間の間に多くのＨＶＣニューロンが他のニューロンに置き換わる現象である。[11] Pratherらが見つけたミラーニューロンは、置き換わらずに歌の発達過程を通じて安定している細胞群に属する。この安定性のおかげで、歌が変化していく一方で随伴発射シグナルを信頼できる状態に維持できていると考えられる。したがってこれらのニューロンは、感覚運動が収束して発声の模倣を促進する中枢において、何らかの役割を果たしていることが

11. *Scharff, C., Kirn, J. R., Grossman, M., Macklis, J. D. & Nottebohm, F.* Neuron 25, *481-492 (2000).*

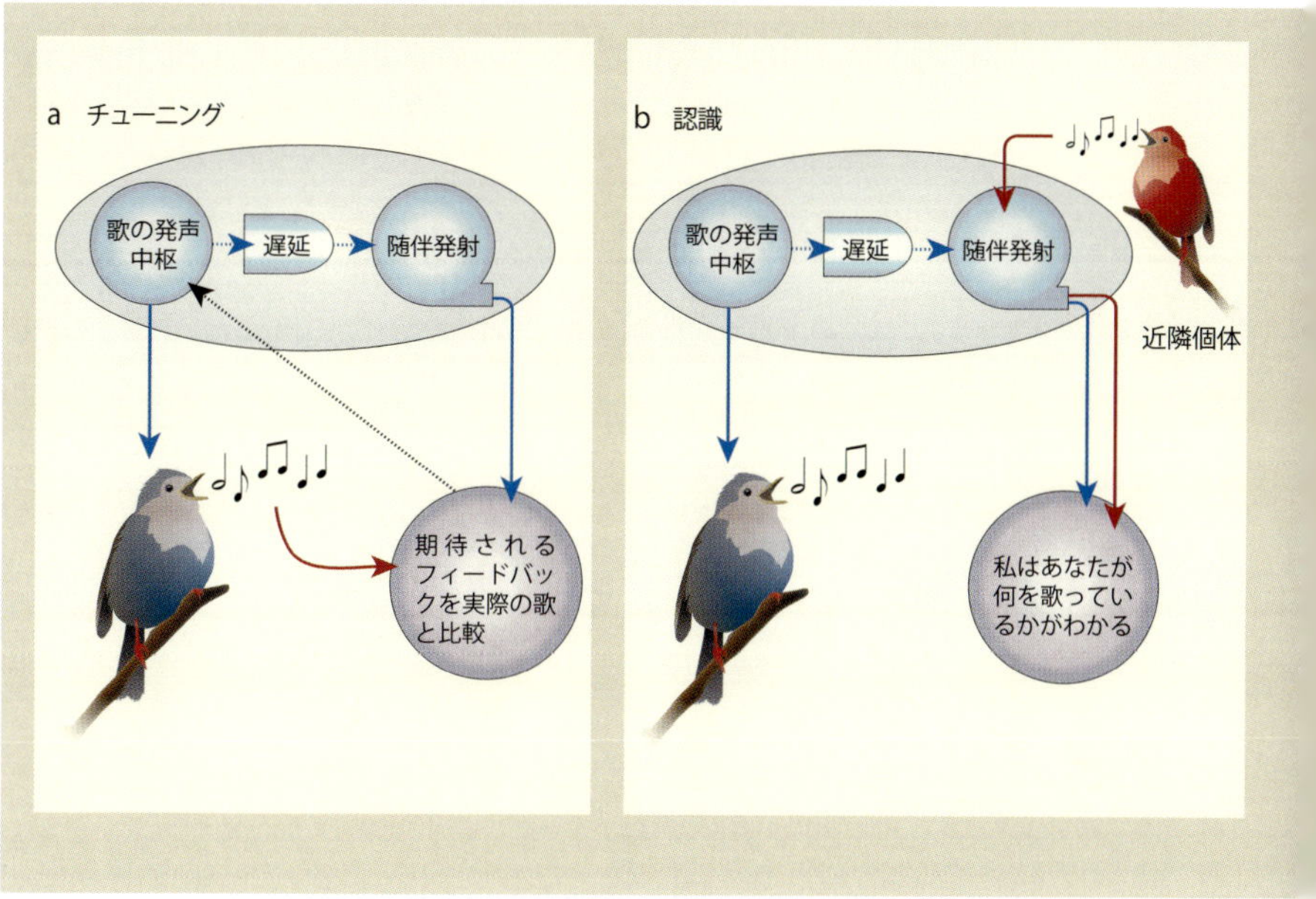

示唆される。[8]

Prather らの画期的な知見[3]によって、学習している歌の構造がしだいにできあがって学習対象の元の歌に似ていくときに、感覚運動の鏡のようなニューロンの活動の発生を追跡できる可能性が出てきた。さらには、1つの動作を実行した場合にもその動作を見たり聴いたりした場合にも、1個のニューロンが同じように応答できる仕組みの謎は、最初に発生する応答や、2つの応答が収束して1つの共通した神経表現にいたる過程を調べることによって、解明できるかもしれない。

Ofer Tchernichovski と Josh Wallman はニューヨーク市立大学（米）に所属している。

エピジェネティクス：新たなスタートのための消去

Erase for a new start

Sylvain Guibert & Michael Weber　２０１２年12月20／27日号　Vol.492 (363-364)

Ｔｅｔタンパク質は、ＤＮＡを構成する塩基からメチル基を除去することにより、遺伝子発現を調節している。このＴｅｔタンパク質の機能は、精子や卵といった配偶子の形成に必須の減数分裂の開始を、促進しているかもしれない。

有性生殖においては、生殖細胞の減数分裂により、配偶子である精子と卵が形成される。これらの配偶子は各染色体を１コピーしかもたず、受精過程で〝接合〟により、２コピーもつ新しい生命が誕生する。細胞分裂のプロセスでは減数分裂に特異的な遺伝子セットの活性化が必要だが、いつどこで正確に活性化されるのか、仕組みはほとんどわかっていない。山口らのチームは、最近発見されたＴｅｔタンパク質ファミリーに属するＴｅｔ１が、マウス卵での減数分裂関連遺伝子の活性化に必要であることを示した。哺乳類では、ＤＮＡの塩基にメチル基を付加する〝メチル化〟により、転写因子やＤＮＡ結合タンパク質のＤＮＡへの接近のしやすさが変化する。ＤＮＡのメチル化は胚の生存に不可欠で、発生過程では動的に調節されている。

▼DNAのエピジェネティクな標識の消去に関与するTetタンパク質

減数分裂という細胞分裂様式は有性生殖の重要な特徴である。生殖細胞の減数分裂により配偶子である精子と卵が形成される。これらの配偶子は、各染色体を1コピーしかもたず（染色体数が半減している）、受精過程での接合により、各染色体を2コピーもつ新しい生命が生み出される。この高度に組織化された細胞分裂過程には、減数分裂に特異的な遺伝子セットの活性化が必要であるが、これらの遺伝子が正確な時期に正確な場所で活性化される仕組みはほとんどわかっていない。ハーバード大学（米国）医学系大学院の山口新平らは、最近発見されたTet（ten-eleven translocation）タンパク質ファミリーに属するTet1が、マウス卵での減数分裂関連遺伝子の活性化に必要であることを、『Nature』2012年12月20／27日号443ページに報告した。[1] Tetタンパク質はDNAのエピジェネティクな標識の消去に関与するので、この成果はエピジェネティクスが減数分裂の重要な機構であることを示唆しており、非常に興味深い。

エピジェネティクな修飾は、DNAやDNA結合タンパク質に加えられる化学的変化あるいは構造的変化で、DNA配列を変化させずに遺伝子発現を変化させる。よく見られるエピジェネティクな標識の1つに、シトシン（DNAを構成する主要な4つの塩基のうちの1つ）へのメチル基の付加があり、これによりシトシンは5－メチルシトシンになる。哺乳類では、このメチル化により、転写因子やDNA結合タンパク質のDNAへの接近しやすさが変化し、遺伝子発現や寄生的な可動性因子（ゲノム内を移動できるDNA領域）の持続的なサイレンシング

1. *Yamaguchi, S. et al.* Nature 492*, 443-447 (2012).*
2. *Feng, S., Jacobsen, S. E. & Reik, W.* Science 330*, 622-627 (2010).*

が引き起こされる。[2] ＤＮＡのメチル化は胚の生存に不可欠で、発生過程では動的に調節されている。[3]

Ｔｅｔタンパク質ファミリーに属する因子は、ＤＮＡからのこのようなメチル化標識の除去に関与している。つまり、５－メチルシトシンを、５－ヒドロキシメチルシトシン、５－ホルミルシトシンおよび５－カルボキシシトシン（これらは脱メチル化の中間産物と考えられている）へと酸化する活性をもつ。[4〜6] この活性の発見は画期的な成果だった。というのは、数十年間、哺乳類におけるＤＮＡの脱メチル化機構は謎であったのだ。そのため、哺乳類の３つのＴｅｔタンパク質（Ｔｅｔ１〜３）は精力的に研究された。現在、Ｔｅｔ３が卵母細胞（卵）に発現しており、受精後最初の細胞分裂過程でのエピジェネティクな標識の再プログラム化に必要であること、[7] また、Ｔｅｔ２が血液細胞の維持に重要な役割を担っており、ヒト白血病において変異が頻発していることがわかっている。[8] しかし、Ｔｅｔ１の生物学的機能は、Ｔｅｔ１欠損マウスに大きな発生異常が見られなかったことから、あまり明確になっていなかった。[9]

山口らは、機能的な完全長のＴｅｔ１タンパク質を産生できない遺伝子改変マウスを作製し、Ｔｅｔ１の生理的機能を研究した。Ｔｅｔ１欠損マウスは、正常マウスより妊性と一腹産仔数が低下していることがわかった。この知見は、最近、別のＴｅｔ１欠損マウスモデルでも観察されており、[9] 卵と精子の前駆細胞にＴｅｔ１の高い発現が見られることと一致していた。

山口らは、妊性の低下が雄よりも雌において顕著であったことから、雌を中心に研究を進め、Ｔｅｔ１欠損が、卵巣の大きさの減少、卵巣での細胞死発生率の増加および完全に成熟した卵

3. *Saitou, M., Kagiwada, S. & Kurimoto, K.* Development 139*, 15-31 (2012).*
4. *Tahiliani, M. et al.* Science 324*, 930-935 (2009).*
5. *He, Y.-F. et al.* Science 333*, 1303-1307 (2011).*
6. *Ito, S. et al.* Science 333*, 1300-1303 (2011).*
7. *Gu, T.-P. et al.* Nature 477*, 606-610 (2011).*

母細胞数の減少を引き起こすことを示した。さらに、Ｔｅｔ１欠損マウスの卵母細胞の減数分裂を詳細に解析すると、減数分裂過程で起こるＤＮＡ配列の「シャッフリング」異常（組み換え異常）や、染色体の整列および効率的な分離の異常も見られた。このように減数分裂を完了できないことが、おそらく、Ｔｅｔ１欠損マウスで成熟中の卵母細胞が、アポトーシスにより、高率で除去される理由だと考えられる。

そのうえ山口らは、Ｔｅｔ１が減数分裂を促進する仕組みを研究するために、野生型およびＴｅｔ１欠損の雌マウスの卵母細胞前駆細胞において遺伝子発現プロファイルを調べた。するとＴｅｔ１欠損細胞では、染色体の整列や組み換えを促進するシナプトネマ複合体の構成要素をコードする遺伝子など、いくつかの減数分裂関連遺伝子の発現レベルが低下していた。

▼Ｔｅｔタンパク質がＤＮＡの脱メチル化において担う役割

次の疑問は、これら減数分裂関連遺伝子の活性化にＴｅｔ１が担う役割は何か？　ということである。生殖細胞前駆細胞（始原生殖細胞）は、生殖細胞になる特殊化過程で、ゲノム全域のＤＮＡメチル化が消去されることが知られている。[3]　このメチル化の消去は、多くの減数分裂関連遺伝子のプロモーター領域（遺伝子の転写が開始するＤＮＡ配列）を含む、すべての種類の塩基配列で行なわれる――減数分裂関連遺伝子の多くは、体（非生殖）細胞ではＤＮＡメチル化により抑制されているが、生殖細胞では脱メチル化される必要がある。[10,11]　Ｔｅｔタンパク質がＤＮＡの脱メチル化において担うであろう役割を考えると、Ｔｅｔ１は減数分裂関連遺伝子

8. *Quivoron, C. et al.* Cancer Cell 20, *25-38 (2011).*
9. *Dawlaty, M. M. et al.* Cell Stem Cell 9, *166-175 (2011).*
10. *Borgel, J. et al.* Nature Genet. 42, *1093-1100 (2010).*
11. *Hackett, J. A. et al.* Development 139, *3623-3632 (2012).*

の脱メチル化に関与しているのではないかといえそうである。そこで山口らは、3つの減数分裂関連遺伝子（*Sycp1*、*Sycp3* および *Mae1*）のプロモーターにおいてDNAのメチル化を測定し、Tet1欠損雌マウスの生殖細胞ではDNAメチル化がさまざまな程度で残存していることを示した。これは、それらの減数分裂関連遺伝子の発現が低下している理由になると考えられる。

次に山口らは、始原生殖細胞において、ゲノム規模のDNAメチル化マップを作製し、Tet1がより広範囲にわたるDNAメチル化消去に必要であるかどうか調べた。すると意外なことに、Tet1欠損はゲノム全域の脱メチル化をわずかに低下させただけであった。このことから、Tet1が減数分裂関連遺伝子などの特異的な配列の脱メチル化にのみ必要であることが示唆された。残念ながら、山口らのメチル化データはカバー率が低く（つまり、ゲノムの各メチル化部位は少数回しか解読されていないことを意味する）、また、生殖細胞においてTet1による脱メチル化に必要な配列が詳細に解析されてない。そのうえ、減数分裂関連遺伝子の活性化におけるTet1の役割は5－メチルシトシンに与える効果のみに依存しているのか、また、Tet1は雄においても同様の機能を担っているのかもわかっていない。

Tetタンパク質が発見されてから、Tetタンパク質が生殖細胞のエピジェネティクな再プログラム化で担う役割は推測の域を出ていなかった。今回の山口らの研究から、Tet1が生殖細胞の一般的な脱メチル化に必要ではないが、ある配列の脱メチル化にのみ必要とされることが示され、Tet1活性の特異性について最初の遺伝学的手がかりが得られた。この知見から多くの疑問が浮上する。他のＴｅｔタンパク質はＴｅｔ１の欠損を補償しないのか？　Ｔｅｔ１が脱メチル化する配列は何か？　Ｔｅｔ１はその脱メチル化部位にどのように動員されるのか？　生殖細胞でＤＮＡの脱メチル化を促進する他の機構は何か？　その複数の脱メチル化過程が相互作用する仕組みは？　Ｔｅｔ１はヒトの不妊に関与しているのか？　われわれはＴｅｔタンパク質の生理的役割や分子的役割を理解し始めたばかりである。今回の研究から、Ｔｅｔタンパク質による脱メチル化の興味深い物語に新章が追加された。

Sylvain Guibert と Michael Weber は、ともにＣＮＲＳ／ストラスブルグ大学（フランス）に所属している。

生死のスイッチ

免疫反応を引き起こす植物ホルモンであるサリチル酸の受容体が、２種類発見された。これらの受容体は、サリチル酸に対する親和性が異なっており、その親和性の違いを利用して、感染部位と非感染組織で細胞の生死を制御しているようだ。

A life or death switch

Andrea A. Gust & Thorsten Nürnberger　２０１２年６月14日号　Vol.486 (198-199)

多細胞生物は生まれつき、微生物感染への免疫をもっている。植物では細胞受容体がエフェクター（植物の監視システムに侵入者の存在を知らせる微生物タンパク質）を認識したとき、免疫反応が始まる。免疫反応を活性化するには、植物ホルモン「サリチル酸」が必要だが、どのようにして植物の免疫機構を制御するのかあきらかになっていなかった。今回、モデル植物シロイヌナズナを用い、２種類のサリチル酸受容体が発見された。そして、サリチル酸が感染部位では細胞死を、非感染組織では細胞の生存や免疫の活性化をコントロールしている仕組みがあきらかになった。サリチル酸濃度が高い感染部位ではＮＰＲ３と結合し、プログラム細胞死（ＰＣＤ）と、エフェクターが引き起こす局所的な免疫（ＥＴＩ）が作動するようになる。

▼植物ホルモン「サリチル酸」の免疫活性化コントロールの仕組みを確認

多細胞生物は、微生物感染に対する免疫を生まれもっている。植物では、細胞受容体がエフェクター（植物の監視システムに侵入者の存在を知らせる微生物タンパク質）を認識したときに免疫反応が起こる。[1,2] 免疫反応の活性化には、植物ホルモン「サリチル酸」が必要であり、このホルモンは微生物の攻撃を受けたときに産生される。[3] しかし、植物がサリチル酸をどのように検知するのか、また、サリチル酸がどのようにして植物の免疫機能を制御するのかについては、いまだあきらかにされていない。

このようななか、『Nature』6月14日号228ページで、Fu たちは、モデル植物シロイヌナズナ（*Arabidopsis thaliana*）において2種類のサリチル酸受容体を発見したことを報告し、サリチル酸が感染部位では細胞死を、非感染組織では細胞の生存および免疫の活性化をコントロールしている仕組みについて、興味深い説明を行なった。[4]

植物の感染部位では、多くの場合、エフェクターが引き起こす免疫（effector-triggered immunity：ＥＴＩ）により、プログラム細胞死（ＰＣＤ）が付随して起こる。ＰＣＤは、局所免疫反応だけでなく、植物体全体の免疫反応をも引き起こす。この防護機構は全身獲得抵抗性と呼ばれており、植物はこの機構により広汎な微生物からその身を長期的に守っている。[3]

ＮＰＲ１（nonexpresser of pathogenesis-related genes 1）と呼ばれるタンパク質は、核内で植物の防御遺伝子の発現を調節しているが、サリチル酸はＮＰＲ１の細胞質から核への輸送を制御することで、免疫反応を調節している。[5] サリチル酸に対する感受性をもたない変異植物

1. *Dodds, P. N. & Rathjen, J. P.* Nature Rev. Genet. 11, *539-548 (2010).*
2. *Jones, J. D. & Dangl, J. L.* Nature 444, *323-329 (2006).*
3. *Spoel, S. H. & Dong, X.* Nature Rev. Immunol. 12, *89-100 (2012).*
4. *Fu, Z. Q. et al.* Nature 486, *228-232 (2012).*
5. *Mou, Z., Fan, W. & Dong, X.* Cell 113, *935-944 (2003).*

体と、NPR1を欠失した植物体では、免疫的に類似した欠陥が見られることから、かつてはNPR1がサリチル酸受容体ではないかと考えられていた。[6] しかし、Fuたちは[4]、サリチル酸とNPR1との間には物理的相互作用をまったく見い出せなかった。このことは、NPR1にはサリチル酸の受容体機能がないことを示唆している。

では、植物の局所的、全身的な免疫を活性化させる真のサリチル酸受容体は何なのだろうか。Fuたちは、以前の論文で[7]、NPR1が適切に機能するためには、細胞内のプロテアソームというタンパク質分解装置により、NPR1が分解される必要があることをあきらかにしている。このことからFuたちは、NPR1をプロテアソームと結びつけるアダプタータンパク質がサリチル酸受容体なのではないか、という仮説を立てた。NPRタンパク質ファミリーであるNPR3およびNPR4という2種類のタンパク質には、そうしたアダプタータンパク質に特徴的なタンパク質ドメイン構造が認められる。このことからFuたちは、この2種類のタンパク質がNPR1の分解を媒介するプロテアソームアダプタータンパク質なのではないかと考え、この想定を検証するための実験を行なった。そして、野生型のシロイヌナズナでは、NPR1はプロテアソームに分解されるものの、NPR3とNPR4の遺伝子が共に働かない植物体では、その分解が起こらないことを示した。

▼サリチル酸とNPR3・4との相互作用は1との相互作用に関し、相反する影響を及ぼす

さらにFuたちは、サリチル酸がNPR1とNPR3、またはNPR1とNPR4のタンパ

6. *Cao, H., Glazebrook, J., Clarke, J. D., Volko, S. & Dong, X.* Cell 88*, 57-63 (1997).*
7. *Spoel, S. H. et al.* Cell 137*, 860-872 (2009).*

ク質複合体形成に及ぼす影響について*in vitro*のタンパク質間相互作用試験により検討を行なった。すると意外なことに、サリチル酸はNPR1とNPR3との相互作用を促進するのに対し、NPR1とNPR4との複合体形成を阻害することがわかった。つまり、NPR3およびNPR4は共にサリチル酸の受容体タンパク質のようなのだが、サリチル酸とこれら2つのアダプタータンパク質との相互作用は、NPR1との相互作用に関して相反する影響を及ぼすらしい。また、サリチル酸とNPR3およびNPR4との結合親和性を検討したところ、NPR3と比べてNPR4のほうが大きいこともわかった。そして、NPR3は、サリチル酸存在下でのみNPR1の分解を媒介するのに対し、NPR4は、サリチル酸非存在下でのみNPR1の分解を媒介しているのだ。

このように、シロイヌナズナにはNPR3およびNPR4という2種類のサリチル酸受容体が存在し、これらのタンパク質のサリチル酸に対する親和性は異なっていた。さらにこれらのタンパク質は、NPR1の分解に関して異なる役割を担っていることがあきらかになった。

では、NPR3とNPR4が媒介するNPR1の分解には、生物学的にどのような重要性があるのだろうか。Fuたちは、NPR3とNPR4の遺伝子を共に欠く植物体では、細菌感染に対する局所的PCDおよび局所的ETI反応が、共に損なわれていることを発見した。変異植物体ではNPR1が分解されない（NPR3とNPR4がないため）ので、PCDが障害される。つまりこれまでの知見とあわせると、野生型（正常）の植物体では、NPR1がPCDを抑制していることが示唆される。なお、感染が起きた際、サリチル酸濃度は感染部位でもっとも高くなっているため、[8] Fuたちは、感染部位ではサリチル酸は低親和性の受容体であるNPR3と結合し、NPR1の分解および感染細胞のPCD、そしてETIの抑制解除を媒介すると考えている（図1）。

一方で、サリチル酸濃度は全身的にも上昇する。その濃度は感染部位から遠ざかるにつれて低くなっている。[8] 感染領域から離れた細胞のサリチル酸濃度は、NPR3が媒介するNPR1の分解、すなわちPCDに必要な濃度に満たないようである。このような細胞では、サリチル酸は、より親和性の高い受容体であるNPR4に結合し、NPR4が媒介するNPR1の分解が阻害され、その結果、NPR1の蓄積、細胞の生存、そしてそれに続くサリチル酸依存性の遺伝子発現が促される、とFuたちは考えた（図1）。このモデルを裏づけるように、NPR1濃度はPCDを起こしている細胞でもっとも低く、PCD病変の周囲の細胞でもっとも高くなっていることがあきらかにされた。

▼サリチル酸は免疫シグナルとして機能し、植物での細胞の運命を決定づけている

近年、PCDの制御がきかなくなった変異植物体がいくつか発見され、[9] 植物がどのようにPCDを制御しているのかという問題が大きな研究テーマになっているなかで、Fuたちの知見は、サリチル酸が免疫シグナルとして機能して植物の免疫で細胞の運命を決定づけていることを裏づける強力な証拠をもたらした。異常なPCDと関連する植物タンパク質を研究すれば、それがNPR3やNPR4の機能に寄与しているのかどうかがあきらかにされるはずだ。

8. *Enyedi, A. J., Yalpani, N., Silverman, P. & Raskin, I.* Proc. Natl Acad. Sci. USA 89, *2480-2484 (1992).*
9. *Lam, E.* Nature Rev. Mol. Cell Biol. 5, *305-315 (2004).*

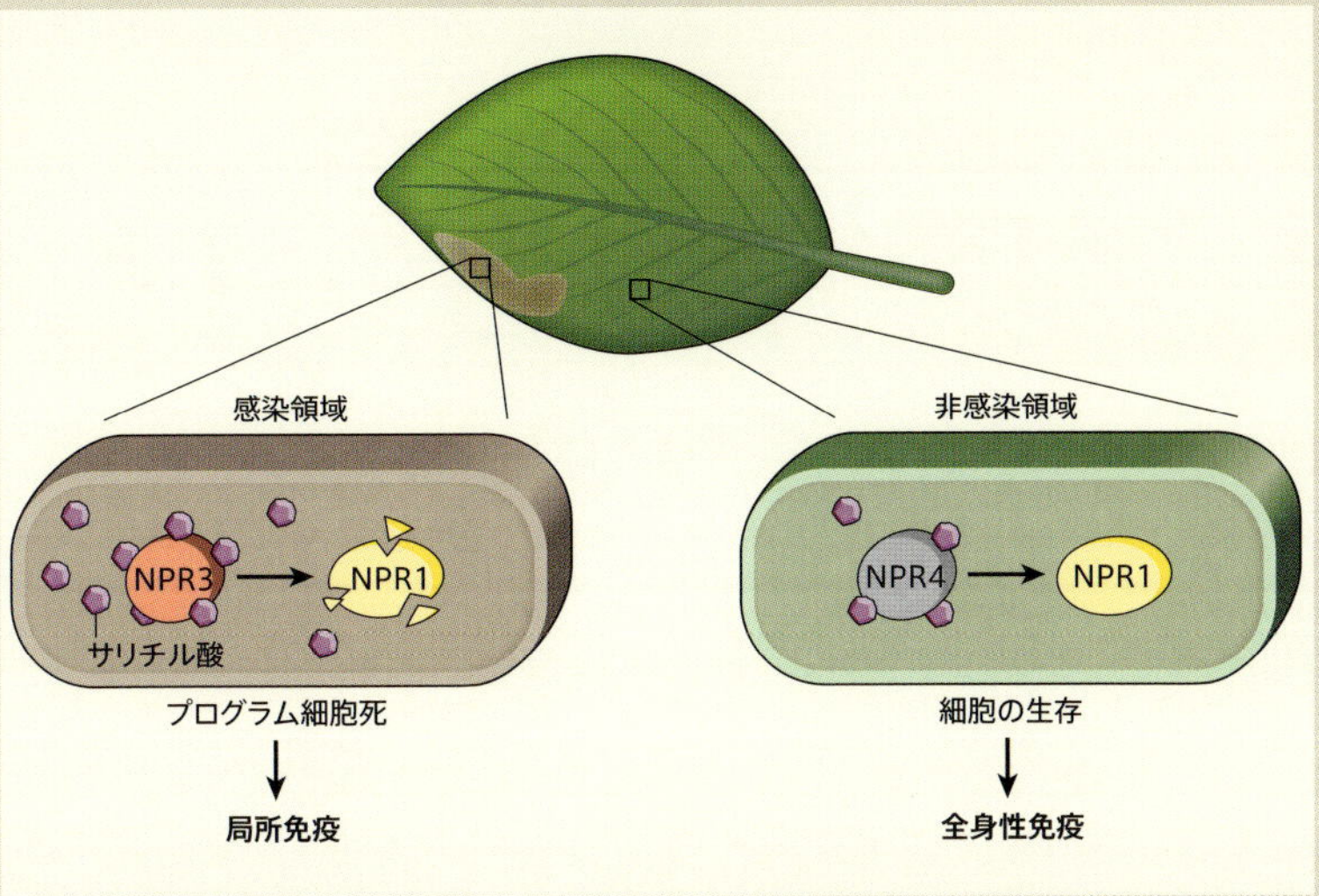

図１　植物細胞の生死に関するサリチル酸媒介性の制御
微生物に感染すると、植物ホルモンであるサリチル酸濃度が上昇するが、その濃度は感染部位でもっとも高く、感染部位から遠ざかるにつれて徐々に低くなっている。サリチル酸濃度が高い領域では、サリチル酸は結合親和性が低い受容体であるNPR3と結合することで、細胞死抑制因子であるNPR1の分解を媒介し（左側）、これによりプログラム細胞死（PCD）およびエフェクターが引き起こす局所的な免疫（ETI）が作動するようになることを、Fuたちはあきらかにした[4]。しかし、感染部位から離れた細胞のサリチル酸濃度は、低親和性の受容体であるNPR3と結合できるほど高くないために、細胞死が遮断される。そのような細胞では、サリチル酸は高親和性の受容体であるNPR4と結合しており（右側）、これによりNPR1の分解が遮断され、細胞の生存と全身性の免疫関連遺伝子の発現が促される。

サリチル酸は、主要な植物ホルモンのなかで唯一、受容体が発見されていなかったものだ。このようななか、Fuたちは、感染部位の局所的な細胞死と免疫を抑制解除する一方で、感染領域から離れた部位では全身性の免疫を抑制解除することによって、２種類のサリチル酸受容体が別個の防御戦略を制御していることを示した。このことから、オーキシンやジベレリン、ジャスモン酸など、ほかの植物ホルモンも生理学的プログラムの抑制を解除していることが推測される。[10]

ＮＰＲ３とＮＰＲ４は、結合親和性の差が植物の反応の異なる制御を媒介することがあきらかにされた最初の植物ホルモン受容体だ。植物ホルモンの多くは植物の生活のさまざまな局面を調節しているため、ほかの植物ホルモン受容体もこれと似た機構を利用している可能性は十分にある。この発想と符合するように、最近、リガンドの親和性が異なるオーキシンホルモン結合タンパク質群が発見されており[11]、植物はオーキシンに関しても異なる感知手段をもっていることが示唆されている。[1]

Andrea A. Gust と Thorsten Nürnberger はチュービンゲン大学植物生化学科植物分子生物学センター（ドイツ）に所属している。

10. *Robert-Seilaniantz, A., Grant, M. & Jones, J. D.* Annu. Rev. Phytopathol. 49*, 317-343 (2011).*
11. *Calderón Villalobos, L. I. et al.* Nature Chem. Biol. 8*, 477-485 (2012).*

医学
Medicine

糖尿病：インスリン抵抗性に勝つ方法

Outfoxing insulin resistance?

Marc Montminy & Seung-Hoi Koo　２００４年12月23／30日号　Vol.432 (958-959)

インスリン抵抗性をもつとインスリンが効きにくく、糖尿病にかかりやすい。抵抗性をもつと、貯蔵脂肪が増え、グルコース合成停止不全が起こる。なぜ抵抗性をもつのか、その仕組みが分子レベルでわかるかもしれない。

どういう仕組みでインスリン抵抗性になるのかは、いまのところわかっていない。ただ、関与する要因の１つと考えられるのは、肝臓への特定脂質の異常蓄積（脂肪沈着）である。今回、インスリン抵抗性の動物ではＦｏｘａ２というタンパク質の不活性化が脂肪沈着を促進し、糖尿病の発症に関与することが、あきらかにされた。この成果は、インスリン抵抗性や糖尿病の新しい治療薬の設計に大きくかかわってくるだろう。インスリン抵抗性があると、肝臓で異常な糖新生が行なわれるためもあって、血中インスリン濃度は慢性的に高くなる。こうした高インスリン血症のせいで、たとえ絶食時でもＦｏｘａ２は不活性なままになる。結局、変異型Ｆｏｘａ２によって肝臓の脂肪沈着を改善する、糖尿病の新たな治療法への突破口が開けたようだ。

"インスリン抵抗性"や糖尿病の新しい治療薬の設計に向けて

多くの先進国では成人のほぼ5パーセントが2型糖尿病にかかっているが、インスリンに抵抗性がある人々の割合はこの数字をはるかに上回る。このインスリン抵抗性をもつと、つまりインスリンが効きにくい状態だと、糖尿病を発症しやすい。どういう仕組みでインスリン抵抗性になるのかはいまのところ不明だが、関与する要因の1つと見られるのが、肝臓への特定脂質の異常蓄積（脂肪沈着）である。Stoffelら[1]は、インスリン抵抗性の動物ではＦｏｘａ2というタンパク質の不活性化が脂肪沈着を促進し、糖尿病の発症に関与することを報告している（原著論文は『Nature』12月23／30日号を参照のこと）。この研究結果は、インスリン抵抗性や糖尿病の新しい治療薬の設計に大きくかかわってくるものだ。

哺乳類のエネルギー収支は現代のハイブリッドカーに似ている。私たちはエネルギー源としてグルコースと脂質を使っており、その比率は食物次第で変化する。歩いたり食べたりしているときには、私たちの体は効率よいエネルギー源としてグルコースを使い、たとえば睡眠中のように何も食べない絶食時にはおもに脂質を燃焼している。トリグリセリドと呼ばれる貯蔵脂質は血中脂肪酸に姿を変えて、脂肪酸の酸化という過程でさらに分解される。絶食時には肝臓も糖新生という過程でグルコースを新たに合成し、正常な血糖値（脳が機能するために必要とされる）を維持する。

肝臓がグルコースを合成し脂質を燃焼する能力は、1組の点火スイッチに制御されている。その正体は転写因子と呼ばれるもので、核内で働いて遺伝子のスイッチを入れたり切ったりす

1. *Wolfrum, C., Asilmaz, E., Luca, E., Friedman, J. M. & Stoffel, M.* Nature 432, *1027-1032 (2004).*

る。[2] これらのスイッチは血中ホルモン（おもにインスリンとグルカゴン）の濃度変化に反応し、そのおかげで肝細胞は摂食時と絶食時で代謝のギア切り換えができる。摂食に反応して分泌されたインスリンは、肝細胞内にタンパク質の連鎖反応を引き起こす。それぞれのタンパク質は「摂食中」のシグナルを、リン酸化という化学的修飾によって次のタンパク質へと順に伝えていく。ところがインスリン抵抗性の場合、インスリンに反応して起こるはずの特定タンパク質群の順序正しいリン酸化が損なわれており、インスリンはグルコースや脂質の代謝を正しく制御できなくなる。[3] 結果として、肝臓での糖新生の亢進も一因となって、インスリン抵抗性の人は高血糖となる。

糖尿病の場合、インスリンはこのようにグルコース生成を抑えられないものの、絶食時に脂肪燃焼（脂肪酸の酸化）を促進させるスイッチを切ることはできるらしい。この現象は混合型インスリン抵抗性（mixed insulin resistance）として知られ、インスリンのシグナル伝達はグルコース生成よりも脂肪酸酸化のほうのスイッチに優先的に伝えられる（つまり脂肪燃焼のためのスイッチを切ってしまう）ことになるので、インスリン抵抗性のある人は、高血糖になるだけでなく、トリグリセリドを肝臓で分解せずに蓄積させるというまずい事態に陥ってしまう。

▼脂肪酸分解を制御する重要なスイッチ〝タンパク質Ｆｏｘａ２〟の解明

今回の研究でStoffelら[1]は、肝臓ではグルコース代謝と脂質代謝を別々のスイッチが制御していて、一方のスイッチは他方のスイッチよりもインスリンに対する感受性がずっと高いので

2. *Spiegelman, B. M. & Heinrich, R.* Cell 119, *157-167 (2004).*
3. *Saltiel, A. & Kahn, C. R.* Nature 414, *799-806 (2001).*

はないか、とする見方を検証した。そして、フォークヘッド型転写因子ファミリーの一員であるタンパク質Ｆｏｘａ２が、絶食時の肝臓で脂肪酸分解を制御する重要なスイッチであることをあきらかにしたのである。Ｆｏｘａ２は、同じくフォークヘッド型転写因子ファミリーの一員であるＦｏｘｏ１によく似ている。Ｆｏｘｏ１は絶食時に肝臓の糖新生を促進させることがわかっている[3]。摂食時はＦｏｘｏ１スイッチもＦｏｘａ２スイッチもリン酸化によって不活性化されるのだが、今回の報告[1]が耳目を集めた核心部分は、インスリンのシグナルに対してＦｏｘｏ１よりもＦｏｘａ２のほうがはるかに感受性が高く、そのためインスリン抵抗性があってもＦｏｘａ２のスイッチは切れ、Ｆｏｘｏ１は切れないという点だ。ではＦｏｘａ２はなぜこれほどインスリン感受性が高いのだろうか。その答えはまだ霧の中だが、著者たちが考えた１

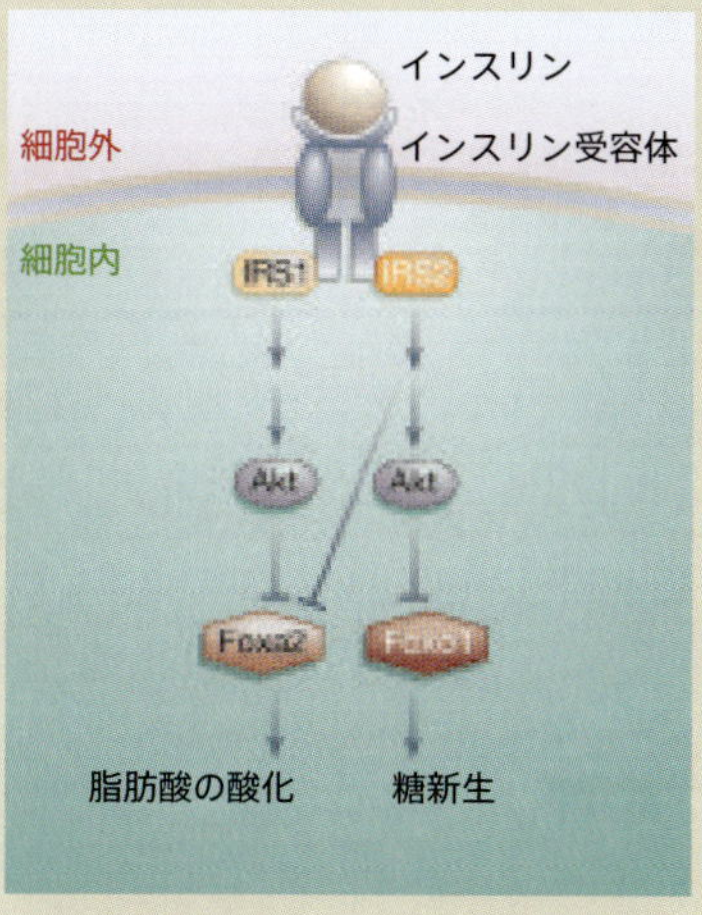

図１　肝臓でのインスリンのシグナル伝達モデル
食後、インスリンが肝臓にあるインスリン受容体に結合して、２つの主要な経路（１つはインスリン受容体基質-1、略してIRS1を含み、もう１つはIRS2を含む）を活性化する。Aktはどちらのシグナル伝達系でも重要な酵素である。２つの経路は、Foxo1やFoxa2のリン酸化により、グルコース合成や貯蔵脂質燃焼（脂肪酸の酸化）を止める。Stoffel たち[1]は今回、Foxo1はIRS2経路を介してのみリン酸化されるが、Foxa2はIRS1経路にもIRS2経路にも反応してリン酸化されることをあきらかにして、Foxa2のほうがインスリンのシグナルへの感受性が高い理由を説明づけている。

つの説明づけはこうだ。摂食時にインスリンは肝細胞内の2種類のシグナル中継システムを刺激し、その両者を区別するのは2つの重要成分、つまりインスリン受容体基質のＩＲＳ１とＩＲＳ２である[4]（図１）。そしてStoffelらは、Ｆｏｘｏ１スイッチはＩＲＳ２系の中継システムによってのみ切れるが、Ｆｏｘａ２はＩＲＳ１系によってもＩＲＳ２系によっても切れることを見つけた。つまり、Ｆｏｘａ２はＩＲＳ１シグナルとＩＲＳ２シグナルの両方に感受性があることで、インスリンによってＦｏｘｏ１よりスイッチが切れやすいのかもしれない。

インスリン抵抗性があると、肝臓で異常な糖新生が行なわれるためもあって、血中インスリン濃度は慢性的に高くなる。そこで著者たちは、こうした高インスリン血症のせいで、たとえ絶食時でもＦｏｘａ２は不活性なままになるのだと考えた。こうして脂肪酸酸化が止められるため、肝臓はトリグリセリドを蓄積し始めるわけである。このモデルを検証するため、Stoffelらはインスリンに反応してＦｏｘａ２がリン酸化されない（つまり不活性化されない）ように、変異型Ｆｏｘａ２（名称はＴ１５６Ａ）を使った。この変異型Ｆｏｘａ２を糖尿病マウスの肝臓に導入したところ、肝臓の脂肪沈着が改善されただけでなく、インスリン感受性も回復した。この結果は、インスリンがグルコース代謝と脂質代謝に別々の作用を及ぼす仕組みを説明する可能性をもち、また、肝臓の脂肪沈着がいかに発生して糖尿病につながるかを知る糸口が得られる。

今回の研究成果からいろいろな疑問がわいてくるが、そのなかでももっとも関心を呼ぶのはきっと、インスリンがＦｏｘｏ１よりもＦｏｘａ２のスイッチを優先的に切る仕組みについて

4. *White, M.*Mol. Cell. Biochem 182*, 3-11 (1998).*

だろう。この違いはおそらく、Ｆｏｘａ２のリン酸化に関与してこれを優位に進める特定成分が、ＩＲＳ１とＩＲＳ２の２つの経路に含まれているせいだと思われる。こうした成分を突き止めることが、インスリンの選択性の基盤を理解するうえで重要なはずだ。ともあれ、変異型Ｆｏｘａ２によって肝臓の脂肪沈着を改善できたことは、糖尿病の新たな治療法に向けた可能性を開く成果であり、いずれはインスリン抵抗性から糖尿病への進行を阻止する新たな手だてにもつながるかもしれない。

Marc Montminy と Seung-Hoi Koo はソーク生物学研究所（米）に所属している。

インスリンとその受容体の結合

Insulin meets its receptor

Stevan R. Hubbard　２０１3年1月10日号　Vol.493 (171-172)

糖尿病治療に広く使われているインスリンだが、受容体との結合メカニズムは不明だった。今回、この複合体の結晶構造の解析にようやく成功し、インスリンと受容体との結合の瞬間がとらえられた。

インスリンは１９２１年に初めて単離され、糖尿病患者に向けて使われ始めた。インスリン研究に関してはその後、いくつものノーベル賞が贈られてきたが、インスリンというペプチドホルモンとその受容体との結合の仕組みは原子レベルでは解明できなかった。今回、原子レベルでの様子が初めてあきらかにされた。インスリン受容体は細胞表面にあり、「受容体型チロシンキナーゼファミリー」に属する。リガンド（多くは増殖因子）と結合する領域は細胞外に、チロシンキナーゼドメインを含む領域は細胞質にある。研究者たちはインスリンの存在下で、主要結合面（L１とαCT）のみを含む短縮型のα鎖を結晶化した。すると電子密度図には受容体とともにインスリンが現われた。インスリンと受容体との結合の瞬間である。

▼初めてあきらかになったインスリンとその受容体の結合の仕組み

インスリンは、生理学および生化学の分野で非常に重要なペプチドホルモンだ。[1] 1921年に初めて単離され、その後ほどなく、糖尿病患者の命を救うために実際に使われ始めた。その成果およびその後に行なわれたインスリンの研究に対して、いくつもノーベル賞が贈られてきた。その一例として、1969年には、インスリンの3次元構造がX線結晶解析により決定された。しかし、精力的な研究にもかかわらず、インスリンとその受容体との結合の仕組みは、原子レベルでは解明できないままだった。今回、John G. Menting らによって、その様子が初めてあきらかになり、『Nature』2013年1月10日号241ページで報告された。[2]

これまで、タンパク質結晶学を用いた研究によって、ホルモン、増殖因子およびサイトカインがおのおのの受容体に結合した構造が、多数解明されてきた。[3,4] 通常、このようなリガンド–受容体系の構造は扱いやすい。なぜなら、受容体のリガンド結合ドメインは、結晶構造解析に適した大きさであり、多くは細菌に産生させて大量に得ることができるからだ。そのうえ、これらのリガンド–受容体の結合様式は比較的単純で、結合にかかわる受容体のサブドメインは1個か2個であり、2個の場合でもアミノ酸配列上で隣接していた。ところが、インスリン受容体タンパク質の場合、試料を取得する段階で、多くの課題が立ちはだかっていた。

インスリン受容体は細胞表面にあり、「受容体型チロシンキナーゼファミリー」に属している。[5] このファミリーは、1回膜貫通型タンパク質で、リガンド（多くは増殖因子）と結合する領域は細胞外に、そしてチロシンキナーゼドメインを含む領域は細胞質にある。チロシンキナ

1. *Ward, C. W. & Lawrence, M. C.* Front. Endocrinol. 2, *76 (2011).*
2. *Menting, J. G. et al.* Nature 493, *241-245 (2013).*
3. *Stroud, R. M. & Wells, J. A.* Sci. STKE 2004, *re7 (2004).*
4. *Wang, X., Lupardus, P., Laporte, S. L. & Garcia, K. C.* Annu. Rev. Immunol. 27, *29-60 (2009).*
5. *Lemmon, M. A. & Schlessinger, J.* Cell 141, *1117-1134 (2010).*

ーゼは、受容体自身やほかのシグナル伝達タンパク質にある特定のチロシン残基をリン酸化する酵素だ。多くは、リガンドが結合すると二量体を形成し、一方の細胞質ドメインが他方の細胞質ドメインのチロシンリン酸化を促進することで、受容体を活性化する。[6]

　しかし、インスリン受容体は、リガンドが結合しなくても、ジスルフィド架橋によってすでにこの「二量体の形」になっている（詳しくは、すぐ後で説明する）。そこにリガンドであるインスリンが結合すると、受容体のコンホメーションに変化が起こって、2つの細胞質ドメイン間で相互リン酸化が開始すると考えられている。

　インスリン受容体は、2種類のポリペプチド鎖（α鎖およびβ鎖）の各2個ずつから構成される。α鎖（７２３アミノ酸残基）は、完全に細胞外にあり、高度にグリコシル化されている。一方のβ鎖（６２０残基）は、細胞外領域から始まって、単一のαヘリックスからなる膜貫通領域を経て細胞質領域となり、この細胞質領域にチロシンキナーゼドメインがある（図１ａ）。α鎖とβ鎖は、1個のジスルフィド架橋を介して連結されてαβ複合体となっていて、これがインスリン受容体の「半分」を形成している。「半分」というのは、前に述べたように、このαβ複合体2対が少なくとも2カ所（4カ所可能）のジスルフィド架橋により連結されたものが、インスリン受容体だからだ。各αβ複合体の細胞外領域は、一連の折りたたまれたドメイン（Ｌ１、Ｃ、Ｌ２、Ｆ１、Ｆ２およびＦ３）を含んでいる（図１ａ）。

　インスリンは2種類のポリペプチド鎖（21残基のＡ鎖と30残基のＢ鎖）で構成されている。その中にはジスルフィド架橋が、Ａ鎖とＢ鎖の間に2カ所、またＡ鎖内にも1カ所存在する。

6. *Hubbard, S. R. & Miller, W. T.* Curr. Opin. Cell Biol. 19*, 117-123 (2007).*

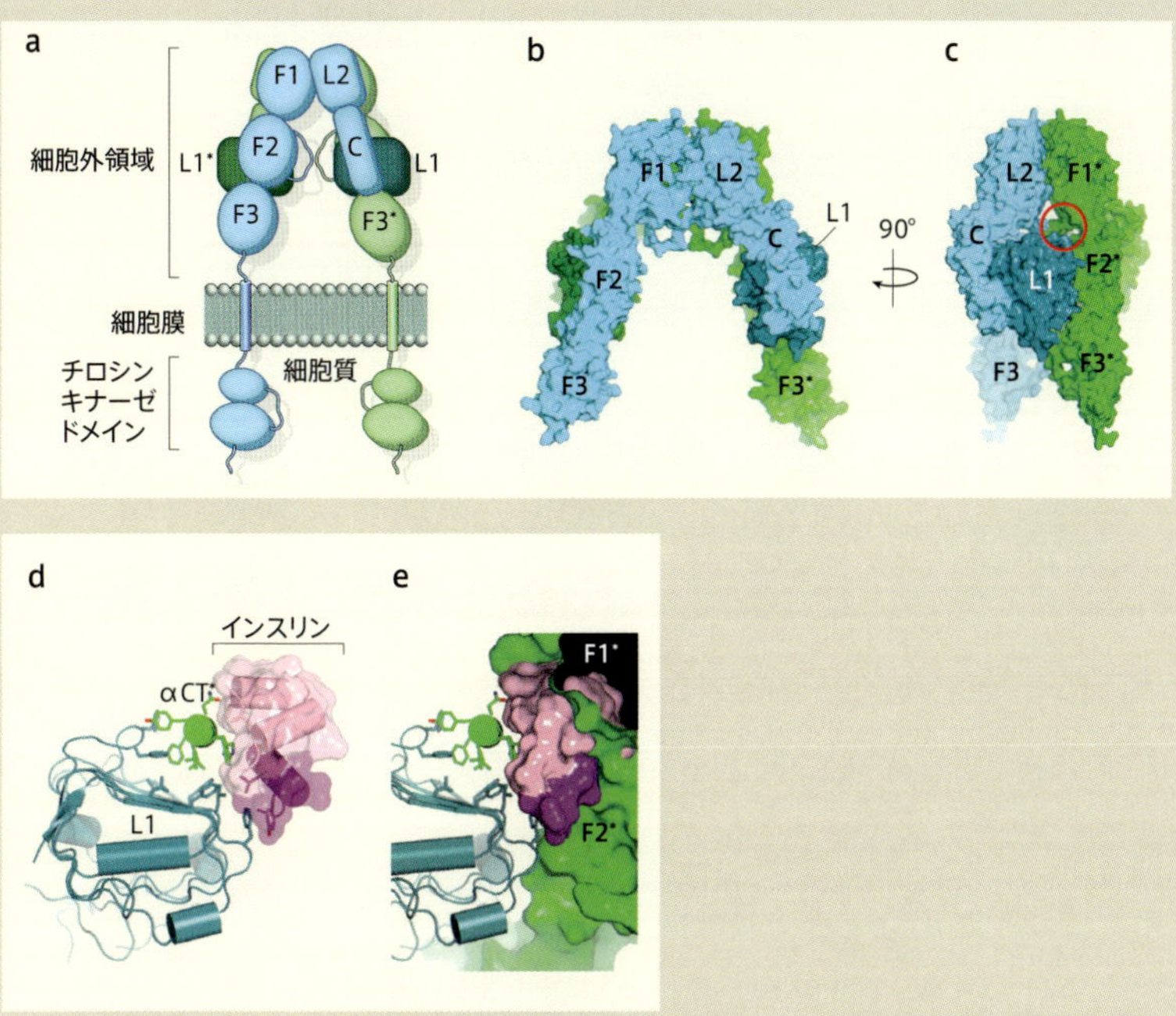

図１　インスリンとその受容体との結合
２つのαβ複合体のうち、前面を青色、背面を緑色かつアステリスク（*）をつけて表示した。またL1とL1*は、濃い色にしている。
a：二量体を形成したインスリン受容体。αCTはF2の前半部分から始まり、他方のαβ複合体のL1に向かって折りたたまれている。
b，c：apoインスリン受容体[8]の細胞外領域の結晶構造の正面（b）と90°回転（c）。赤い円は、片側のインスリン結合部位。
d：Mentingら[2]があきらかにした、インスリンと受容体のL1およびαCTとの結合の様子（L1の視野角はcとほぼ同じ）。相互作用残基の側鎖は棒状に表わしている（受容体のL1は青色、αCTは緑色、また、インスリンのA鎖はピンク色、B鎖は紫色）。
e．背面のαβ複合体を、apo受容体（c）と重ねたもの。

▼インスリン存在下で主要結合面のみを含む短縮型α鎖を結晶化

これまでの生化学実験から、1つのインスリン分子は、ナノモル以下の親和性で、二量体受容体と1：2の化学量論的な比例関係で結合し、その受容体を活性化することがわかっている。[1,7] また、受容体にはインスリン結合部位が2カ所（図1bのインスリン受容体の左右）存在し、それぞれの結合部位は2つの異なる結合面からなる。主要結合面は、一方のαβ複合体のL1ドメインと、他方のαβ複合体のα鎖のカルボキシ末端領域（αCT）で構成され、もう1つの結合面は、他方のαβ複合体のF1およびF2の連結部近傍のループ領域で構成される。

2006年には、今回の研究にも参加した数名の研究者らによって、apoコンホメーション（インスリンを含んでいない構造）だが、二量体を形成したインスリン受容体の細胞外部分の原子構造が決定された。[8] この結果から、リガンドと相互作用する部位は、逆平行に並んだ2個のαβ複合体による逆V字形であることが初めて示された（図1b、c）。この実験では、結晶化の作業時に加えたはずのインスリン模倣ペプチドを電子密度図では確認できなかったことから、インスリンは受容体に結合していなかったのではないかと推測された。

今回、Mentingたちは、同様の戦略をいくつか組み合わせて、インスリンの存在下で、主要結合面（L1とαCT）のみを含む短縮型のα鎖を結晶化した。αCT領域がL1からかなり離れているという問題を解決するため、彼らはαCT領域を合成ペプチドとして加えたり、短縮型α鎖分子のC末端に挿入したりした。すると、電子密度図には受容体とともにインスリンが現われた。インスリンと受容体との結合をとらえることに成功した瞬間だ。

---

7. *De Meyts, P.* Trends Biochem. Sci. 33*, 376-384 (2008).*
8. *McKern, N. M. et al.* Nature 443*, 218-221 (2006).*

Mentingらが決定した４つの結晶構造から、Ｌ１ドメインとインスリンとの直接的な相互作用はほんのわずかであることがわかった（図１ｄ）。Ｌ１表面の平らなβシートから伸びる疎水性残基は、これまでインスリン結合の「ホットスポット」とされていたが[1]、このほとんどはインスリンではなくαＣＴヘリックスと接触していて、実際にインスリンと密に接触するのは、αＣＴヘリックスであることがあきらかになったのだ。

インスリンの結合により、インスリン自体とαＣＴの構造に変化が起こる（Ｌ１は明確には変化しない）。インスリン単体では、Ｂ鎖のＣ末端の残基はインスリンの内側に包み込まれているが、インスリンがαＣＴに結合すると、Ｂ鎖のＣ末端はインスリンの中心部から引き離される。この結果から、インスリンが受容体に結合すると構造に変化が起こるという[1]、長年の予測が正しかったことが立証された。しかし、αＣＴの挙動は予想外だった。ａｐｏ構造では、αＣＴヘリックスはＬ１に結合しているのだが、インスリンが結合すると、Ｌ１表面に接しているこのヘリックスの位置に変化が起きる。その結果、αＣＴヘリックスは、Ｌ１だけでなくインスリンとも相互作用できるようになるのだ。

▼新しいインスリン類似体の開発に有効な受容体活性化機構の解明

今回のMentingたちの構造解析結果からは、受容体活性化機構の解明につながる手がかりも得られた。インスリンが結合した構造のＬ１ドメインと、ａｐｏ構造のＬ１とを重ねて見ると、インスリンがαＣＴ－Ｌ１に結合するためには、もう片方のαβ複合体（αＣＴを供給している側）のＦ１・Ｆ２結合面付近に、あきらかに構造変化が生じていることがわかった（図１ｅ）。この結果は、インスリンの結合によって受容体の細胞質キナーゼドメインの相互リン酸化が開始される構造機構の基礎に、この変化がかかわっていることを明確に示している。しかし、このコンホメーション変化の特徴や、それがどのようにキナーゼドメインの位置を変化させるのかは、まだ解明されていない。

速効性インスリン類似体が糖尿病患者の治療に使用されてずいぶん経つが、インスリンの３次元構造の情報はそうした薬剤開発に役立ってきた。[9] 今回得られた結果は、インスリン研究の最新の成果であるだけでなく、受容体への親和性をより高めたり、あるいは望ましい薬物動態をもたせるなどした、新しいインスリン類似体の開発に役立つだろう。

Stevan R. Hubbard はニューヨーク大学医学系大学院（米）に所属している。

9. *Pandyarajan, V. & Weiss, M. A.* Curr. Diab. Rep. 12*, 697-704 (2012).*

1つにつながった老化の理論

Ageing theories unified

Daniel P. Kelly　２０１１年2月17日号　Vol.470 (342-343)

老化は、さまざまな細胞成分に障害が起こる、複雑な過程である。
そこに、最新の研究成果によって、
よく見られる老化関連疾患の原因とされている細胞老化についての統一的機構が示唆された。

老化理論では、核とミトコンドリアという2つの細胞小器官で起こる「損傷」が関与しているとされる。だが、一見異なる多数の細胞過程の間につながりがあるかどうかは、よくわからなかった。このほど、細胞老化についての統一的機構が示された。年をとるにつれて、核のテロメア（染色体末端の特徴的な繰り返し配列のＤＮＡと核タンパク質からなるキャップ様構造）が損傷し、さまざまな作用をもつｐ53の活性化が引き起こされる。増殖細胞では、ｐ53は細胞増殖とＤＮＡ複製の両方を停止させ、さらにアポトーシスを誘導することで細胞死を引き起こすと考えられる。研究チームは、ｐ53がミトコンドリアのＰＧＣ－１の発現を抑制することで、その機能低下や数の減少を引き起こし、老化に伴う機能不全を起こすことを報告している。

▼細胞老化の統一的機構

老化は気づかないうちに進行し、体に多種多様な影響を与え、多くの臓器の機能が徐々に低下していく。よく知られている老化の理論では、核とミトコンドリアという2つの細胞小器官で起こる「損傷」が関与しているとされる。しかし、この一見異なる多数の細胞過程の間につながりがあるのかどうかについては、よくわからなかった。このほど、細胞老化についての統一的機構が、Sahinらによって[1]『Nature』2011年2月17日号に報告された。

年をとるにつれて、染色体の損傷は増加する。[2]しかし通常、染色体の損傷は、テロメア（染色体末端の特徴的な繰り返し配列のDNAと核タンパク質からなるキャップ様構造）により防止されている。このような損傷防止機能が働かなくなると、標準的な細胞応答が開始され、DNA修復装置が活性化される。この細胞応答には、p53タンパク質が関与しており、p53によってDNAの複製や他の細胞増殖過程が停止する。そして損傷を修復できない場合には、損傷を受けた細胞にアポトーシスを誘導することで細胞死を引き起こす。このように老化のテロメア理論は、テロメア機能が徐々に失われることで慢性的にp53が活性化され、そのために細胞増殖が停止し、細胞死が引き起こされるというものだ。この理論によれば、血液細胞のような細胞交替率の速い細胞では、老化は有害な影響をもたらすと考えられる。[3]

ミトコンドリアは主要なエネルギー産生細胞小器官で、いわば細胞の「発電所」である。1つの細胞に何百個も存在することがあり、ミトコンドリアDNAには、ミトコンドリアRNAやミトコンドリアタンパク質の一部がコードされている。老化のミトコンドリア理論とは、ミ

---

1. *Sahin, E. et al.* Nature 470*, 359-365 (2011).*
2. *Hastie, N. D. et al.* Nature 346*, 866-868 (1990).*
3. *Lee, H.-W. et al.* Nature 392*, 569-574 (1998).*

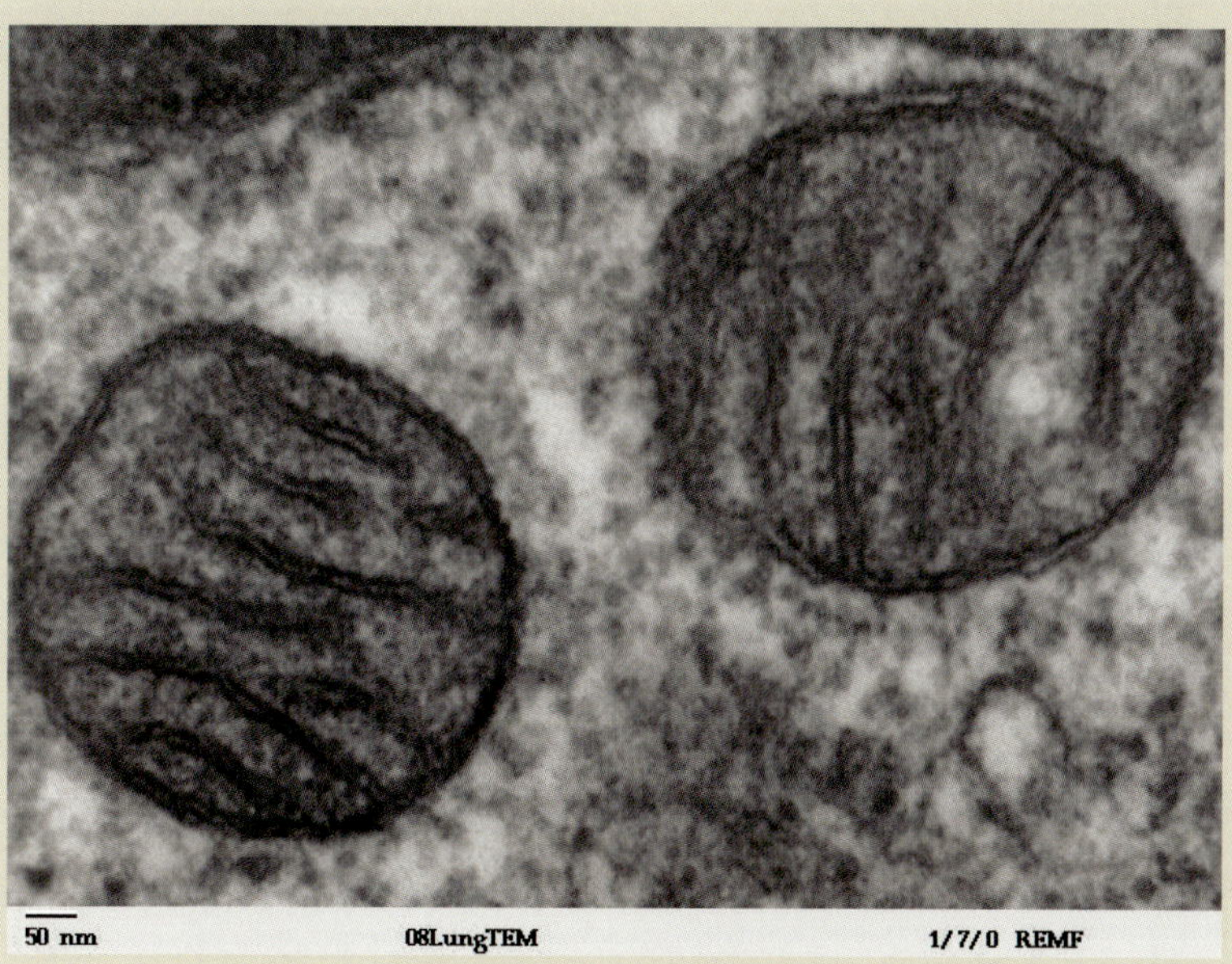

図1　ミトコンドリアの顕微鏡写真。［Louisa Howard］

トコンドリアDNA内に変異が徐々に蓄積して発電所が機能できなくなり、「停電」が引き起こされるというものである。[4,5] これにより、心臓や脳のように再生能がほとんどない臓器（静止組織）の非増殖細胞では、特に老化により深刻な影響を受けると予測される。最近の研究[6]からも、ミトコンドリアの機能や数を調節する主要な因子の活性が老化とともに低下し、さらにミトコンドリア機能を障害することが示唆されている。

▼核とミトコンドリアの老化過程間に興味深いつながりがあることを解明

今回、Sahinら[1]は、核の老化過程とミトコンドリアの老化過程の間に

4. *Balaban, R. S., Nemoto, S. & Finkel, T.* Cell 120*, 483-495 (2005).*
5. *Wallace, D. C.* Annu. Rev. Genet. 39*, 359-407 (2005).*
6. *Finley, L. W. S. & Haigis, M. C.* Ageing Res. Rev. 8*, 173-188 (2009).*
7. *Wong, K.-K. et al.* Nature 421*, 643-648 (2003).*
8. *Lin, J., Handschin, C. & Spiegelman, B. M.* Cell Metab. 1*, 361-370 (2005).*

興味深いつながりがあることをあきらかにした。これまでの研究から[7]、テロメアの機能が徐々に低下するように遺伝子操作したマウスでは、増殖細胞での老化が原因とされる多くの障害が見られることがわかっている。Sahinらは、このマウスには、核内での過程による老化の特徴に加えて、ミトコンドリアの機能不全も観察されると報告している。これは、ミトコンドリア機能を調節する主要な因子、ＰＧＣ－１αおよびＰＧＣ－１β[8]の活性が低下した結果であると考えられる。さらに、テロメア機能が異常なマウスでは、心不全や肝機能障害など、ミトコンドリアの老化が原因とされる多くの特徴も認められた。ＰＧＣ－１因子の不活化が静止組織でのミトコンドリアの老化の一因となることが強く疑われており[9]、Sahinらによる今回の報告は妥当なものだと考えられる。

それなら、核でのテロメアの異常がどのようにミトコンドリアのＰＧＣ－１タンパク質を不活化するのだろうか？　どうやら、テロメアの機能異常によるｐ53の活性化[10]が関与しているようだ。Sahinらは、テロメア機能が異常なマウスでは、ｐ53の活性化がＰＧＣ－１遺伝子の発現を直接抑制することを発見した。また、このマウスでｐ53の発現レベルを低下させると、テロメア機能の異常に関連したＰＧＣ－１抑制が回復することもわかった。そのうえ、ｐ53の発現レベルが低いと、代謝性心筋症における心機能不全が改善し、肝臓の代謝能が上昇することがあきらかになった。これらの興味深い結果から、核の老化に伴う変化がミトコンドリアの機能不全を引き起こすという統一的機構が示唆される。この機構は、増殖組織だけではなく、心臓のような静止臓器にも当てはまる（図２）。しかし、興味深い発見には、多くの疑問がつき

9. *Arnold, A.-S., Egger, A. & Handschin, C.* Gerontology 57, *37-43 (2011).*
10. *Chin, L. et al.* Cell 97, *527-538 (1999).*
11. *Matoba, S. et al.* Science 312, *1650-1653 (2006).*

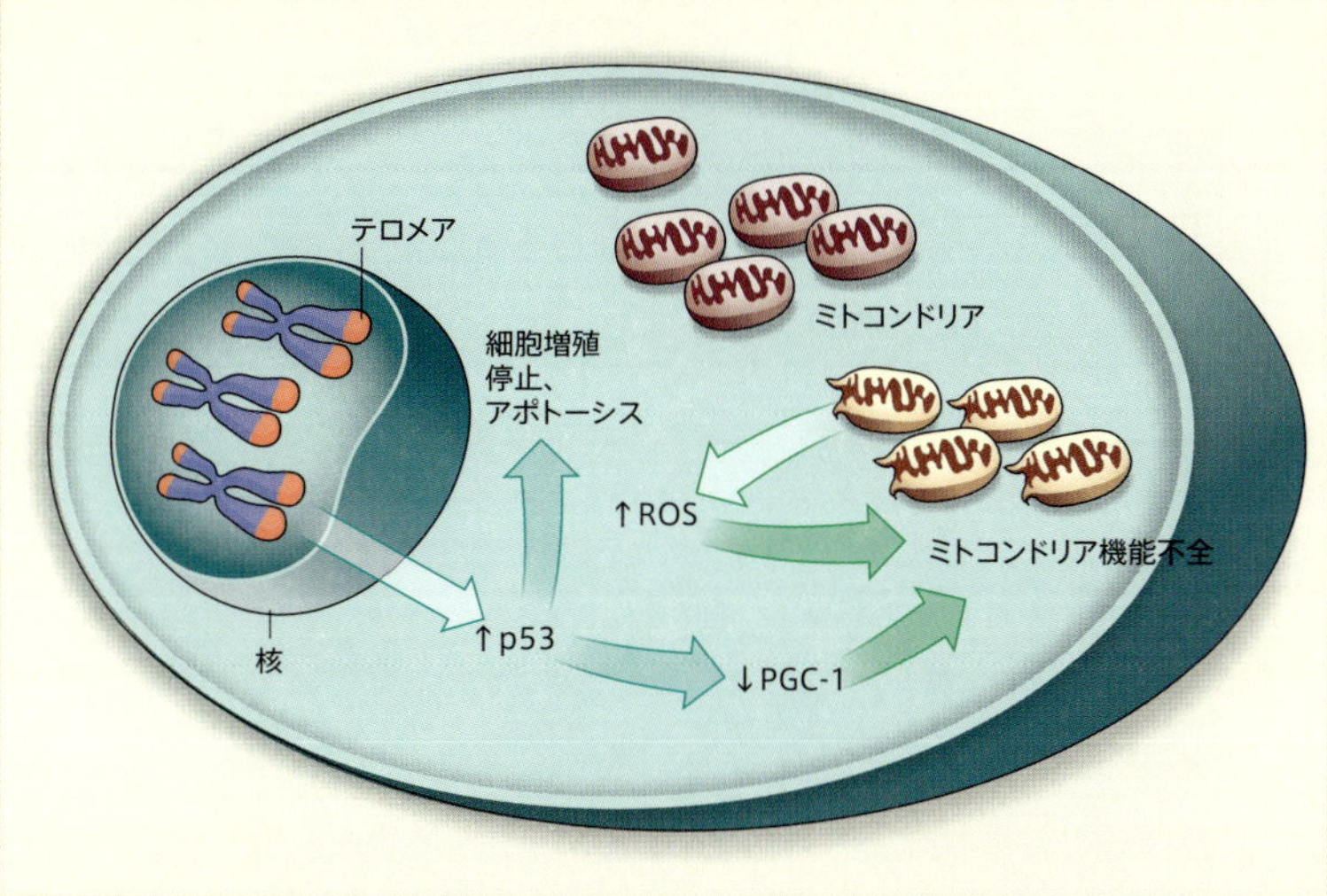

図2　核、ミトコンドリアおよび老化
年をとるにつれて核のテロメアが損傷し、さまざまな作用をもつp53の活性化が引き起こされる。増殖細胞では、p53は細胞増殖とDNA複製の両方を停止させ、さらにアポトーシスを誘導することで細胞死を引き起こすと考えられる。Sahinたち[1]は、p53がミトコンドリアのPGC-1の発現を抑制することで、ミトコンドリアの機能低下や数の減少を引き起こし、ミトコンドリアが豊富な静止組織の老化に伴う機能不全を引き起こすことを報告している。これとは別に、PGC-1活性の喪失によるミトコンドリアの異常は、活性酸素種(ROS)などの毒性のある中間産物の産生閾値を低下させる可能性がある。ROSはミトコンドリアDNAに損傷を与えることで、さらにミトコンドリアの機能を障害するという悪循環に陥らせると考えられる。

ものである。

たとえば、ｐ53はミトコンドリアの機能を高めることも知られている。ある癌では、ｐ53の欠損はミトコンドリア機能の低下と関連しているのだ。[11]この知見はSahinらの発見と矛盾しないのだろうか？　あるいは、ｐ53がミトコンドリア機能に与える効果は細胞種によって異なるのだろうか？

また、これらのデータは細胞老化についてのミトコンドリア理論（ミトコンドリアＤＮＡに生じる変異が老化の最初の出来事であるとする理論）にどのようにかかわっているのだろうか？　現在の研究からは、この「核が先か、ミトコンドリアが先か」という「にわとりと卵」問題に決着をつけることはできないが、老化の問題からミトコンドリアＤＮＡの損傷を除外することはできない。ＰＧＣ－１機能の障害によって毒性のある活性酵素種の産生が引き起こされる可能性があり、活性酸素種によってミトコンドリアＤＮＡに変異が引き起こされるとも考えられるのだ（図２）。

さらに、今回見つかった[1]テロメアとミトコンドリア応答との関係は、生物の環境への適応応答であるのか、それとも逆に不適応な応答であるのだろうかという疑問もある。一見すると、ミトコンドリア機能の低下は生物に有害な応答と考えられる。しかしながら、機能不全に陥ったミトコンドリアを機能させ続けると、逆に細胞損傷や細胞死が引き起こされるかもしれない。そこで、ＰＧＣ－１因子の不活化により、ミトコンドリアが「休止状態」になるとは考えられないだろうか？　つまり、休止状態にすることで、細胞が老化ストレスを原因とするさらに悪い結末である「死」に至ることを防いでいるのではないだろうか？　今後、論理的な概念実証研究によって、心不全、インスリン抵抗性および神経変性疾患などの老化関連疾患を防止する方法が開発されれば、この疑問の答えが見つかるに違いない。

Daniel P. Kelly はサンフォード・バーナム医学研究所（米）に所属している。

胎児を拒絶しない免疫機構

Tolerating pregnancy

Alexander G. Betz　２０１２年10月４日号　Vol.490 (47-48)

妊娠した女性の免疫系が、胎児のもつ父親由来の抗原に対して寛容となる仕組みに、「抑制性」の免疫細胞がかかわることがあきらかになった。胎児抗原に特異的に反応・増殖するこの細胞は、出産後も一部が維持され妊娠を助けていく。

ヒトをはじめとする胎盤のある哺乳類の免疫系にとっては〝妊娠〟は一大事業だ。なぜなら、お腹のなかの子は母体にとって、父親の遺伝子をもつ「異物」。妊娠中の母体の免疫系は、胎児が発現する父親由来の抗原に対して、攻撃を緩めながら、一方で病原体に対しては反応して母体と子を防御しなければならない。今回、妊娠中の母体内では胎児が発現する父親由来の抗原を特異的に認識する「制御性T細胞」という免疫細胞が増殖し、この細胞によって母体の胎児に対する免疫応答が抑制されていることがわかった。しかも「抗原特異的制御性T細胞」が蓄積され、その一部は記憶細胞集団となって産後も長期間維持される。父親が同じ場合の2回目以降の妊娠の際、記憶制御性T細胞が急増殖し、同じ胎児抗原に対してすばやく〝免疫寛容〟となる。

▼胎児が発する父親由来の抗原を特異的に認識する「制御性T細胞」

ヒトをはじめとする有胎盤哺乳類の免疫系にとって、「妊娠」は難題だったに違いない。お腹のなかの子は、母体にとって、父親の遺伝子をもつ「異物」だからだ。母体の免疫系は妊娠中、胎児が発現する父親由来の抗原に対して攻撃を抑制（寛容）しながら、病原体に対しては応答して母体と子を防御しなくてはならない。今回、Jared Rowe たちによって、妊娠期間中、母体内では、胎児が発現する父親由来の抗原を特異的に認識する「制御性T細胞」と呼ばれる免疫細胞が増殖し、この細胞によって母体の胎児に対する免疫応答が抑制されていることが実証された（『Nature』２０１２年10月４日号１０２ページ）[1]。

そのうえ、こうした胎児抗原特異的な制御性T細胞の一部は、出産後も長期にわたって維持されており、父親が同じ場合の2回目以降の妊娠では、免疫寛容を促進して妊娠を助けていることも示された。今回あきらかになった寛容機構から、子癇《しかん》前症（母親の免疫系が胎児を寛容できないことと関連のある疾患）の治療法や、免疫拒絶による流産の防止に利用できる方法が見つかるかもしれない[2]。

進化の観点から見ると、胎児がもつ「父親由来の抗原」に母体の免疫系が曝露《ばくろ》されるという問題は、比較的新しいものだ。というのも、子はその遺伝子の半分を父親から受け継いでいるが、ほとんどの動物は卵生なので、問題は生じなかった。それはともかく、有胎盤類が獲得した妊娠の仕組み、すなわち胎児が胎盤によって母体の子宮壁に物理的に付着する仕組みは、多くの利点を備えていた。母体の血液循環を介したガス交換や栄養の摂取および老廃物の除去が

1. *Rowe, J., Ertelt, J., Xin, L. & Way, S. S.* Nature 490, *102-106 (2012).*
2. *Sasaki, Y.* Mol. Hum. Reprod. 10, *347-353 (2004).*

可能であるため、胎児の成長に最適な環境を整えることができるのだ。課題は、異物である胎児の「着床」を促進することだが、そのために全身の免疫応答を抑制することは、母体と胎児が病原体に曝露される可能性が増すので、リスクが高すぎる。これを回避するために、有胎盤類は、局所的かつ特異的な免疫抑制機構を進化させる必要があった。

母体の免疫系が、胎児が異物であることを完全に認識しているにもかかわらず、それを寛容していること[3]、また、この寛容過程において「制御性T細胞」と呼ばれる免疫細胞が主要な役割を担っていること[4]は、以前からわかっていた。この制御性T細胞は、免疫応答を抑制する機能を持ち[5]、自己免疫応答の抑制や、病原体除去のために活性化された免疫応答を終結させる役割などを担っている。なお、制御性T細胞には、胸腺においてT細胞前駆細胞から分化する「内在性」制御性T細胞と、脾臓《ひぞう》やリンパ節などの末梢免疫器官において、ナイーブ（naïve：抗原と出会ったことのない）ヘルパー（CD4^{+}）T細胞から免疫応答の過程で分化する「誘導性」制御性T細胞がある。共に、Ｆｏｘｐ3というただ1つのタンパク質の発現に応答して、免疫抑制性の機能を持つT細胞へと分化する。[5]

▼異物抗原を攻撃するか、寛容するかの決定は「妊娠」という状況がかかわっている

今回、Roweの研究チームの成果によって、制御性T細胞が胎児に対する免疫寛容をどうやって促進しているのかが、実際に示された。彼らは、妊娠中のマウスが、ある抗原に出会うときに病原体抗原としてなのか、あるいは父親由来の抗原としてなのかによって、母体の「抗原

3. *Tafuri, A., Alferink, J., Möller, P., Hämmerling, G. J. & Arnold, B.* Science 270*, 630-633 (1995).*
4. *Aluvihare, V. R., Kallikourdis, M. & Betz, A. G.* Nature Immunol. 5*, 266-271 (2004).*
5. *Sakaguchi, S., Miyara, M., Costantino, C. M. & Hafler, D. A.* Nature Rev. Immunol. 10*, 490-500 (2010).*

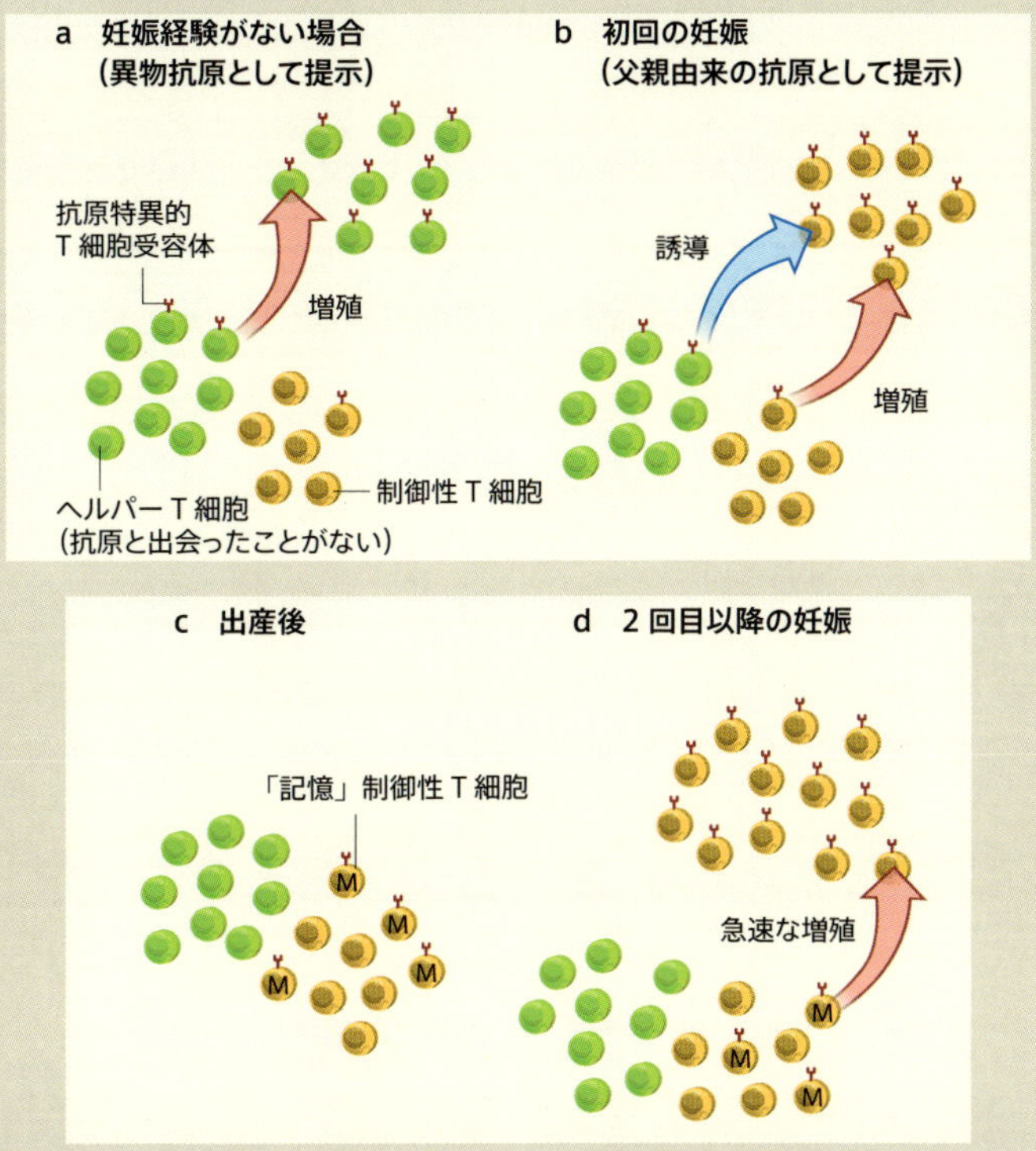

図1　父親由来の抗原に対する免疫記憶
Roweの研究チーム[1]は、異物抗原に対するマウスの免疫応答が、状況によって根本的に異なることを示した。
a：妊娠経験のないマウスに、特定の抗原を発現させたリステリア（*Listeria*）菌を感染させると、抗原特異性がマッチした少数の制御性T細胞が存在するにもかかわらず、抗原特異的なヘルパーT細胞が感染に応答して増殖し、異物を排除しようとする。
b：対照的に、同じ抗原が胎児に存在すると、既存の制御性T細胞の増殖だけでなく、未分化のヘルパーT細胞からも制御性T細胞（誘導性制御性T細胞）の分化が誘導され、その結果、抗原特異的制御性T細胞が蓄積する。
c：抗原特異的制御性T細胞の一部は、記憶細胞集団となって、産後も長期間にわたって維持される。
d：父親が同じ場合の2回目以降の妊娠の際には、この「記憶」制御性T細胞が急速に増殖し、同じ胎児抗原に対しすばやく免疫寛容となる。

特異的T細胞」の応答がどのように変わるのかを調べた。まず、その抗原を発現するリステリア（*Listeria*）菌をマウスに感染させると、異物を除去しようとする免疫応答である「抗原特異的なヘルパーT細胞の増殖」が観察された。しかし、同じ抗原を胎児に発現させると、抗原特異的な制御性T細胞の数が大幅に増加したのだ（図1）。これは、2種類の制御性T細胞数の増加、すなわちＦｏｘｐ３をもともと発現している内在性制御性T細胞の増殖と、末梢器官で未分化の抗原特異的ヘルパーT細胞にＦｏｘｐ３の発現が誘導されたことによる、誘導性制御性T細胞への変換を示していた。

Roweの研究チームは、妊娠中の免疫抑制機構が高い抗原特異性によって制御されていることを示した。この結果から、「病原体の侵入に対して免疫応答を開始する能力」が、妊娠によってなぜ影響を受けないのかを説明できる。

また、この結果は、「妊娠」という状況が、異物抗原を攻撃するか、あるいは寛容するかの決定にかかわっていることを示している。そこで疑問が生じる。この過程において重要な役割を担っている制御性T細胞は、胎盤を介した着床機構の進化に影響を与えたのだろうかということだ。

最近の2つの比較ゲノミクス研究から[6,7]、いくつかの手がかりが得られている。Ｆｏｘｐ３様の遺伝子は、魚にも存在する。しかし、その遺伝子がコードするタンパク質は、制御性の細胞系譜への分化を決定したり、抑制性の機能をもったりするために必要なドメインをもっていない[6]。また、興味深いことに、鳥類ゲノムはＦｏｘｐ３を欠失しているのに、哺乳類では保持さ

6. *Andersen, K. G., Nissen, J. K. & Betz, A. G.* Front. Immunol. 3, *113 (2012).*
7. *Samstein, R. M., Josefowicz, S. Z., Arvey, A., Treuting, P. M. & Rudensky, A. Y.* Cell 150*, 29-38 (2012).*

れていて、しかも追加の機能ドメインと、Ｆｏｘｐ３発現を調節する追加のエレメントを獲得している。[6]また、単孔類（卵生哺乳類）のＦｏｘｐ３には、全部ではないが、大部分の機能ドメインが存在することから、[7]制御性Ｔ細胞の進化は、胎児の着床機構が進化するよりも前に起こったと言える。[6]したがって、制御性Ｔ細胞の獲得によって、侵襲性の胎盤形成の進化が促進されたと推測できる。母体の免疫系は、制御性Ｔ細胞の存在によって、病原体に対する応答を過度に障害せずに、胎児を寛容する機構を得ることができたという訳だ。

▼連想される制御性Ｔ細胞「記憶」——将来の自己免疫疾患の治療可能性

Roweの研究チームはさらに、胎児抗原特異的な制御性Ｔ細胞の数が、出産後も長期間にわたって増加した状態であること、また、それ以降の妊娠期間中に急速に増殖することも示した（図１）。こうした応答は、いくつかの自己抗原に対しても見られ、自己免疫の抑制に役立っていることから、制御性Ｔ細胞の「記憶」が連想される。[8]子癇前症は、主に最初の妊娠（２回目以降であっても父親が異なる場合はその初回）で見られる疾患だが、その理由を、こうした胎児抗原特異的な記憶細胞によって説明できるかもしれない。

免疫恒常性を維持する役割を担う制御性Ｔ細胞にとって、胎児抗原を記憶することは、妊娠が引き金となって生じる広範囲にわたる変化の一部でしかない。たとえば、妊娠すると、関節炎などのいくつかの自己免疫疾患が一時的に軽快するという「よい変化」があるが、この効果にも、制御性Ｔ細胞がかかわっていることが示されている。[9]しかし、こうした自己免疫疾患は

8. *Rosenblum, M. D. et al.* Nature 480, *538-542 (2011).*
9. *Munoz-Suano, A., Kallikourdis, M., Sarris, M. & Betz, A. G.* J. Autoimmunity 38, *J103-J108 (2012).*

産後すぐに再発することから、疾患の防御に機能する「記憶」制御性T細胞が生じても、残念ながら、それほど有益ではないようである。とはいえ、Rowe の研究チームの成果をもとに、今後、妊娠後の制御性T細胞の持続についてさらに研究が進めば、将来、制御性T細胞を用いた免疫抑制によって自己免疫疾患の治療が可能になるかもしれない。

Alexander G. Betz はMRC分子生物学研究所（英）に所属している。

アノイキス：癌と宿無し細胞

Cancer and the homeless cell

Lance A. Liotta & Elise Kohn　２００４年8月26日号　Vol.430 (973-974)

細胞が基質から離れても生き延び、体内の別の場所に移動しうるタンパク質が見つかった。このような仕組みは癌細胞にとってとりわけ有利で、他の組織に浸潤・転移するには、格好のシステムができあがる。

通常、臓器を作る細胞は生まれた場所近くにとどまり、そこで生きている。周囲の細胞とも連絡し合い相互利益を図り、細胞の下にある基質から「本拠地」にいることを知らせるシグナルを受け取る。基質から離れると〝プログラム細胞死〟を起こす。これを「宿無し」を意味するギリシャ語から「アノイキス」と呼んでいる。ところが癌細胞は自己分泌、もしくは傍分泌のシステムを用いてプログラム細胞死を抑え、組織浸潤を引き起こし、酸素供給用に新生血管の成長を促して生き延びることができる。研究者たちは、アノイキスに耐えられる細胞を選び出して、転移にかかわるタンパク質を新たに見つけた。それにはラットの腸管内壁を覆う上皮細胞を用いた。上皮細胞の悪性化では、典型的に足場非依存性増殖が進むことが知られていたからだ。

▼タンパク質をコードするDNA分子によるアノイキス「TrkB」

臓器をつくる細胞は生まれた場所の近くにとどまるのが普通であり、それどころか生まれたその場所に依存して生きている。こうした細胞は自分を取り囲む周囲の細胞と連絡し合って相互利益を図り、また細胞の下にある基質から「本拠地」にいることを知らせるシグナルを受け取っている。[1] 基質と接触しなくなった細胞は死んでしまう。この過程は、「宿無し」を意味するギリシャ語から、「アノイキス」(anoikis)と呼ばれる。[2] 対して癌細胞は本拠地から離れても死なない。癌細胞が浸潤や転移をするには、本来の居場所を離れて他所の組織に移っても生存・増殖する能力が不可欠であり、それが癌細胞集団の拡大や播種《はしゅ》を促し、往々にして患者に死をもたらす。今回Doumaたちは、[3] アノイキスに耐えられる細胞を選び出して、転移にかかわるタンパク質を新たに見つけた(『Nature』8月26日号1034ページ参照)。

Doumaたちが調べたのは、[3] ラットの腸管内壁を覆う上皮細胞である。上皮細胞の悪性化では典型的に足場非依存性増殖が進むことが報告されている。[4] Doumaたちは、足場となる基質に付着していなくても細胞が増殖できるようにする遺伝子、言い換えるとアノイキスの脅威に耐えて生き延びられるようにする遺伝子を突き止めるため、ゲノム全域で一律の遺伝子スクリーニングを行なった。さまざまな遺伝子を含むDNA分子をラット培養細胞に導入したのち、接着できる培養皿から接着できない環境へと細胞を移し替えた。対照用の(無操作の)細胞は、この手順で基質から離されると死んでしまった。しかし、操作した細胞のうち1つの集団は生き残った。Doumaたちが調べたところ、これらの細胞にはTrkBというタンパク質をコー

1. *Liotta, L. A. & Kohn, E.* Nature 411, *375-379 (2001).*
2. *Frisch, S. M. & Ruoslhati, E.* Curr. Opin. Cell Biol. 9, *701-706 (1997).*
3. *Douma, S. et al.* Nature 430, *1034-1040 (2004).*
4. *Lawlor, E. R., Scheel, C., Irving, J. & Sorensen, P. H.* Oncogene 21, *307-318 (2002).*

ドするＤＮＡ分子が導入されていた。ＴｒｋＢは神経系に関与することでよく知られており、主要なリガンドである脳由来神経栄養因子（ＢＤＮＦ）と協同で働いて、網膜細胞やグリア細胞といった正常な神経構成細胞の増殖や分化、生存を促進する。[5] Douma たちが見つけた生き残りの上皮細胞は、この仕組みを流用し、宿無しになっても死なずにすんだものなのだ。

またDouma たちは、基質から離れたＴｒｋＢ発現細胞が長球形の細胞凝集体となって生き延び、増殖し続けることも発見。これらの細胞が生き延びられたのは、単に接着の相手を基質から隣り合う細胞へと切り替えたためなのだろうか。そうは思われない。Douma たちのさらなる実験によれば、どうやらＴｒｋＢの産生で細胞内回路が連結し直され、アノイキスに耐性を得たらしい。ＴｒｋＢがホスファチジルイノシトール－３－ＯＨキナーゼ（ＰＩ（３）Ｋ）の活性化を引き起こしたのだ。ＰＩ（３）Ｋはタンパク質キナーゼＡＫＴ／ＰＫＢという別の酵素を活性化することがわかっており、[6] この酵素もＴｒｋＢ産生細胞で活性があった。これで、アノイキスや類似の細胞死に関与するカスパーゼというＤＮＡ切断酵素が阻害されたのである。

ＰＩ（３）Ｋ酵素は、転移に伴って見られる他の多くの細胞機能も助長する。[6〜8] たとえば、ＰＩ（３）Ｋ経路のおかげで細胞は「骨格」を変形したり「足」を突き出したりすることができ、それにより移動可能となる。これは組織への浸潤にあたって重要である。この経路は、低酸素状態になった腫瘍内で新生血管形成が促されることにも関係する。当然のことながら、上皮癌の主要な種類すべてでＰＩ（３）Ｋ経路が制御されなくなっていることが報告されている。その原因となりうるのは、経路上流の抑制因子タンパク質の減少や、ＰＩ（３）Ｋの構成的活性化、も

5. *Huang, E. J. & Reichardt, L. F.* Annu. Rev. Biochem. 72*, 609-642 (2003).*
6. *Wendel, H. G. et al.* Nature 428*, 332-337 (2004).*
7. *Brader, S. & Eccles, S.* Tumor 90*, 2-8 (2004).*
8. *Davies, M. A. et al.* Cancer Res. 58*, 5285-5290 (1998).*

しくは経路下流成分の活性化だが、今回の成果から、どうやら経路上流の活性化因子TrkBの産生も原因になるらしい。このPI（3）K経路を考慮に入れることで、TrkBが単独でどうやってラット腸管上皮細胞にアノイキス耐性を起こすのか、またDoumaたちが示したように、なぜTrkBをマウスに注入しただけで細胞に転移能をもたせるのに十分なのかを説明できるかもしれない。*in vivo* では、癌細胞に固有の遺伝的不安定性のせいで、TrkBの発現が増大したり経路下流の出来事が活性化されたりする可能性も考えられる。

▼宿無しになった細胞を生き延びさせ、転移を可能にするTrkBは有効な抗癌策に⁉

転移に必要な特徴すべてを引き起こすのに必要（もしくは必要十分）な分子の例は、実験モデルでいくつか見つかっている。最近見つかった例としてTwistがあり、この分子は遺伝子転写因子で、発生中の体型変化を制御することがわかっている[9]。転移に必要な分子的プログラムはさまざまな開始点から引き起こされうると推測できる。だがDoumaたちの研究成果を踏まえると、基質や他の細胞との接着がなくても細胞を生存可能にする成分は、転移誘導のどの過程にも含まれているという見方もできるかもしれない。この見方と符合するように、Twistを強制的に発現させると細胞浸潤が促進され、Eｰカドヘリンタンパク質に介在される細胞間接着が消失する原因となる[9]。おそらくTwistもまたPI（3）K経路やAKT／PKBを流用できるのだろう。PI（3）K経路もAKT／PKBも、Eｰカドヘリンが関与する細胞間認識に関係することがわかっている[10]。

---

9. *Yang, J. et al.* Cell 117, *927-939 (2004).*
10. *Pece, S. et al.* J. Biol. Chem. 274, *19347-19351 (1999).*

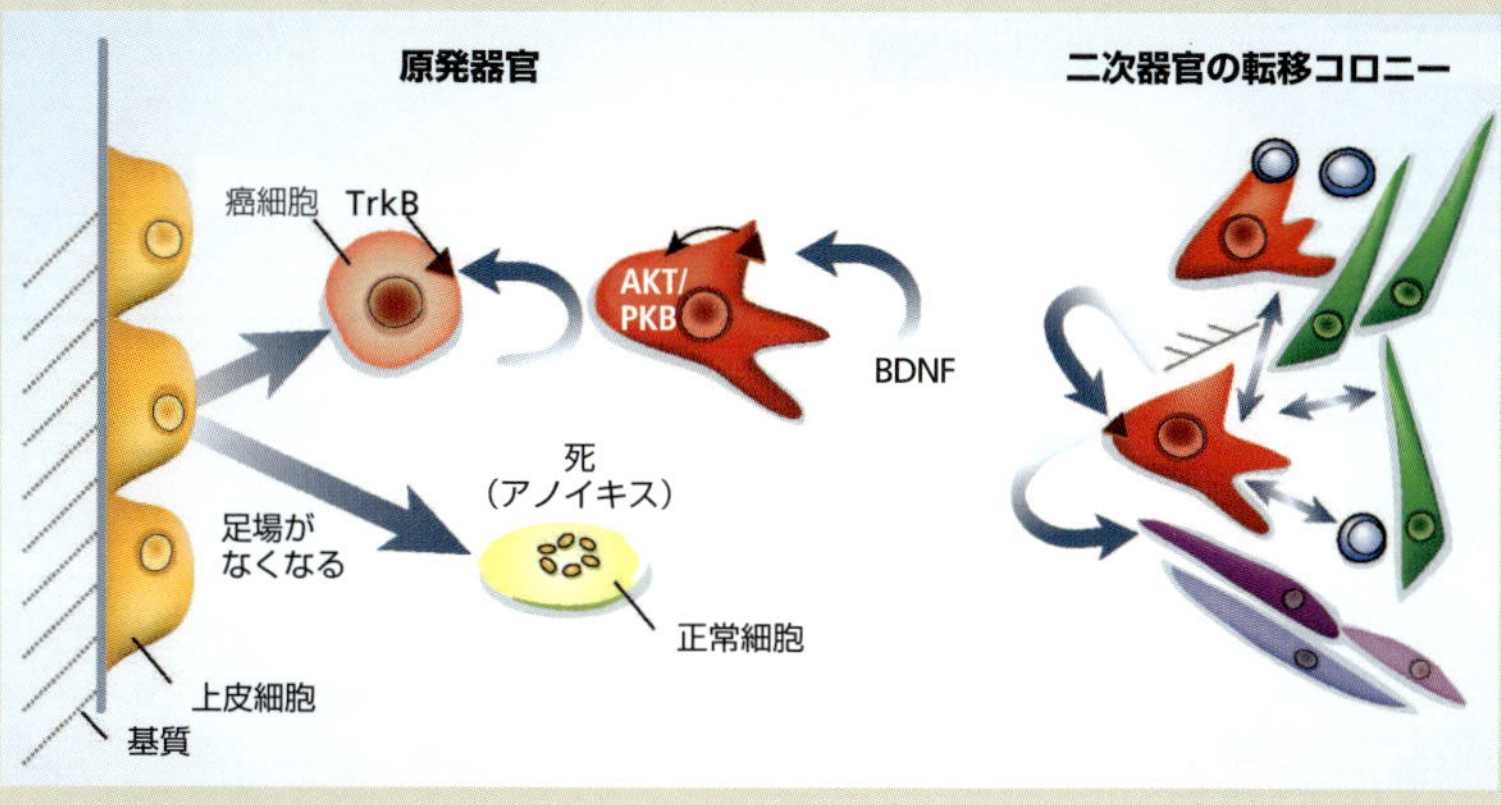

図１　生き延びて広く散るべし
上皮細胞は通常、互いに接着し合い、また基質とも接着している。こうした上皮細胞が本来の居場所から離れるとプログラム細胞死を起こす。この過程をアノイキスという。これに対して癌細胞は、自己分泌もしくは傍分泌の機構を使ってプログラム細胞死を抑え、組織浸潤を引き起こし、酸素供給用に新生血管の成長を促して、生き延びることができる。Doumaたち[3]の報告にあるように、自己分泌型（自己刺激型）の機構にはTrkBタンパク質の産生が含まれる。TrkB産生は脳由来神経栄養因子（BDNF）に活性化され、続いてTrkBがAKT/PKBタンパク質を活性化する。傍分泌型の機構には、外部の成分（免疫細胞、他の基質類、血管の細胞など）との相互作用が含まれる。図では簡略化のため、傍分泌型の機構は転移部位のみで作動するように描いてあるが、実際には原発腫瘍でも作動しうる。

ＴｒｋＢは宿無しになった細胞を生き延びさせ、ひいては転移を可能にする。とすれば、このタンパク質の阻害は有効な抗癌策となりはしないか。ことによるとそうかもしれないが、この憶測については現実的になるべきだろう。腫瘍細胞は、ＴｒｋＢやＢＤＮＦに介在されるような自己刺激型（自己分泌型、つまり細胞が自身の分泌した因子類に作用を受ける仕組み）のシグナル伝達ループによってか、もしくは傍分泌型（細胞が分泌した因子類が隣接細胞に直接作用する仕組み）の環境との相互連絡によって生き延びることができる（図1）。こうした相互連絡機構は同一の分子を使っている可能性がある。たとえば、ＢＤＮＦは血管内壁を覆う細胞によって作られ、低酸素状態で増産される。[11] こうした出来事が、原発腫瘍や転移部位で腫瘍細胞と新生血管の両方の生存を促進するのかもしれない。ただし、傍分泌型シグナル伝達に関与する分子は他にもあり、ＴｒｋＢを標的とする治療戦略がこうした他のチャネルにより裏をかかれて阻まれる可能性を想定しておくべきだろう。

宿無し状態は、細胞に降りかかるさまざまな環境ストレスの1つにすぎない。こうしたストレス問題を克服する1つの方法は、細胞にとって健康的な新しい場所を探すことだ。したがって細胞が生存のために移住を迫られることは頻繁にある。たとえば栄養分が不足した酵母は移動用の菌糸様構造を伸ばして、もっとよい条件を探す。同じように、栄養分に恵まれない粘菌コロニーは「偵察隊」を派遣する。そして癌細胞は酸素やホルモン、栄養分が欠乏したり過密状態になったりすると転移して（つまり局所の組織に浸潤し、リンパや血流中に入り、離れた場所で循環系を出て最終的に二次的コロニーを確立することで）生き延びようとするらしい。

過酷あるいは異質な環境に置かれても死を回避することは、どんな放浪行動の場合にも基本となる必要条件だろう。Douma たちが[3]報告したような生存と移住の両方を促進させる仕組みは腫瘍細胞（と新生血管）に好都合に働くと思われる。それどころか、この仕組みは腫瘍細胞が転移の「適性テスト」に合格するための必須条件なのかもしれない。

Lance A. Liotta と Elise Kohn は国立衛生研究所の国立癌研究所（米）に所属している。

---

11. *Kim, H., Li, Q., Hempstead, B. L. & Madri, J. A.* J. Biol. Chem. 279*, 33538-33546 (2004).*

癌の発生を未然に防ぐ

Aborting the birth of cancer

Ashok R. Venkitaraman　２００５年4月14日号　Vol.434 (829-830)

異常な細胞分裂周期は、発癌性の刺激により分裂が引き起こされる。では、逸脱し暴走を始めた細胞分裂を阻止する仕組みは存在するのか。制御できない分を感知して停止させられるのか。異常な分裂はＤＮＡ損傷に対する細胞応答を引き起こすことが、確かめられた。

細胞分裂の暴走を察知し抑止する仕組みは、どうやって発動されるのか？　初期の癌病巣では発癌性刺激によって、細胞分裂周期が発動され、その結果起こる異常なＤＮＡ複製のために、細胞にはＤＮＡ損傷反応（ＤＤＲ）が引き起こされる。その後、ＤＤＲは細胞増殖を休止させるか細胞死を引き起こす。発癌では、ＤＤＲを抑制するような〝選択圧〟が生まれるのかもしれない。すると、悪性病巣へ進行していくうえで、ＤＤＲの不活性化が伴っている可能性がある。この不活性化が、次のステージで遺伝的不安定さを生み出して、癌の進行を速めるのだろう。ＤＮＡレベルでどう識別できるかが重要な課題になってくる。

▼癌遺伝子の増殖を阻むＤＮＡ損傷反応（ＤＤＲ）の発見

なぜヒトの癌の発生頻度はもっと高くならずにすんでいるのだろうか。私たちの体を作る膨大な数の細胞の一つひとつは、変異すると細胞増殖が制御されなくなってしまうような遺伝子を多数もっていて癌細胞になりやすいというのに、なんとも不思議である。だが、ある直観的な、何十年も前から変わらず一目置かれてきた考えがある。癌遺伝子の不適切な活性化といった、癌を促す（発癌性の）刺激によって異常な細胞分裂周期が引き起こされると、正常な細胞は何らかの仕組みでこれを察知し、抑え込むことができるというのだ。だが、どうやって細胞がそうできるのかは、いまもってつかめていない。

『Nature』４月14日号８６４ページ、９０７ページでBartkovaたち[1]とGorgoulisたち[2]は、癌遺伝子が細胞分裂周期をどんどん進めると、ＤＮＡ複製（分裂に備えてゲノムを正確にコピーする過程）に伴うＤＮＡ損傷が引き起こされることを示す証拠を挙げている。こうしたＤＮＡ損傷は、増殖続行を阻む障壁となる。これらの知見から鮮明に見えてくることがある。つまり癌の進行には、異常を起こした細胞がＤＮＡ複製の際の損傷監視機構を働かなくさせる必要があるということだ。この成果は、ゲノムの不安定性と癌の進化（つまり悪性化）との密接な関連性を説明するうえで役立つだろうし、また、癌発生の仕組みを解明するための理論的枠組みに幅をもたせてくれるだろう。

逸脱した細胞分裂を阻止する仕組みが存在することは、早くは20年以上前の観察結果から得られていた。培養していた正常細胞の増殖が、ウイルス由来の癌遺伝子によって止まってしま

1. *Bartkova, J. et al.* Nature 434*, 864-870 (2005).*
2. *Gorgoulis, V. G. et al.* Nature 434*, 907-913 (2005).*

ったのである。[3,4] やがて、癌遺伝子の引き起こす増殖を抑え込むには、腫瘍抑制因子タンパク質であるp53やARFが非常に重要であることがあきらかになった。[5,6] これらの腫瘍抑制因子の活性化は、過度の増殖刺激や酸化ストレス、組織内微小環境からの適正なシグナルの消失などといった、すべてが発癌性刺激によって引き起こされるさまざまなものに起因するとされた。[7] 腫瘍抑制因子が活性化すると、細胞は休眠状態になる（老いる）か、（「アポトーシス」により）自殺する。ところが、ヒトの癌発生時における増殖に対して、こうした拘束作用が働いていることを示す証拠はなかなか見つからなかった。

そういう状況のなかで今回Bartkovaたちと Gorgoulisたちは、[1,2] ヒトの癌検体を調べ、異常な細胞分裂に制約をかける仕組みがもう1つ考えられると発表したのである。彼らは、肺や膀胱の腫瘍から摘出した初期病巣検体で、DNA損傷（特にDNA二本鎖の切断）に対する細胞の反応が活性化していることを示した。この証拠には、ATMもしくはChk2の活性化型の存在も含まれている。これらは、二本鎖切断に反応する酵素カスケードに関与する因子類である。[8] 注目したいのは、これらのマーカー因子が前癌段階の病巣で検出されたことだ。こうした部位では癌遺伝子が異常な分裂を引き起こす証拠が得られているが、進行した癌に典型的な諸変化を示す証拠はない。マーカーが見られたことから、DNA損傷反応（DNA-damage response：DDRと略）は発癌のごく初期の段階で活性化されると考えられる（図1a）。さらに、正常に増殖している上皮細胞や炎症性病巣ではマーカーが見つからなかったので、これらのマーカーによって異常な細胞周期と正常な細胞周期を識別できることになる。

3. *Tarpley, W. G. & Temin, H. M.* Mol. Cell. Biol. 4, *2653-2660 (1984).*
4. *Franza, B. R. Jr, Maruyama, K., Garrels, J. I. & Ruley, H. E.* Cell 44, *409-418 (1986).*
5. *Kamijo, T. et al.* Cell 91, *649-659 (1997).*
6. *Serrano, M., Lin, A.W., McCurrach, M. E., Beach, D. & Lowe, S. W.* Cell 88, *593-602 (1997).*
7. *Lowe, S.W., Cepero, E. & Evan, G.* Nature 432, *307-315 (2004).*

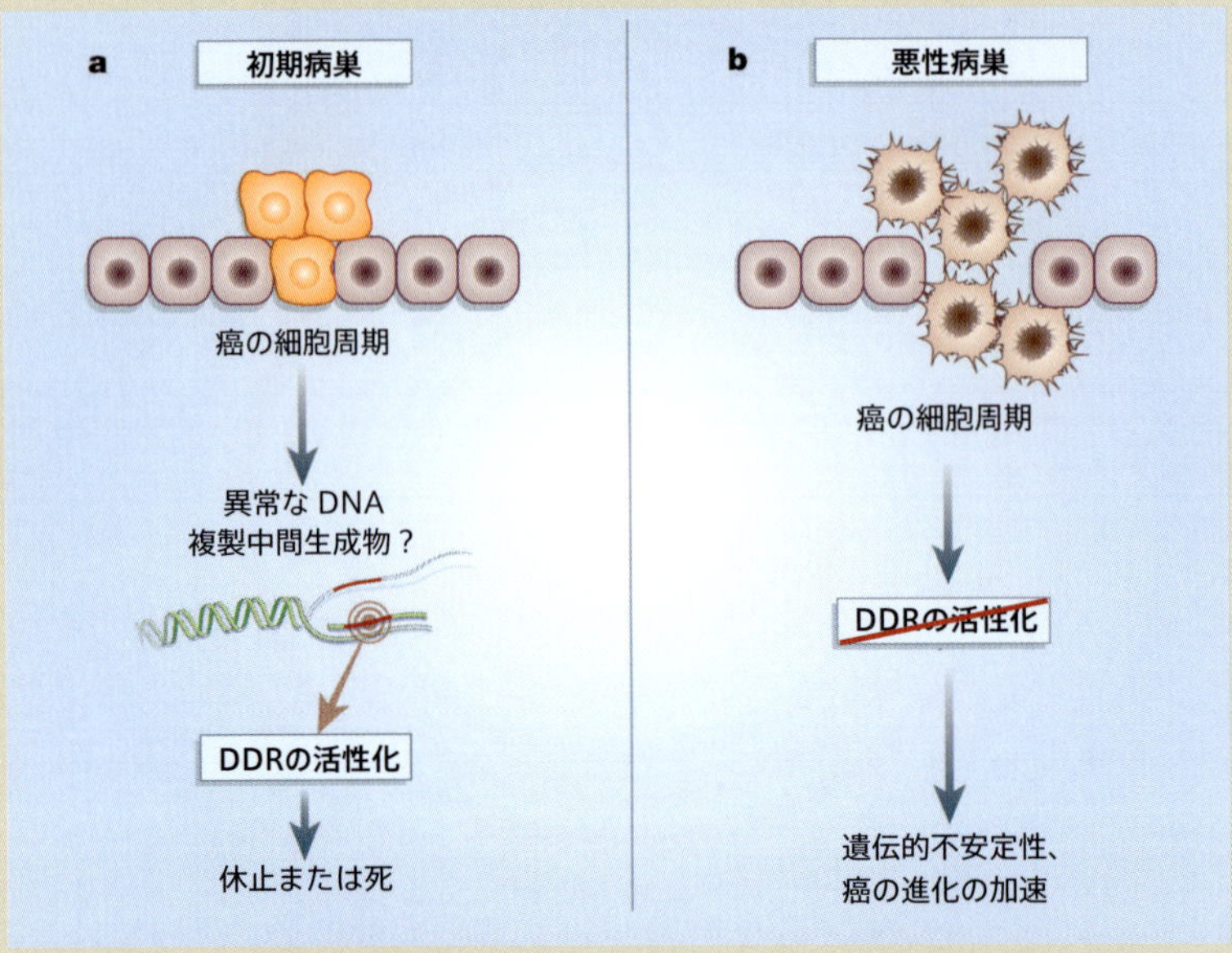

図1　細胞分裂の暴走を察知し抑止する
a：Bartkovaたち[1]とGorgoulisたち[2]が提出した証拠によると、初期の癌病巣では発癌性刺激によって細胞分裂周期が発動され（これを「癌の細胞周期」という）、その結果起こる異常なDNA複製のために細胞にはDNA損傷反応（DDR）が引き起こされる。これらの異常の実体は不明である。その後DDRは細胞増殖を休止させるか細胞死を引き起こす。これが、発癌時にDDRを抑制するような選択圧を生むのかもしれない。
b：したがって、悪性病巣への進行にはDDRの不活性化が伴っている可能性があり、この不活性化が次に、遺伝的不安定性を生み出して癌の進化を加速させるのだろう。癌の細胞周期と正常な細胞周期をDNA複製レベルでどう識別できるかは、重要だが未解明の問題である。

8.　*Shiloh, Y.* Nature Rev. Cancer 3, *155-168 (2003).*

▼癌を抑え込む腫瘍抑制因子タンパク質〝p53〟の重要性

これらの観察結果を実証かつ拡張するため、両研究チームは組織培養細胞で細胞周期制御因子であるサイクリンEなどの癌遺伝子を過剰発現させたり[1]、あるいはヒトの皮膚片を免疫不全マウスの背中に移植して成長因子で皮膚細胞の増殖を亢進させたりした[2]。どちらの場合も、*in vitro* 条件下で異常な細胞周期によりDDRが誘発される。これは腫瘍抑制因子Rbが不活性化されることでも起こる。Rbはふだんは細胞周期の始まりを見張っていることから、癌細胞に無制御の分裂を引き起こすような多数の変化によってDDRが始動するのではないかと考えられる。DDRは細胞分裂を停止させ、アポトーシスを引き起こすことができる[9]。それぞれの研究チームによれば[1,2]、発癌に際しては細胞がこの障壁を乗り越えねばならず、そのためp53もしくはDDRに関与する他の因子を不活性化に向かわせるような選択圧が生まれるのだという（図1b）。言い換えると、遺伝的な不安定性を引き起こす、つまり変異率を上げて癌の進化を加速させるということだ。この観点からすると、遺伝的不安定性とは、発癌初期の間に無制御な分裂に対する障壁が崩れ、それに伴って生じる回避不可能な副産物である。

この考え方にはいくつかの疑問がある。そのうちもっとも重要なのは、前癌段階の細胞の異常な分裂周期（正常な組織で起こる分裂の速さとは違う）がどうやってDDRを引き起こせるのかという疑問だ。2つの研究チームの考えでは[1,2]、その引き金にはDNA複製の「ストレス」が関係しているという。この説だと、生理的刺激ではなく異常な刺激によって活性化された複製装置は、通常と違う振る舞いをすることになる。この裏づけとして両チームは、*in vitro* も

9. *Kastan, M. B. & Bartek, J.* Nature 432*, 316-323 (2004).*

しくは組織中で発癌性刺激による増殖が促進されると、複製に異常が起きる証拠を示している。たとえば特に、両チームは、初期癌細胞のゲノムの「脆弱部位」で、対立遺伝子の不均衡（染色体の転位や欠失を意味する）が頻繁に起こることを見つけた。これらの部位は本来、DNA複製装置で次々になされる複製に抵抗性をもつと考えられている。

この考え方でいう複製の「ストレス」とはやや漠然としたものである。いまの段階で必要なのは、DNA複製を起こす生理的刺激と異常な刺激との違いをじっくり探ることだ。DNA複製の開始の仕組みについては、単純な「オン／オフ」概念が主流を占めている。この概念では、大事な酵素類（サイクリン－CDK複合体）が「オフ」のとき複製装置はDNAに乗っており、これらの酵素類が「オン」に切り替わると活性化される。また、より複雑な調節回路についてもわかってきている。[10] 増殖を促進させる刺激の特性や強さは、サイクリン－CDK複合体や別の重要な酵素である後期促進複合体（APC）のさまざまな活性レベルにより調整され、DNA複製装置の組み立てや作動に影響を与える。発癌性刺激はこれらの回路を乱して複製を暴走させている可能性がある。[11,12]

しかし、異常な複製がいったいどうやってDDRを引き起こすのかは、いっこうにあきらかでない。癌の細胞周期に入ると、一本鎖DNAなどの正常な中間生成物を過剰につくり出すか、あるいは二本鎖切断などの異常構造を生じるか、それともDDR活性化の閾値を下げるのかもしれない。[13] その引き金となる出来事を突き止めれば、正常な細胞周期と癌の細胞周期のどこが違うかを解明するのに役立つはずだ。

10. *Diffley, J. F.* Curr. Biol. 14*, R778-R786 (2004).*
11. *Ekholm-Reed, S. et al.* J. Cell Biol. 165*, 789-800 (2004).*
12. *Tanaka, S. & Diffley, J. F.* Genes Dev. 16*, 2639-2649 (2002).*
13. *Cox, M. M. et al.* Nature 404*, 37-41 (2000).*

▼複製「ストレス」がDDR活性化の引き金なのか

別のシナリオも考えられる。分裂中の細胞では、DNA塩基に対する酸化的変化といった問題によって複製が頻繁に阻止される。[14] こうした問題が解消されないと、複製が立ち往生して異常なDNA中間生成物が作られ、これがDDRを引き起こす。つまり、正常な細胞周期と癌の細胞周期とのもう1つの違いを、DNA塩基の損傷を増やすような代謝的変化に関係づけられないだろうか。たとえば、癌遺伝子 *myc* の過剰発現は活性酸素種の生成につながる。[15] Bartkova たちは、[1] *in vitro* で癌遺伝子に誘発されるDDRには抗酸化物質がほとんど影響を及ぼさなかったとしている。だが、組織培養は *in vivo* に比べて高酸素圧の条件下にあることを考えると、活性酸素種のかかわりを完全に除外するのは時期尚早だろう。

その土台にある仕組みが何であれ、複製「ストレス」がDDR活性化の引き金だとすれば、DNA複製中にゲノムの完全さが保たれるよう監視する腫瘍抑制因子ネットワークに注目が集まる。[16] このネットワークには、DDRに際して細胞周期チェックポイントを強化するATMやATR、Chk2、p53の他に、より直接的に複製の阻害された部分の処置にかかわるファンコニ貧血タンパク質や乳癌素因タンパク質のBRCAとBRCA2が含まれる。[17] ここで取り上げた種々の案は、発癌性刺激が選択圧を生じて腫瘍抑制因子ネットワークを抑制してしまうことを示唆している。逆にいうとこれらの案は、遺伝性変異によって癌になりやすくなる理由を説明する助けにもなるだろう。変異がネットワーク成分に作用することで、細胞分裂の暴走を阻んでいる障壁が下がるというわけである。こうした腫瘍抑制因子の癌へのかかわりについて

14. *Shimada, K., Pasero, P. & Gasser, S. M.* Genes Dev. 16, *3236-3252 (2002).*
15. *Vafa, O. et al.* Mol. Cell 9, *1031-1044 (2002).*
16. *Osborn, A. J., Elledge, S. J. & Zou, L.* Trends Cell Biol. 12, *509-516 (2002).*
17. *Venkitaraman, A. R.* Nature Rev. Cancer 4, *266-276 (2004).*

は予想と完全に一致しておらず、今後さらに細かく解明されていきそうな気配である。

同じ号の『Nature』には、違った切り口の興味深い成果も報告された。それによると、BRCA2欠損細胞（DNA複製の立ち往生に対処できない）[18]にDNA修復の抑制物質を使って複製を遮るDNA損傷を大量にため込ませると、この細胞を死滅させられるという[19,20]（4月14日号913、917ページ）。同様の路線の研究で、DDR抑制因子を使って治療用放射線に対する癌の感受性を高められる可能性も示唆されている。しかしBartkovaたちとGourgolisたちの研究成果から見て[1,2]、こうした治療的介入が、癌の細胞周期を感知して止める腫瘍抑制因子ネットワークに負担をかけすぎるか、もしくは妨害してしまうとするなら、いずれの場合も非悪性細胞に対しても長期にわたる何らかの代価を支払わせてしまうことになるかもしれない。

Ashok R. Venkitaramanはケンブリッジ大学（英）に所属している。

18. *Lomonosov, M., Anand, S., Sangrithi, M., Davies, R. & Venkitaraman, A. R.* Genes Dev. 17, *3017-3022 (2003).*
19. *Bryant, H. E. et al.* Nature 434, *913-917 (2005).*
20. *Farmer, H. et al.* Nature 434, *917-921 (2005).*

肺癌の原因となる融合遺伝子

Broken genes in solid tumours

Matthew Meyerson　２００７年８月２日号　Vol.448 (545-546)

2つの遺伝子の一部が融合して、雑種遺伝子を形成するような変異は、血液に関連した癌で多く見られる現象だ。こうした融合遺伝子の1つが、もっとも広範に見られる種類の肺癌にかかわっていることが、新しい知見であきらかになった。

世界で肺癌による年間の死亡者数は１００万人を超え、死亡者数の第1位を占めている。非小細胞肺癌（ＮＳＣＬＣ）は、肺癌の全症例の80パーセントを占める。曽田らのチームは、ヒトのＮＳＣＬＣに関係する遺伝子を発見した。彼らは第2染色体短腕（2p）上にある遺伝子の再配列による変異が、ＡＬＫチロシンキナーゼをコードする遺伝子*ALK*の発現を活性化させることを見つけた。チロシンキナーゼは、ほかのタンパク質のチロシン・アミノ酸残基にリン酸基を付加することで、そのタンパク質の活性を調節する「分子スイッチ」である。曽田たちは、*ALK*の阻害が生理学的に可能なことを示す証拠を提示し、*EML4*－*ALK*融合遺伝子で形質転換したマウスＢＡ／Ｆ３細胞を、ＡＬＫ阻害剤で特異的に殺傷できることを示した。

▼世界の癌死亡者数第1位の肺癌「分子スイッチ」を発見

肺癌は、世界中の癌による死亡者数の第1位を占めており、[1] 肺癌による年間の死亡者数は100万人を超える。非小細胞肺癌（NSCLC）は、肺癌の全症例のおよそ80パーセントを占める。『Nature』2007年8月2日号で曽田たちは、[2] ヒトのNSCLCに関係する遺伝子を発見して報告している。彼らは、第2染色体短腕（2p）上にある遺伝子の再配列による変異が、ALKチロシンキナーゼをコードする遺伝子*ALK*の発現を活性化させることを見つけた。チロシンキナーゼは、ほかのタンパク質のチロシン・アミノ酸残基にリン酸基を付加することで、そのタンパク質の活性を調節する「分子スイッチ」である。これらの酵素は多くの癌に関係があるとみられており、そのため、染色体再配列をもつ癌患者に対する治療法として、ALKキナーゼの活性の阻害が威力を発揮するのではないかと考えられる。

実際、活性化した癌遺伝子（癌関連遺伝子）のタンパク質産物を阻害することは、癌治療における有効な戦略の1つとなっており、[3] 研究初期には、酵素によるチロシンキナーゼの阻害による成功例が多い。たとえば、ABLチロシンキナーゼを活性化する染色体再配列によって引き起こされる慢性骨髄性白血病[4]では、チロシンキナーゼ阻害剤であるイマチニブ（グリベック）により患者の生存期間を延長することができる。[5] しかし、どんな種類の癌であっても、癌の増殖と生存を支える複数の癌遺伝子のうち一部のものしか特定されていないため、遺伝子を標的とする治療戦略の応用には限りがあった。そのうえ、遺伝子機能を破壊する治療戦略が、既知の癌遺伝子だからといって必ずしも使えるとは限らない。したがって、曽田たちが今回、あり

1. *Parkin, D. M., Bray, F., Ferlay, J. & Pisani, P.* CA Cancer J. Clin. 55, *74-108 (2005).*
2. *Soda, M. et al.* Nature 448, *561-566 (2007).*
3. *Sawyers, C.* Nature 432, *294-297 (2004).*
4. *de Klein, A. et al.* Nature 300, *765-767 (1982).*
5. *Druker, B. J. et al.* N. Engl. J. Med. 344, *1031-1037 (2001).*

ふれた癌の原因となる新しい癌遺伝子を発見し、しかも、この癌遺伝子の産物の分子構造から酵素による阻害を受けやすいことも見つけたのは、画期的な成果である。

曽田たち[2]は、喫煙歴をもつＮＳＣＬＣ患者１名から肺の組織標本を採取し、全メッセンジャーＲＮＡプールを抽出して、ｍＲＮＡ転写産物に相補的なＤＮＡ配列のライブラリーを作成し、増幅した。次に、従来の形質転換アッセイを使って、この相補的ＤＮＡ配列の癌遺伝子活性を解析した。マウスの３Ｔ３繊維芽細胞を形質転換させる可能性のある遺伝子、つまり、その遺伝子の発現によって３Ｔ３繊維芽細胞が腫瘍細胞に特有の性質をもつようになる遺伝子を探したのである。それまで、いくつかの研究グループが同じようなスクリーニング法を試みていたが、今回ほどめざましい結果を得たグループはほとんどなかった。そのため、この方法の成功は技術上の偉業と言えるものだった。

曽田たちは、３Ｔ３細胞を形質転換させうる塩基配列として、１つの融合ｍＲＮＡ転写産物に由来する相補的ＤＮＡ配列を特定した。この塩基配列の最初の部分は、*EML4* 遺伝子の一部からなっており、それに続く部分は *ALK* 遺伝子の一部からなっていた。もともと *ALK* 遺伝子は、血液由来の癌の一種である未分化大細胞リンパ腫に関与する遺伝子として見つかったものである。[6] したがって、肺癌でこの遺伝子の活性化が見つかったことは驚きである。[2]

大部分のＮＳＣＬＣ、とりわけ組織標本検査でもっともよく見られる肺腺癌は、ＥＧＦＲやＥｒｂｂ２などの受容体チロシンキナーゼやそれらの下流の *Ras* や *Raf* 癌遺伝子が介在する分子シグナル伝達経路の活性化を必要とする。[7] そのため、活性化されたＡＬＫはＥＧＦＲ／Ｅ

6. *Morris, S. W. et al.* Science 263, *1281-1284 (1994).*
7. *Sharma, S. V., Bell, D. W., Settleman, J. & Haber, D. A.* Nature Rev. Cancer 7, *169-181 (2007).*

rbb2と同じく、Ras-Rafシグナル伝達経路のスイッチを構成的にオンにする可能性があると考えてよさそうである（図1）。

▼喫煙歴のある非小細胞肺癌（NSCLC）患者に有効!?

曽田たちは次に、日本人のNSCLC患者で*EML4-ALK*融合遺伝子の保有率を調べたところ、調査した75名の患者のうち5名が保有していた。ほかの患者集団におけるALK再配列の

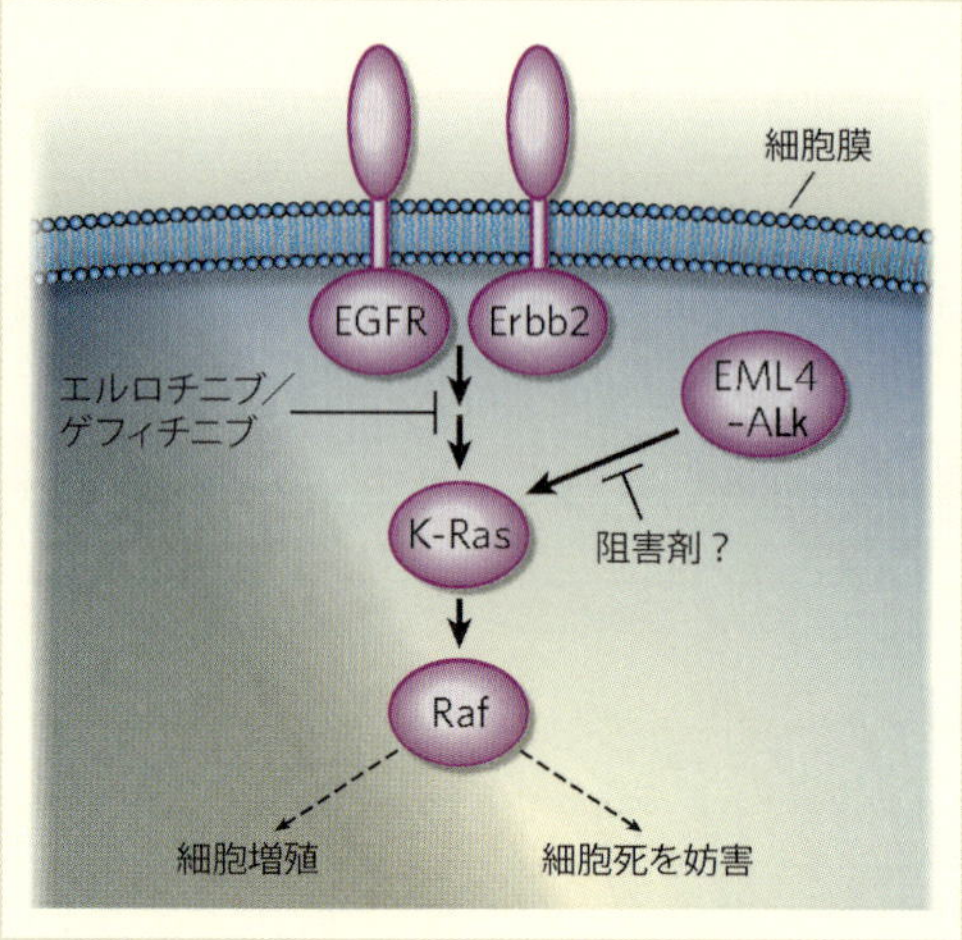

図1　EML4-ALK融合タンパク質と肺癌
EGFRとErbb2という２種類のチロシンキナーゼの変異は、これらの受容体の下流にあるシグナル伝達分子（RasとRaf）の変異とともに、非小細胞肺癌（NSCLC）に関連することがすでにわかっている。これらの変異タンパク質は、癌細胞の増殖を促進したり、癌細胞のプログラム細胞死を妨げたりすると考えられている。曽田たち[2]は、NSCLCの一部の症例では染色体再配列によって、EML4-ALK融合タンパク質を作り出す融合遺伝子が生じていることを見い出した。この融合タンパク質も活性型チロシンキナーゼとして機能するので、EGFR介在型のシグナル伝達経路を促進させる可能性がある。エルロチニブやゲフィチニブといったチロシンキナーゼ阻害剤は、NSCLCの有効な治療薬であることから、EML4-ALKの阻害剤もこの癌の治療薬として同じく有望だと考えられる。

保有率はまだ不明だが、重要な問題である。というのは、同じくＮＳＣＬＣにつながる２つのほかの変異（*EGFR* と *K-RAS* にある）の保有率は、民族間で差があるからだ。東アジアのＮＳＣＬＣ患者のうち、およそ40パーセントが *EGFR* 変異を保有しており、10パーセントがＫ－ＲＡＳ変異を保有している。ところが、欧州や北米では、*EGFR* 変異を保有しているのはＮＳＣＬＣ患者のおよそ10パーセントにすぎず、患者の約25パーセントではＫ－ＲＡＳ癌遺伝子が変異している。曽田たちが調べた小規模な症例群では、*ALK* の変異をもつ集団と *K-RAS* や *EGFR* の変異をもつ集団はまったく重ならなかった。

これまでのところ、肺癌に有効な標的治療薬としては、チロシンキナーゼ阻害剤であるゲフィチニブ（イレッサ）やエルロチニブ（タルセバ）しかない。これらは多くの国で認可されており、*EGFR* 変異をもつＮＳＣＬＣ患者の治療用にはもっとも有効だとみられている。[8~10] 曽田たちは、ＡＬＫの阻害が生理学的に実現可能なことを示す証拠を提示し、*EML4-ALK* 融合遺伝子で形質転換したマウスＢＡ／Ｆ３細胞を、ＡＬＫ阻害剤で特異的に殺傷できることを示した。もし *EML4-ALK* 融合が喫煙歴のあるＮＳＣＬＣ患者において高頻度で見つかれば、こうした阻害剤の臨床使用の可能性に対して特に関心が集まることだろう。ゲフィチニブやエルロチニブがもっとも有効な対象は、ほぼ確実にＥＧＦＲ変異による腫瘍をもつ喫煙歴のないＮＳＣＬＣ患者だからである。

最近まで、染色体再配列はおもに血液関連の癌と関連づけられており、固形腫瘍との関連はほとんど考えられていなかった。しかし、前立腺癌では *TMPRSS2-ERG* 融合遺伝子や

8. *Lynch, T. J. et al.* N. Engl. J. Med. 350*, 2129-2139 (2004).*
9. *Paez, J. G. et al.* Science 304*, 1497-1500 (2004).*
10. *Pao, W. et al.* Proc. Natl Acad. Sci. USA 101*, 13306-13311 (2004).*

TMPRSS2-ETV1 融合遺伝子が発見され[11,12]、今回さらに *EML4-ALK* 融合遺伝子の肺癌への関与が示唆された。これらのことより、染色体再配列で生じる活性型の融合遺伝子はおそらく、固形腫瘍において一般的かつ重要なものだと考えられる。こうした遺伝子融合をゲノム規模で系統的に見つけ出す方法や、それらの遺伝子融合情報を利用して診断する方法を開発することで、固形腫瘍の発生機構の解明に向けて一歩前進することができるだろう。

Matthew Meyerson はダナ・ファーバー癌研究所（米）に所属している。

11. *Tomlins, S. A. et al.* Science 310*, 644-648 (2005).*
12. *Tomlins, S. A. et al.* Nature 448*, 595-599 (2007).*

癌幹細胞：至るところに存在する？

Here, there, everywhere?

Connie J. Eaves　２００８年12月4日号　Vol.456 (581-582)

腫瘍細胞であれば、どの細胞もヒトの癌を伝播できるのか、それとも、こういう性質は選ばれた特別な細胞群だけがもっているのだろうか。この2つの見方は状況に依存する性質により、ともに正解になりうることがわかってきた。

癌を理解する枠組みの1つは〈正常組織に混乱が生じた状態で、組織特異的な発生段階の多くの特徴が見られる〉とされ、ここから派生した「癌幹細胞」仮説では、癌細胞集団は階層的な構造をもち、その癌幹細胞のみが無制限に増殖できる――とされてきた。しかし今回、研究者たちは、ヒトの癌の少なくとも1種類では、現実の癌細胞集団はもっと複雑である可能性を示唆。重度の免疫不全マウスにヒト癌の単一細胞を移植し、これまでとは異なるマウス系統において、重篤な免疫不全マウスよりさらに重篤な免疫不全マウスにおいて、厳密な手順で腫瘍形成性を示す細胞の出現頻度を測定した。結果、ヒト黒色腫の腫瘍細胞は、その4分の1程度が腫瘍を形成できたが、新しい腫瘍細胞の特徴のほとんどは腫瘍形成性を示す細胞の一部に共通であるもののすべてに共通ではなかった。

▼ヒト癌細胞は腫瘍細胞集団のごく一部で、他の腫瘍細胞とは異なり幹細胞様の特性をもつ

研究者や腫瘍学者の長年の目標は、「どのぐらいの数のどの腫瘍細胞を除去すれば治療が成功するのか」を理解するための枠組みを確立することである。最近、大きな注目を集めている枠組みの1つが、癌とは正常組織に混乱が生じた状態で、組織特異的な発生段階の多くの特徴が見られるとするものである。この枠組みから派生した「癌幹細胞」仮説では、癌細胞集団は階層的な発生構造をもち、一部の癌細胞（癌幹細胞）のみが、無制限に増殖できるとされる。この考えが正しいなら、癌治療に大きな影響があるだろう。しかし、ミシガン大学（米国）のElsa Quintanaらは[1]、ヒト癌の少なくとも1種類では、現実の癌細胞集団はもっと複雑である可能性を『Nature』2008年12月4日号593ページに報告した。

ヒト腫瘍における癌幹細胞の証拠とは何か？　近年、マウスの体内に初代培養のヒト細胞が生着できる重度の免疫不全マウスが複数系統作製され、この癌幹細胞仮説が実験的に検討できるようになったが、いままでのところ、調べられた腫瘍はほんのわずかな種類である[2〜7]。しかし、これらの研究から、各研究に用いられた免疫不全マウスに新しい腫瘍を形成する能力をもっていたのは、ごく一部の腫瘍細胞集団（0・0001〜0・1パーセント）であることを示唆する証拠が得られている。さらに、これまでの研究から、腫瘍形成性を示す細胞の特徴は、ほとんどの腫瘍細胞の特徴とは異なっているが、同じ組織の正常な幹細胞の特徴と共通するものが多いこともわかっている。これらの知見を総合すると、免疫不全マウスに腫瘍を形成できるヒト癌細胞は、腫瘍細胞集団のごく一部の細胞で、他の腫瘍細胞とは異なり、幹細胞様の特性を

1. *Quintana, E. et al.* Nature 456, *593-598 (2008).*
2. *Bonnet, D. & Dick, J. E.* Nature Med. 3, *730-737 (1997).*
3. *Al-Hajj, M., Wicha, M. S., Benito-Hernandez, A., Morrison, S. J. & Clarke, M. F.* Proc. Natl Acad. Sci. USA 100, *3983-3988 (2003).*
4. *Singh, S. K. et al.* Nature 432, *396-401 (2004).*

もつ生物学的に別個の細胞であるという考えが裏づけられる。

今回、Quintanaら[1]は、これまでによく研究に用いられていた重度の免疫不全マウス〈NOD/SCID〔non-obese diabetic/severe combined immunodeficiency〕マウス〉よりも、さらに重篤な免疫不全を示すマウス〈NOD/SCID*Il2rg*$^{-/-}$〔interleukin-2 receptor gamma chain null〕マウス〉にヒト癌の単一細胞を移植し、これまでとは異なるマウス系統において厳密な手順で腫瘍形成性を示す細胞の出現頻度を測定した。このマウスにおいては、ヒト皮膚癌の一種である黒色腫の患者に由来する腫瘍細胞は、その4分の1程度が腫瘍を形成できることが実証された。そのうえ、新しい腫瘍を形成できる細胞は、多くの異なる特徴をもっており、その特徴のほとんどは腫瘍形成性を示す細胞の一部に共通であったが、腫瘍形成性を示す細胞すべてに共通ではなく、腫瘍形成能との特異的な関連を示す特徴は1つもなかった[1]。

このような意外な知見は、これまでの観察[2~7]と、どのように整合性を図ることができるのだろうか？ 1つの説明として、腫瘍形成過程には、一般に増殖と分化の制御を変化させる多くのまれな事象が蓄積していると考えられる。そして、このような事象は最初に正常な幹細胞に起こるのではないかと考えられている。というのは、十分な回数の細胞分裂を経た細胞のみが、悪性細胞を生じるのに十分な特定の変化の組み合わせを蓄積できるからである(図1)。そして、腫瘍がクローン起源である証拠、および遺伝学的変異の蓄積により腫瘍が発生する証拠は数十年前から存在している。しかし、このような観察を、悪性細胞は結局のところは幹細胞集団が起源であるとする考えに結びつけることは、あまり一般的ではない。

5. *O'Brien, C. A., Pollett, A., Gallinger, S. & Dick, J. E.* Nature 445*, 106-110 (2007).*
6. *Ricci-Vitiani, L. et al.* Nature 445*, 111-115 (2007).*
7. *Schatton, T. et al.* Nature 451*, 345-349 (2008).*

▼癌の増殖能は癌幹細胞のまれなサブセットに依存しているのか？

では、癌幹細胞という概念が広まった大きなきっかけは何だろうか？　癌幹細胞という概念は、慢性骨髄性白血病（ＣＭＬ）と呼ばれる血液癌の一種によく当てはまるのだ。ＣＭＬではフィラデルフィア染色体と呼ばれる小さな異常染色体が、いくつかの種類の血液細胞やそれらのもっとも未分化な前駆細胞に見られる。この異常染色体により生じた融合遺伝子は、構成的に活性化されたチロシンキナーゼ（ＢＣＲ－ＡＢＬチロシンキナーゼ）をコードしており、過剰な細胞増殖を引き起こす。つまり、ＣＭＬの初期である慢性期では、造血系の細胞の正常な分化プログラムを実行する能力は障害されていないが、多くの成熟細胞を産生する仕組みを制御する機構が大きく脱調節される。そのため慢性期には一見正常なクローンが顕著に増加する。この段階で十分な治療が行なわれなかった場合には、ＣＭＬではゲノムの不安定性が見られるので、さらに遺伝学的異常が誘発されやすく、分化過程を破壊するさらなる変異を特徴とする、より悪性のサブクローンが生じ（移行期）、次にこのようなサブクローンにより急速に致死に至る急性白血病が引き起こされる（急性転化期）。このような一連の事象は、前癌状態の幹細胞が駆動する細胞集団が、悪性のサブクローンの出現前に生じる仕組みを示している（図１ｂ）。このサブクローンの悪性度が増すにつれ、サブクローンの増殖も速くなると考えられ、急速にもともとの前癌状態の細胞集団が希釈され、癌幹細胞を同定することが困難になる。これが腫瘍形成性を示す細胞の検出頻度に差がある理由と説明できる。

２つ目の説明としては、腫瘍細胞が増殖しようとする環境の影響が関与している可能性があ

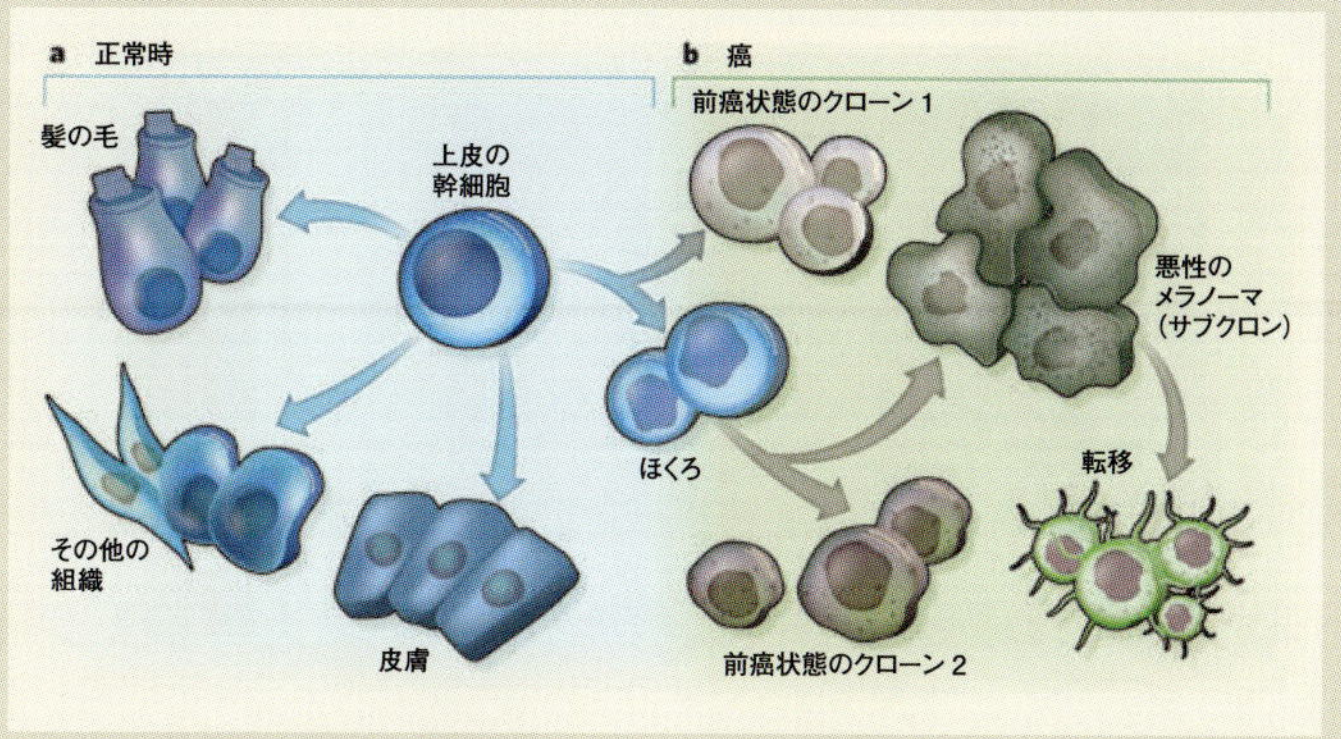

図1　腫瘍形成は連続的な過程である
a：正常時には、幹細胞（例として、上皮幹細胞を示す）は髪や皮膚細胞などのさまざまな分化細胞を生じる。
b：しかし、癌では、これらの幹細胞に特異的な一連のまれな変化が生じることで、明らかに悪性の細胞集団がつくり出されると考えられている。このような連続的な過程の途中で、多くのサブクローンが生じるが、各サブクローンはより悪性の特徴をもつ（悪性度が高い）。

り、非悪性の宿主細胞集団が腫瘍の増殖に重要な役割を担う証拠が増えてきている。[8] Quintanaらは、以前の研究[7]で用いたのと同じ*in vivo*アッセイのプロトコールを用いた場合、ヒト黒色腫細胞で腫瘍形成性を示す細胞の頻度はこれまで同様に低いこと（100万個に1個）を解明。[1] そして、このプロトコール[7]のさまざまな点を変更すると、腫瘍形成性を示す細胞数が多くなることもわかった。[1] 腫瘍形成の観察期間を長くする、腫瘍細胞の生存能力を高めるためにラミニンなどの細胞外マトリックス構成要素が豊富な抽出物とともに腫瘍細胞を移植する、あるいは移植レシピエント（宿主）としてさらに重篤な免疫不全のマウス系統を用いることなどで、腫瘍形成性を示す細胞の数が増加したのである。

8. *Garcion, E., Naveilhan, P., Berger, F. & Wion, D.* Cancer Lett. 278*, 3-8 (2009).*

癌の増殖能が癌幹細胞のまれなサブセットに依存しているなら、この特定の細胞を根絶する方法を知ることが、癌治療には重要である。同様に、このような特定の細胞を破壊する候補療法を評価する場合は、その有効性を予測することが重要だと考えられる。しかし、いくつかの実験による知見から、癌幹細胞を根絶する候補療法の有効性にさえ異論がある。たとえば、ＣＭＬの慢性期に、メシル酸イマチニブ（ＢＣＲ－ＡＢＬチロシンキナーゼを標的とする分子標的薬）による治療を受けた患者の転帰は多くが良好であることが知られる。だが、慢性期のＣＭＬ幹細胞はＢＣＲ－ＡＢＬ非依存的な機構で維持されているため、メシル酸イマチニブに抵抗性を示し、ほぼ殺傷されない。ここから、前癌状態のクローン中の分化したＣＭＬ細胞を選択的かつ効果的に殺傷することで、癌の進行を防ぐに十分な可能性が示唆されているのだ。[9,10]

ヒトの癌幹細胞研究はいまもなお盛んに行なわれているところであり、Quintanaらの観察[1]が珍しいのか、あるいは臨床的に意義があるのかはあきらかではない。Quintanaらの知見は、腫瘍の一部、癌進行のある状況、腫瘍環境内の別個の因子、および（あるいは）宿主の自然免疫や獲得免疫の状況に特有のものであるかもしれない。けれども、これらの観察はもっと一般的に適用できる可能性もある。いずれにせよ、Quintanaらの研究は、あらゆる腫瘍開始細胞研究の絶対的価値に大きな疑念を浮かび上がらせることで、新しいバイオマーカーや治療法の検討を目的とする研究は慎重に行なう必要があることを示している。

Connie J. Eaves はブリティッシュコロンビア州癌研究所（カナダ）に所属している。

9. *Bhatia, R. et al.* Blood 101*, 4701-4707 (2003).*
10. *Druker, B. J. et al.* N. Engl. J. Med. 355*, 2408-2417 (2006).*

光は神経系の形成に影響する

Light moulds plastic brains

Stefan Thor　２００８年11月13日号　Vol.456 (177-178)

オタマジャクシは、光に照らされると神経伝達物質であるドーパミンを分泌するニューロンの数が増える。動物はこうした可塑性によって、環境からの刺激に、脳の活動を適合させていく。

アフリカツメガエルのオタマジャクシに光を照射すると、ドーパミンを分泌するニューロン（ドーパミン作動性ニューロン）の数が増え、その後の光照射にもっと迅速に対応できるようになった。今回、約２時間の光照射で、オタマジャクシの視交叉上核に新たなドーパミン作動性ニューロンが加わることを見つけたのだ。これを暗い条件に戻すと、体色は濃くなる。けれどもその後、再び光を照射すると、既存のものだけでなく新規に加わったドーパミン作動性ニューロンがあるおかげで、体色は短時間で薄くなる。成長途上のオタマジャクシでは、新たに加わったドーパミン作動性ニューロンが、順応に好都合な働きをする。神経伝達物質の産生パターンの変化が関係する脳の可塑性がヒトにもあるとわかれば、神経疾患の解明や治療にもつながるだろう。

▼体色の光照射順応にはドーパミン作動性ニューロンの数の急増も関係していた

神経系は環境からの刺激入力に順応することが知られている。そうした可塑性にかかわっているのは、学習や記憶に見られるような神経回路の変更や、シナプス接合を介したニューロン間コミュニケーションであって、各種ニューロンの数の変化は関与していないと考えられてきた。しかし『Nature』２００８年11月13日号で、Dulcis と Spitzer がこの見方を覆している。[1]彼らは、アフリカツメガエル（*Xenopus laevis*）のオタマジャクシに光を照射すると、脳内のドーパミンを分泌するニューロン（ドーパミン作動性ニューロンと呼ばれる）の数が増え、オタマジャクシはその後の光照射にもっと迅速に順応できるようになることをあきらかにしたのである。池にいる野生のオタマジャクシを捕まえた経験があるなら、水槽に入れて2時間ほど経つとオタマジャクシの体色が薄くなるのを見て、びっくりしたことがあるかもしれない。この体色の急速な変化のおかげでオタマジャクシは周囲の背景に溶け込んで、捕食されるリスクを低減させることができる。このプロセスは特定の神経回路に制御されている。具体的にいうと、まず、光によって誘発された信号が、眼からドーパミン作動性ニューロンのある視交叉上核と呼ばれる

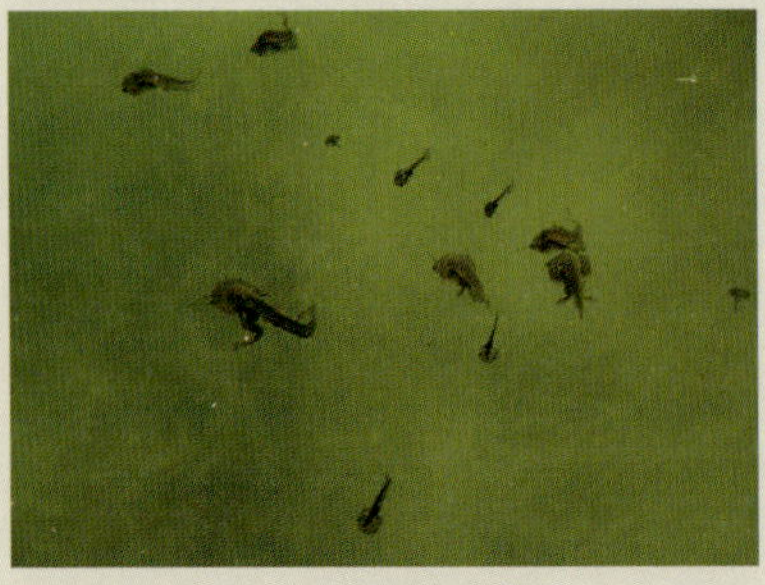

図１　光に照らされて体色が薄くなったアフリカツメガエルのオタマジャクシと、元の濃い体色のオタマジャクシがいる。[photo:Viridiflavus]

1. *Dulcis, D. & Spitzer, N. C.* Nature 456*, 195-201 (2008).*

脳領域へ伝えられる。次いで信号は、メラニン細胞刺激ホルモンを分泌して皮膚の色素細胞を刺激するニューロンが存在する、別の脳領域に伝えられる（図2a）。この伝達は、明暗に応じた別々の作用を示し、光に応答した眼から視交叉上核への正の刺激入力は、ドーパミン放出量の増加を引き起こす。このようにドーパミン量が増えたことが、メラニン細胞刺激ホルモン分泌ニューロンに対する負の刺激入力となって、その結果このホルモン分泌量が減少し、末梢の皮膚色が薄くなる。オタマジャクシでは、体色の応答は過去の経験によって変更される。それは、明るい光に長い時間、または繰り返しさらされると、それ以降は体色が以前よりも短時間で光照射に順応するようになるためである[2]。この応答やその基盤にある回路の変化は詳しく調べられており[2~5]、おもにシナプス結合や回路を伝わる信号伝達の段階での可塑性が関与していると考えられていた。しかし、今回 Dulcis と Spitzer は、この順応には回路内のドーパミン作動性ニューロンの数の急増も関係していることをあきらかにした[1]。

2人が観察した応答の速度は驚異的なものだった。暗闇で育てたオタマジャクシに光をたった2時間当てただけで、視交叉上核にあるドーパミン作動性ニューロンが倍増したのである。そのうえ、新たに出現したこれらのニューロンは、その後の光照射で体色が急速に薄くなる体色変化過程に影響しているようだった（図2b）。著者らは、これらのニューロンの軸索突起を追跡し、メラニン細胞刺激ホルモンを放出するニューロンまで突起が伸びていることを見つけた。

次に、特異的な薬剤を使って、もとからあるドーパミン作動性ニューロンを除去したところ、

2. *Roubos, E. W.* Comp. Biochem. Physiol. 118*, 533-550 (1997).*
3. *Kramer, B. M. R. et al.* Microsc. Res. Tech. 54*, 188 -199 (2001).*
4. *Tuinhof, R. et al.* Neuroscience 61*, 411-420 (1994).*
5. *Ubink, R., Tuinhof, R. & Roubos, E. W.* J. Comp. Neurol. 397*, 60-68 (1998).*

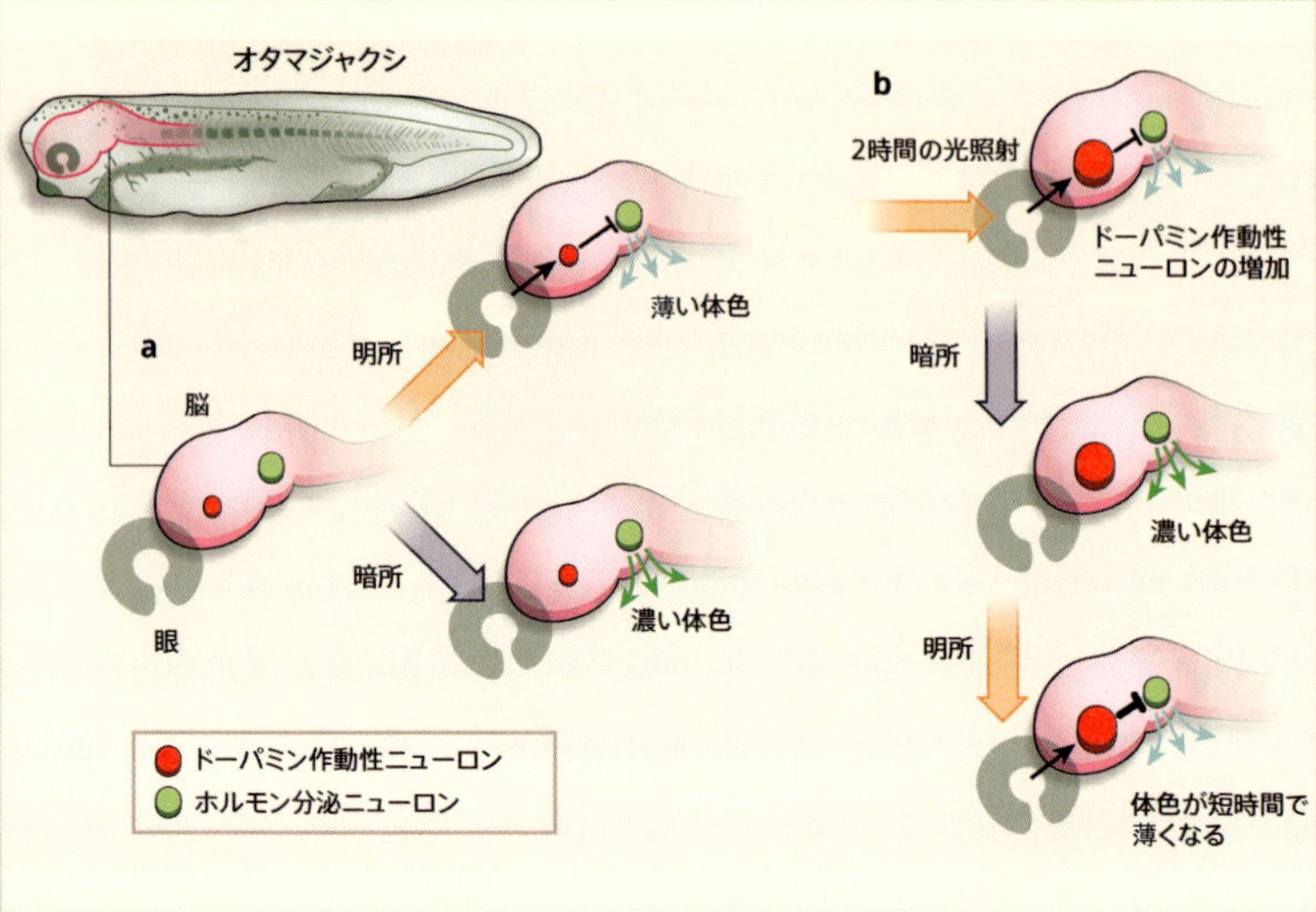

図2　オタマジャクシの体色変化にかかわる神経回路の可塑性
a：オタマジャクシは、眼から脳の視交叉上核にあるドーパミン作動性ニューロン（赤色）への信号伝達にかかわる神経回路を用い、周囲の光条件に応じて体色を調整する。これらのニューロンは、メラニン細胞刺激ホルモンを分泌するニューロン（緑色）からのホルモン放出を抑制する。
b：DulcisとSpitzer[1]は、約2時間の光照射で、オタマジャクシの視交叉上核に新たなドーパミン作動性ニューロンが加わることを見つけた。これを暗条件に戻すと、体色は濃くなる。しかしその後、再び光を照射すると、既存のものだけでなく新規のドーパミン作動性ニューロンがあるおかげで、体色は短時間で薄くなる。したがって成長中のオタマジャクシでは、新たに加わったドーパミン作動性ニューロンが順応に好都合な働きをする。

光への順応が完全に損なわれた。ところがその後、ドーパミン作動性ニューロンを除去したオタマジャクシに光を照射したところ、薬剤処理の後に生じたドーパミン作動性ニューロンによって光への順応が回復できた。

▼外部からの感覚入力が脳内の特種なニューロンの数を変化させ、特異的な応答を調節する

これらの「新しい」ドーパミン作動性ニューロンはどこからやってきたのだろうか。既存のニューロンが分泌する神経伝達物質の種類を変化させた結果なのだろうか。それともまったく新たに生じたのだろうか。これまでの研究から、哺乳類の脳(たとえ成体の脳でも)は絶えず新しいニューロンを作り出していることや[6,7]、このプロセスは外部環境からの刺激に応答して増強される可能性があることがあきらかになっている[8〜10]。たとえば、実験用マウスの成体を刺激の豊富な環境(回し車や巣材、遊具を備えた大きな飼育ケージ)に置くと、脳の特定領域にあるニューロン、なかでも空間定位に重要なニューロンの数が増える[10]。同じように、鳴禽では季節によって、脳の特定領域にニューロンが追加されたり除去されたりする。これは、脳の構造を適切な季節行動へ適合させるように働く仕組みの1つである[11]。しかし、オタマジャクシの光順応の例でDulcisとSpitzerは、視交叉上核に新しい細胞が生じているという証拠を何も見つけられなかった。追加のドーパミン作動性ニューロンが短時間で現われることを考えると、この観察結果はおそらく予想できただろう。追加のニューロンが、わずか2時間というかなり短時間のうちに新たに生じることができたとは考えにくい。そうではなく、別の神経伝達物質を発

6. *Chen, J., Magavi, S. S. P. & Macklis, J. D.* Proc. Natl Acad. Sci. USA 101*, 16357-16362 (2004).*
7. *Magavi, S. S., Leavitt, B. R. & Macklis, J. D.* Nature 405*, 951-955 (2000).*
8. *van Praag, H., Christie, B. R., Sejnowski, T. J. & Gage, F. H.* Proc. Natl Acad. Sci. USA 96*, 13427-13431 (1999).*
9. *van Praag, H. et al.* Nature 415*, 1030-1034 (2002).*

現していた既存のニューロンが、新たにドーパミンを同時発現するようになったとみられる。

Dulcis と Spitzer の知見は、外部からの感覚入力が脳内の特異的な種類のニューロンの数を変化させることで、特異的な応答を調節するという説を進展させるものだ。これらのニューロン集団は、刺激入力への生理的応答を制御するのに関与している。さらに視点を広げると、脳の可塑性が生じうる仕組みはすでにいくつか見つかっており、既存のニューロンが追加の神経伝達物質の発現スイッチを入れることができるという2人の観察結果は、そうした仕組みのリストに追加されるものである。このリストにはほかに、ニューロン間コミュニケーションの減弱もしくは強化、新しい接続の形成といったものが含まれ、近年の知見では、特定種類のニューロンが神経系にさらに新規に追加されることも示されている。[6〜10] しかし、Dulcis と Spitzer が今回取り組まなかった問題がある。それは、彼らが観察した種類の脳の可塑性が、成長中のオタマジャクシに限られたものなのか、あるいはカエル成体にも当てはまるのか、そしてさらにいえば哺乳類にも当てはまるのか、という問題である。

▼冬季うつ病など、季節性情動障害の治療可能性

ヒトでは、ドーパミンが関与するシグナル伝達カスケードの異常は、冬季うつ病として知られる季節性情動障害の重要な要因だと考えられている。[12] これについて今後なされるべき分析の1つは、陽電子放出断層撮影法（ＰＥＴ）を用いて患者を解析することかもしれない。ＰＥＴはドーパミン作動性ニューロンの視覚化によく用いられる技術である。[13] ＰＥＴ画像の解像度に

10. *Kempermann, G., Gast, D. & Gage, F. H.* Ann. Neurol. 52, *135-143 (2002).*
11. *Nottebohm, F.* Brain Res. Bull. 57, *737-749 (2002).*
12. *Lam, R. W., Tam, E. M., Grewal, A. & Yatham, L. N.* Neuropsychopharmacology 25 *(Suppl.), S97-S101 (2001).*
13. *Perlmutter, J. S. & Moerlein, S. M.* Q. J. Nucl. Med. 43, *140-154 (1999).*

は限界があるが、日長の季節的変動や光度の日変化に応答していると思われるドーパミン作動性ニューロン数の劇的増加は検出できるだろう。神経伝達物質の産生パターンの変化が関係する脳の可塑性がヒトにもあるとわかれば、神経疾患の解明や治療に向けて新たな道が開けるかもしれない。

Stefan Thor はリンシェーピン大学（スウェーデン）に所属している。

網膜の神経回路を詳細にマッピング

Accurate maps of visual circuitry

Richard H. Masland　２０１3年8月8日号　Vol.500 (154-155)

脳の構造は複雑で、小さな神経回路といえども何百個のニューロンと数千個の接続を含む。連続組織切片の電子顕微鏡観察とそのデジタル的再構築、さらに遺伝学的手法と光学的解析を統合させて、網膜の神経回路が詳細に描き出された。

神経科学的研究では、異なる空間スケールをまたぐような問題を扱う。ニューロン側のナノメートル（㎚）サイズのシナプス接合部から、センチメートル（㎝）単位の脳領域間の接続まで、スケールは大きく異なり、さまざまなスケールを同時に調べていく。今回の３編の論文はいずれも網膜が対象で、視覚系において最初の画像処理を担っている部分だ。そのうち２編は、コンピュータ計算により、高分解能画像で見るニューロンの領域を拡大させた。３つめの研究は、遺伝学的手法と光学的手法を統合させて、これまでは小さすぎてモニターできなかったニューロンの活動を記録した。哺乳類の網膜は60種類以上のニューロンを含んでおり、それぞれのニューロンは独特の形態と機能をもつ。網膜では、視細胞が光を感知し、最終的に脳に伝達している。

▼網膜内層のコネクトーム（シナプス結合）で双極細胞の種類分類を可能に

知覚、行動、思考をつくり上げている生物学的機構を理解するのは容易ではない。1つの障害は、神経科学的研究では、異なる空間スケールをまたぐような問題を扱わねばならない点だ。ニューロン間のnm（ナノメートル）サイズのシナプス接合部から、センチメートル単位の脳領域間接続まで、スケールが大きく異なる要素が関与しており、しかも、そうしたさまざまなスケールを同時に調べなければならないわけだ。『Nature』2013年8月8日号の3編の論文[1~3]は、そのような困難に果敢に取り組んだ成果である。

そのうちの2編（Helmstaedterら[1]と竹村伸也《たけむらしんや》ら[2]）は、コンピュータ計算による技術を使って、高分解能画像で見えるニューロンの領域を拡大させた。3つ目の研究（Maisakら[3]）では、遺伝学的手法と光学的手法を統合させて、これまではサイズが小さすぎてモニターできなかったニューロンの活動を記録した。3編の論文はいずれも網膜を対象にしており、ここは視覚系において最初の画像処理を担っている要素部分である。

哺乳類の網膜は60種類以上の異なるタイプのニューロンを含んでおり、それぞれは独特の形態をしていて、機能も異なる。[4] 網膜の中では、視細胞（錐体《すいたい》と桿体《かんたい》）が光を感知し、この光受容細胞からの出力を、アマクリン細胞、水平細胞、双極細胞が処理する。その下流では、およそ20種類の異なるタイプの網膜神経節細胞が、符号化された最終的な信号（20種類の異なる視覚入力表現）を脳に伝達している。したがって、網膜部分でニューロンの接続具合をきちんと区分することは、きわめて困難な作業なのである。

1. *Helmstaedter, M. et al.* Nature 500*, 168-174 (2013).*
2. *Takemura, S. et al.* Nature 500*, 175-181 (2013).*
3. *Maisak, M. S. et al.* Nature 500*, 212-216 (2013).*
4. *Masland, R. H.* Neuron 76*, 266-280 (2012).*

Helmstaedterらは、今回、マウスの網膜内層のコネクトーム（すべてのシナプス結合）について報告している。彼らは、連続組織切片と電子顕微鏡を使い、結果を仮想3次元固体中にデジタル的に再構成して、これを達成した。その分析の結果、2種類の神経節細胞の刺激選択性を説明できるいくつかの接続パターンがあきらかになった。また、もっと基礎的な成果として、950のニューロンを含む再構築体（図1a）によって、双極細胞の種類（タイプ）の確定的分類が可能になった。そして、この新しい分類をほんの少し洗練させることで、双極細胞についてわかっている従来の知見が、驚くほどうまく説明できることがあきらかになった。[5] 双極細胞はこれまで、おもに光学顕微鏡と分子マーカーを使って識別されていた。

Helmstaedterらの研究の価値はそれだけではない。彼らの研究によって、双極細胞の構造が桁外れに正確に描写された。そこで、この双極細胞を効果的に利用することによって、以前のテクニックでは分類できなかったアマクリン細胞と神経節細胞の種類（タイプ）の分析もまた、確定的なものとなる可能性が高まった。こうした細胞のタイプが分類されるようになると、同じ基本的な方法によって、それらの細胞間のシナプス結合もまた解読されていくはずだ。

▼T4・T5の「光ON／OFF」（明暗）の反応を確認

一方、竹村らとMaisakらは、神経の計算における昔からの問題である「視覚による動きの検出」に関して、研究の進展を報告している。彼らが実験に使った系は、ショウジョウバエの眼だ。ハエは飛行中に迅速に進路決定をしなければならず、また、捕食者をよけるのが特にう

5. *Wässle, H., Puller, C., Müller, F. & Haverkamp, S.* J. Neurosci. 29, *106-117 (2009).*

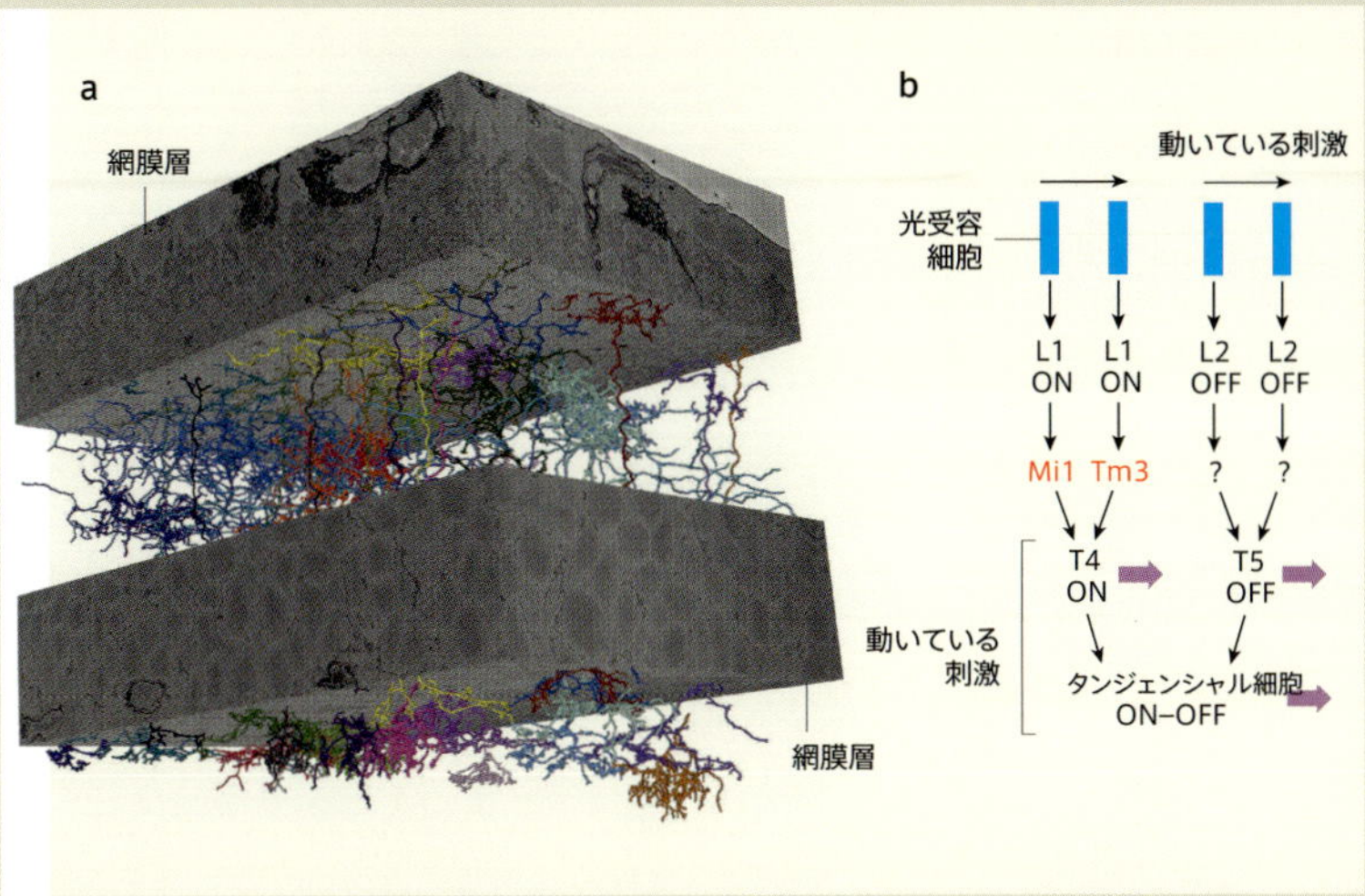

図１　視覚系における動きの識別のメカニズム[1-3]
ａ：マウスの２つの網膜層間の950個のニューロンのうち、電子顕微鏡のデータセットに基づいて再構成した24個のニューロン。
ｂ：空間的にわずかに離れている光受容細胞は、中間にあるL1とL2細胞を介してMi1とTm3細胞に入力を伝える。それらの細胞からの出力はT4細胞に集まるが、入力が空間的に分離しているため、T4細胞は動きの方向の違いを識別できる。同様のメカニズムがT5細胞でも働いていると考えられるが、中間にある細胞はまだあきらかになっていない。T4とT5細胞は、それぞれ、明るい境界（ONエッジ）と暗い境界（OFFエッジ）に選択的に反応する。つまり、視覚入力はこの段階で、４つの移動方向（上向き、下向き、前進、後退）×２種類（ONかOFFか）の、計８つの要素に分けられている（図では前進のみ紫色で示した）。それぞれの要素情報はタンジェンシャル細胞によって担われており、その後、すべてが再統合される。

まい（ハエ叩きで追いかけてみればわかる）。動きを検出するシンプルなモデルを作るのは容易だが、[6,7] 神経で起こっている正確な機構を突き止めるのは容易ではない。

視細胞（光受容細胞）は方向を検知できないが、タンジェンシャル細胞と呼ぶ下流のニューロンは、動きの方向にしっかりと同調している。したがって、両者の中間のどこかに方向を識別する神経機構があるはずだが、これまでＴ４とＴ５と呼ばれる重要なニューロンは、小さすぎて通常の方法では電気的記録を取ることができなかった。Maisakらは今回、遺伝的手法で細胞に導入した指標タンパク質を使用して、光学的に神経活動を記録し、この困難を乗り越えた。

Maisakらは、Ｔ４とＴ５が目に見える動きを検知すること、そして、それぞれが、４つの基本的な方向の動き（上向き、下向き、前から後ろ、後ろから前）の１つに特化したサブセットをもつことをあきらかにした。さらに、これらの細胞は相反する視覚的コントラストに敏感であった。つまり、Ｔ４細胞は「光ＯＮ（明るくなる）」に反応し、明るい境界に敏感であった。一方、Ｔ５細胞は、「光ＯＦＦ（暗くなる）」に反応し、暗い境界に敏感であった。Maisakらの遺伝子ノックアウト実験では、この光学的観察が確認されただけでなく、こうした機能を仲介する経路がＴ４とＴ５のみであって、中間に割り込んでメッセージを伝える細胞が他にはないことも示した。したがって、ハエはまず、動いている視覚入力を合計８つの要素に分解する。上向き、下向き、前向き、後ろ向きに動く明るい境界（ＯＮエッジ）と、同じ４つの向きに動く暗い境界（ＯＦＦエッジ）である。

6. *Reichardt, W. in* Sensory Communication *(ed. Rosenblith, W. A.) 303-317 (MIT Press, 1961).*
7. *Barlow, H. B. & Levick, W. R.* J. Physiol. *(Lond.)* 178, *477-504 (1965).*

しかし、T4とT5は実際にどのようにして動きの方向を検出するのか？　竹村らのハエのコネクトームから、その答えが得られそうだ。T4のすぐ上流にMi1とTm3と呼ばれる1組のニューロンがあり、それらが、視空間でかろうじて離れている2点を検知する。このニューロンペアからの入力を受けて、T4は2点の関係に基づいて方向を識別する（図1b）。すべてがうまくいけば、方向選択性のメカニズムに関する50年にわたる探究に決着がつく可能性がある。

▼求められるコネクトーム研究のアーカイブ創設

このように、コネクトームによるアプローチは、少なくとも、ハエの眼とマウスの網膜の研究では重要性が立証された。しかし、こうしたミニチュアの神経回路から「本物の脳」に飛躍していいのかとなると、懐疑の声が上がるだろう。大脳皮質固有の回路は、網膜の回路よりも10倍ほど大きい。網膜の空間的スケールは、異なる脳の領域どうしをつなぐ距離と比べるとさらに小さく見える。

非常に大きな組織切片が必要であることも障害の1つだ。また、画像分割の難しさも問題である。連続切片の中で、周囲の神経の茂みを通り抜けていく細い神経突起を追跡するために、画像分割は不可欠である。デジタル技術による試みが功を奏していないため、現在この仕事は、大勢の人間の観察者からなるチームに任されている。しかし、人海戦術では大きな空間的スケールには通用しない。固定と染色の方法が改良されれば、神経突起の識別はもっと容易になるだろうし、デジタル技術が問題を解決してくれるかもしれない。原理上、人間の観察者ができるどんな仕事もコンピュータにできるはずだからだ。神経突起の追跡は、本質的にはパターン認識の問題であり、技術は急速に進歩している。

最終的な疑問は、コネクトームによるアプローチの費用対効果だ。この種の研究は、資金が潤沢な少数の研究室にのみ限られるのだろうか？　この質問への答えは明確である。研究にかかわる科学者たちは、コネクトーム再構築は、公的な資源であり、誰もがさまざまな目的に使用できると強調してきたのだ。これを役立てるためには、アーカイブにユーザー向けのインタフェースをつける必要があるかもしれない。複雑なコンピュータコードは、それを作った人々以外には使いづらいからだ。

そのような公的な知的資源を作成し、維持管理していく価値は大きいはずだ。なぜなら、このアーカイブこそが、神経科学に対するもっとも大きな貢献となるかもしれないからだ。同じオリジナルの素材を使用して、多くの研究者が、構造に関係するさまざまな問題に取り組む時代がやってくるだろう。

Richard H. Masland はハーバード大学医学系大学院（米）眼科・神経生物学科に所属している。

プリオンコネクション

A prion protein connection

Moustapha Cisse & Lennart Mucke　２００９年2月26日号　Vol.457 (1090-1091)

世界で２０００万人以上の罹患者を数えながら、原因解明が手つかずのアルツハイマー病。そこに新たな研究から、神経変性疾患とこの病気を結びつける分子レベルの手がかりが得られた。

アルツハイマー病の原因は脳内のアミロイドβ（Aβ）ペプチドの異常な凝集体といわれて久しい。少数のAβが凝集した可溶性のAβオリゴマーが、ニューロン間のシナプス結合の記憶関連機能を破壊して記憶を損なう。このAβオリゴマーのもつ病原作用に、プリオンタンパク質が関与している可能性が示された。細胞型（正常型）であるPrP[C]は、脳内の白質の維持やこの組織の自然免疫細胞の制御にかかわっており、酸化ストレスやニューロン形成に応答する。プリオンタンパク質とAβはシナプス毒性を引き起こす。そしてAβオリゴマーがPrP[C]と相互作用することがあきらかになった。これがPrP[C]と補助受容体の相互作用を崩壊させて、ニューロンのシナプス可塑性に必要なシグナル伝達経路を阻害しているのかもしれない。

▼$\mathrm{PrP^C}$はAβオリゴマーの主要受容体の1つであり、シナプス機能に及ぼす有害作用に関与

アルツハイマー病の原因に関する研究では、ある「容疑者」が何度も挙げられている。脳内のアミロイドβ（Aβ）ペプチドの異常な凝集体である。少数のAβが凝集した可溶性のAβオリゴマーは、ニューロン間のシナプス結合の記憶関連機能を破壊して記憶を損なう。[1~3] しかし、こうした有害な作用に特定の受容体が関与しているのかどうかは、まだよくわかっていない。『Nature』2009年2月26日号（1128ページ）でLaurénたちは、[4] Aβオリゴマーのもつ病原作用にプリオンタンパク質が関与している可能性があることを示している。プリオンタンパク質（PrP）は細胞膜に係留しており、脂質ラフトと呼ばれる膜内微小領域に結合している。また、少なくとも2種類の立体構造をとる。そのうち、細胞型（正常型）である$\mathrm{PrP^C}$は、脳の白質の維持やこの組織の自然免疫細胞の制御にかかわっており、酸化ストレスやニューロン形成に応答する。[5] もう1つは、病原性の非常に強い型である$\mathrm{PrP^{Sc}}$で、これは$\mathrm{PrP^C}$の折りたたみ異常で生じ、酵素による分解に対して抵抗性がある。$\mathrm{PrP^{Sc}}$は、クロイツフェルト・ヤコブ病や狂牛病など、伝染性（伝達性）海綿状脳症と呼ばれる一群の致死的な神経変性疾患のおもな原因である。[6]

Aβはさまざまな細胞タンパク質に結合して、その機能に影響を及ぼす。[7] そこでLaurénたち[4]は、可溶化したばかりでモノマー状態と思われる非毒性のAβよりも、Aβオリゴマーに対して結合親和性の高いタンパク質を見つけ出そうと考えた。ゲノム全域を偏りなくスクリーニングしたところ、PrPが浮上した。AβオリゴマーとPrPが相互作用するには、$\mathrm{PrP^{Sc}}$型の立

1. *Lesné, S. et al.* Nature 440, *352-357 (2006).*
2. *Cheng, I. H. et al.* J. Biol. Chem. 282, *23818-23828 (2007).*
3. *Shankar, G. M. et al.* J. Neurosci. 27, *2866-2875 (2007).*
4. *Laurén, J., Gimbel, D. A., Nygaard, H. B., Gilbert, J. W. & Strittmatter, S. M.* Nature 457, *1128-1132 (2009).*

体構造は必要なかった。ただし、PrP^{C}がAβオリゴマーと結合する際に、PrP^{Sc}様の立体構造に折りたたまれるかどうかは調べられていない。

ニューロン間のシナプス結合は、長期増強（ＬＴＰ）と呼ばれる現象によって増強される。ＬＴＰは学習や記憶に関係するシナプス可塑性の指標となるもので、アルツハイマー病ではこの学習と記憶が損なわれている。何がAβとPrP^{C}の相互作用に影響を及ぼしているのかを探るため、Laurénたちは、マウスの海馬と呼ばれる学習や記憶に不可欠な脳領域の切片でＬＴＰについて調べた。すると、正常なマウスの海馬切片では、AβオリゴマーによってＬＴＰが阻害されたが、PrP^{C}をもたないマウスの海馬切片では阻害されないことがわかった。同様に、正常マウスの海馬切片でAβとPrP^{C}の相互作用を遮断すると、ＬＴＰはAβオリゴマーによる影響を受けなかった。したがって、PrP^{C}はAβオリゴマーの主要な受容体の1つであり、シナプス機能にAβオリゴマーが及ぼす有害作用に関与しているとみられる。

▼α－セクレターゼの活性を高め、Aβ生成とPrP^{C}による下流メディエーター活性化を妨げる

しかし研究チームは、ほかのAβオリゴマー受容体の存在を除外できないことも的確に指摘している。PrPを除去しても、Aβオリゴマーのニューロンへの結合率は50パーセントしか低下しなかったのである。膜タンパク質であるＡＰＬＰ1や30Ｂなどが代替の受容体だと考えられたが、どちらもPrP^{C}と比べてAβオリゴマーに対する結合親和性や選択性がかなり低かった。[4] 同様に、もう1つのAβ結合タンパク質であるＲＡＧＥも、PrP^{C}と比べるとAβオリゴ

5. *Aguzzi, A., Baumann, F. & Bremer, J.* Annu. Rev. Neurosci. 31, *439-477 (2008).*
6. *Prusiner, S. B.* Annu. Rev. Med. 38, *381-398 (1987).*
7. *Verdier, Y., Zarándi, M. & Penke, B.* J. Pept. Sci. 10, *229-248 (2004).*

マーに対する結合親和性や選択性がかなり低かった。しかし、これまでの研究で、AβとRAGEの相互作用を遮断すると、皮質ニューロンでのプログラム細胞死が阻害され、[8] また、もう1つの記憶中枢である嗅内野皮質の切片でAβオリゴマーによるLTP異常の誘導が抑制されることがあきらかになっている。[9] ほかのAβオリゴマー受容体が存在する可能性も提案されているが、Laurén たちが今回示した証拠[4]に匹敵するほどの証拠は、いまのところないようである。

Laurén たちは、PrP^C の内部にある95～110番目のアミノ酸残基が、Aβとの結合に不可欠なことを見つけた。α－セクレターゼという酵素は、Aβ前駆タンパク質であるAPPのAβドメイン内を切断することによってAβの生成を妨げるが、おもしろいことに、この酵素は PrP^C の111番目と112番目のアミノ酸残基の間も切断し、[10] これにより、Aβが結合する PrP^C の部分が細胞膜から解離する。したがって、Aβ生成と、PrP^C による下流メディエーターの活性化の両方を妨げる1つの方法は、α－セクレターゼの活性を高めることだと考えられた。

▼PrP^Cがアルツハイマー病発生に関与する可能性の発見は治療に展望を開く

Laurén たちの観察結果は、今後のアルツハイマー病研究にさまざまな可能性をもたらした。まず1つの疑問点として浮かび上がるのは、彼らが解析に用いた合成Aβオリゴマーと、ほかの研究チームが解析に用いた合成Aβオリゴマーや天然の疾患関連オリゴマーとの関連性についてである。たとえば、PrP^C は、アルツハイマー病患者の脳から単離されたAβダイマーの

8. *Sturchler, E., Galichet, A., Weibel, M., Leclerc, E. & Heizmann, C. W.* J. Neurosci. 28, *5149-5158 (2008).*
9. *Origlia, N. et al.* J. Neurosci. 28, *3521-3530 (2008).*
10. *Vincent, B., Cisse, M. A., Sunyach, C., Guillot-Sestier, M.-V. & Checler, F.* Curr. Alzheimer Res. 5, *202-211 (2008).*

作用を仲介するのだろうか[11]。あるいは、アルツハイマー病のマウスモデルで記憶機能障害を引き起こす、Aβ－56オリゴマーの作用を仲介するのだろうか[1,2]。Laurénたちが脳切片で観察した、Aβが引き起こすLTPへの作用は、アルツハイマー病や同病のマウスモデルで見られる認知機能障害にどのように関係しているのだろうか[4]。これらの知見の臨床との関連性や治療への可能性を調べるためには、アルツハイマー病患者でPrPᶜとAβオリゴマーとの相互作用を確認する必要があり、PrPᶜ量と認知機能低下の相関性を調べるべきだろう。また、アルツハイマー病のマウスモデルで見られる認知機能障害と行動変化が、PrPᶜの除去もしくは低減によって防げるかどうかを確認することも重要になるだろう。たとえば、Aβオリゴマー量の多いマウスで微小管関連タンパク質のTauの量を低減させると、認知機能障害を防ぐことができる[12]。ヒトのTauはPrPと複合体を形成するので[13]、AβオリゴマーのBB毒性はPrPᶜとTauとの相互作用に関与している可能性がある。

また、AβのPrPᶜへの結合は、ニューロンの可塑性にどの程度厳密に影響するのだろうか。PrPᶜの機能は、Aβオリゴマーにより、阻害を受けたり、逆に亢進したり、あるいは歪められたりするのだろうか。Aβオリゴマーが作用するのは、ニューロンに対してだけなのだろうか、それともミクログリアやアストロサイトといったほかの脳細胞にも作用するのだろうか。Aβオリゴマーは、PrPᶜに直接的に作用するのだろうか、それともPrPᶜと補助受容体の相互作用を阻害しているのだろうか（図1）。Laurénたちは、NMDA型グルタミン酸受容体がPrPᶜと相互作用し、その機能を調整しているのだと指摘している。PrPᶜは、NMDA受容体

11. Shankar, G. M. et al. Nature Med. 14, *837-842 (2008).*
12. Roberson, E. D. et al. Science 316, *750-754 (2007).*
13. Wang, X.-F. et al. Mol. Cell. Biochem. 310, *49-55 (2008).*

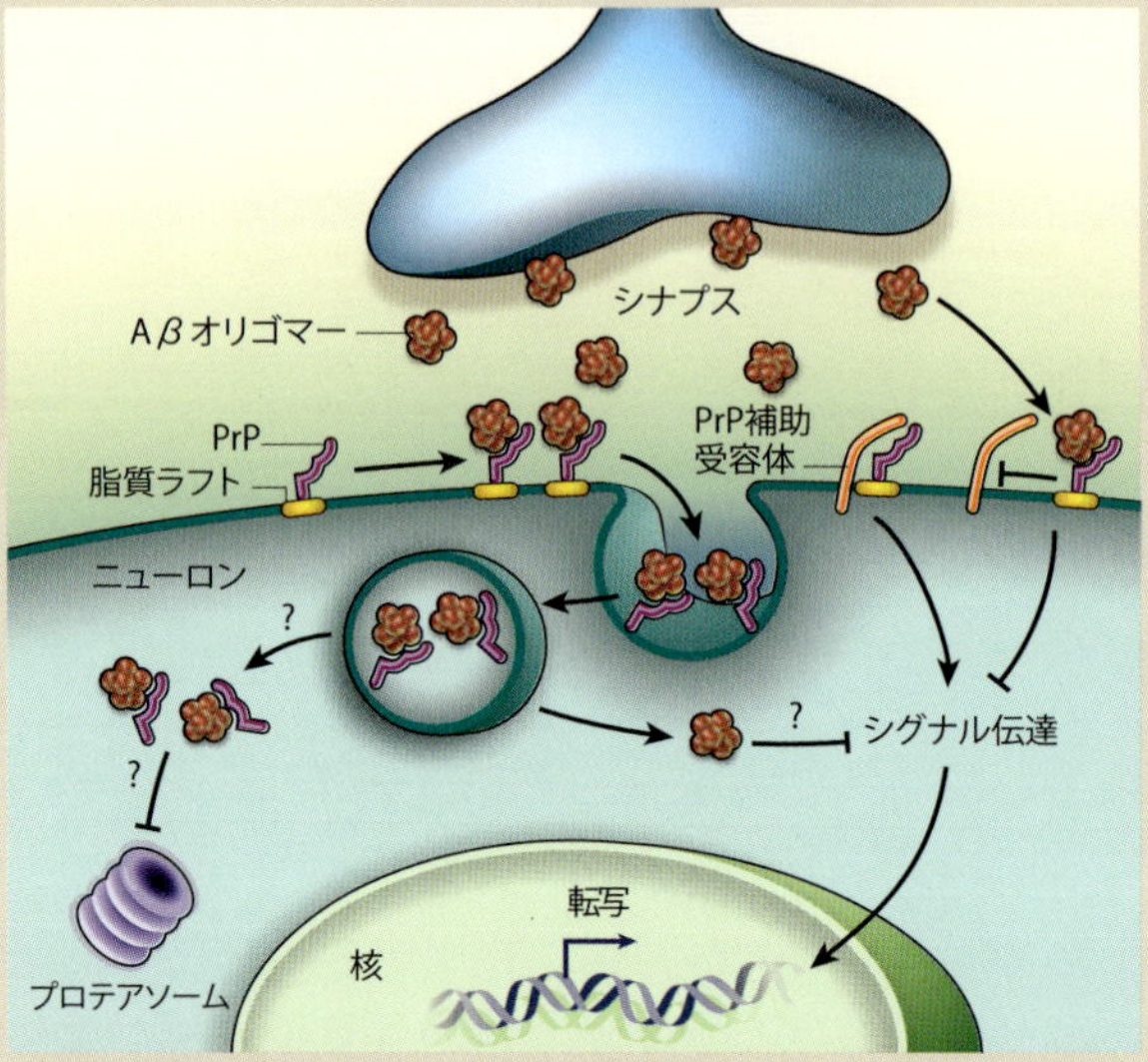

図1　PrPとAβはシナプス毒性を引き起こす
Laurénたち[4]は、Aβオリゴマーが膜結合型プリオンタンパク質PrP^{C}と相互作用することをあきらかにした。この相互作用が、PrP^{C}と補助受容体の相互作用を崩壊させて、ニューロンのシナプス可塑性に必要なシグナル伝達経路を阻害している可能性がある。あるいは、PrP^{C}の内在化によって、Aβオリゴマーが細胞内区画に到達できるようになり、そこでプロテアソーム複合体によるタンパク質分解やPrP^{C}依存性の遺伝子転写といった細胞機能を妨害するのかもしれない。

とAβ誘導性のシナプス機能障害の両方を制御するシグナル伝達カスケードも活性化する。[14,15] あるいは、PrP^{C}は「トロイの木馬」の役目をして、Aβオリゴマーが不安定な細胞内区画へ内在化するのを促進しているのかもしれない（図1）。さらには、PrP^{C}は細胞外でのAβのオリゴマー化を加速させたり、もしくは細胞内で「病原性シャペロン」として働いてAβの折りた

14. *Mouillet-Richard, S. et al.* Science 289, *1925-1928 (2000).*
15. *Chin, J. et al.* J. Neurosci. 25, *9694-9703 (2005).*

ための状態を変化させたりするのかもしれない。これらの可能性は互いに矛盾するものではない。
　こうした未解決の問題はあるものの、PrP^{C}がアルツハイマー病の発生に関与している可能性を示した今回の発見は、特に治療の面から見て非常に興味深いものである。PrP^{C}の細胞生理学的な特徴の詳細がすでにわかっていることや、PrP^{C}欠損マウスに生存能力があって正常なシナプス可塑性ももっているとみられることから、PrP^{C}とその周辺成分を標的とする薬剤開発を推し進めるべきだろう。

Moustapha Cisse と Lennart Mucke はカリフォルニア大学サンフランシスコ校（米）に所属している。

p53の思いがけない役割

The unusual suspect

Colin L. Stewart　２００７年11月29日号　Vol.450 (619)

p53タンパク質は腫瘍抑制因子として、癌を防ぐ機能が詳しく研究されている。このタンパク質が、マウスにおける胚の着床の制御に不可欠な役割も果たしていることがあきらかになった。

「ゲノムの番人」とも称されるp53は、タンパク質界の〝セレブ〟である。その役割の大半は、p53ストレスによるDNA損傷の影響から細胞を守ることである。だが、腫瘍形成を防ぐうえでp53が重要な役割を果たしているにもかかわらず、p53を欠損したマウスの大部分が正常に発生し、高齢になってから腫瘍が原因で死亡するという知見は意外なものだった。この有名な転写因子が、雌マウスの受胎する能力を制御するのに不可欠なタンパク質だという今回の発見は、まったく予想外だった。子宮内膜腺でのLIF（白血病抑制因子）の発現が、p53の制御活性にも依存していることがわかったのだ。p53が存在しないと、LIFの産生量は不十分なものとなり、子宮の受け入れ態勢が十分に整わず、胚細胞の子宮への着床率が低くなるという。

▼タンパク質の〝セレブ〟ｐ53がもつ予想外の機能〝受胎能制御〟

「ゲノムの番人」と称されるｐ53タンパク質は、細胞にあるタンパク質の〝セレブ〟である。医学関係文献データベースであるPubMedでｐ53を検索すると、ヒット件数は４万５０００件を超え、その大半は、ｐ53がストレスによるＤＮＡ損傷の影響から細胞を守る役割について取り上げたものである。腫瘍形成を防ぐのにｐ53が重要な役割を果たしていることを考えると、ｐ53を欠損したマウスの大部分が正常に発生し、高齢になってから腫瘍が原因で死亡するという知見は意外だった。[1] それればかりでなく、『Nature』２００７年11月29日号でHuたち[2]は、この有名な転写因子が、雌マウスの受胎能（妊性）の制御に不可欠だという、まったく予想外の役割をもっていることをあきらかにした。

受精後、発生初期の胚である胚盤胞は、母体の子宮と物理的に接着する。着床と呼ばれるこの現象は、高度に統制されており、大部分の哺乳類の生殖において不可欠な段階の１つである。着床が成立すると胎盤の形成が始まり、胎盤のおかげで胎児は出産まで子宮内で成長し、発育できる。子宮は胚盤胞の受け入れを可能にするために、着床の前に細胞の増殖と分化を何回も繰り返す。こうした事象はおもに、卵巣ステロイドホルモンであるエストロゲンＥ２とプロゲステロンＰ４の直接的な作用によって制御されており、[3] Ｅ２やＰ４はさらに、多数の成長因子や免疫関与因子タンパク質（サイトカイン類）の局所での産生を誘導する。[4]

これらの因子のなかでサイトカインのＬＩＦ（白血病抑制因子）は、マウスの胚性幹細胞（ＥＳ細胞）の維持に必須であることから、最初に哺乳類の発生と関係づけられた。ＬＩＦは、子

1. *Donehower, L. A. et al.* Nature 356, *215-221 (1992).*
2. *Hu, W., Feng, Z., Teresky, A. K. & Levine, A. J.* Nature 450, *721-724 (2007).*
3. *Finn, C. A. & Martin, L.* J. Reprod. Fertil. 39, *195-206 (1974).*
4. *Dimitriadis, E., White, C. A., Jones, R. L. & Salamonsen, L. A.* Hum. Reprod. Update 11, *613-630 (2005).*

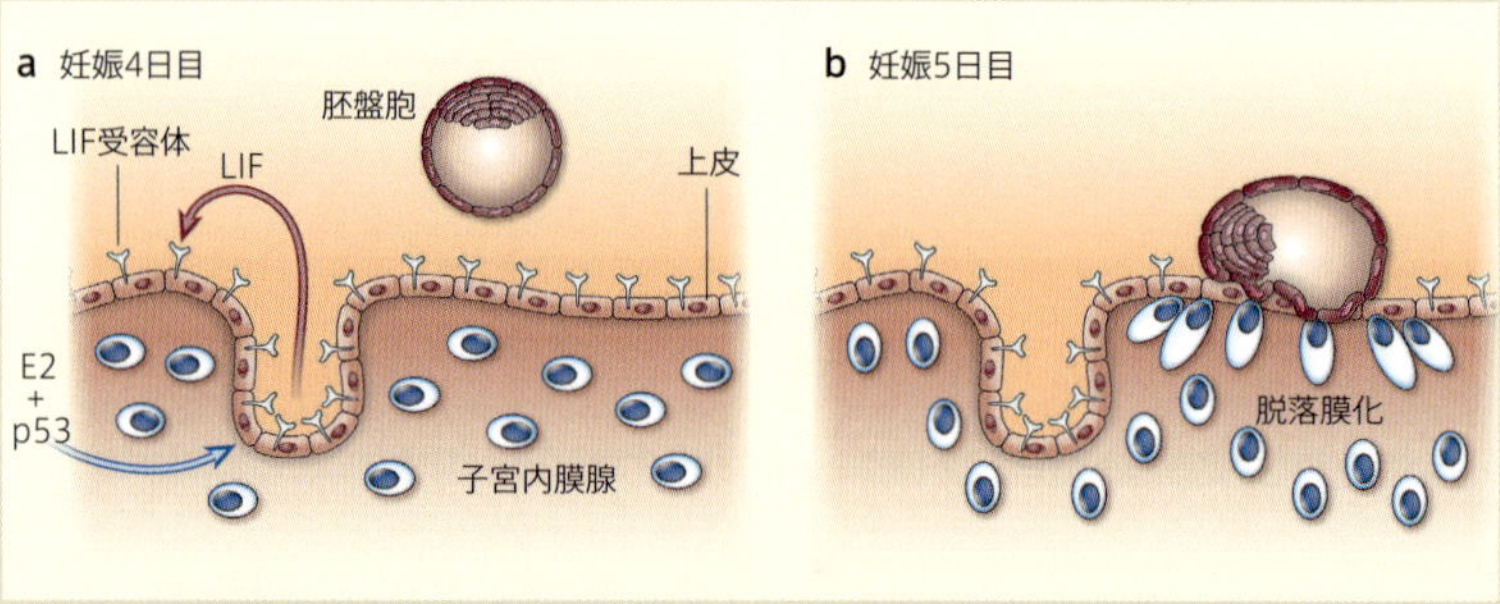

図1　マウス胚における着床の分子レベルでの制御
a：妊娠４日目に、エストロゲンE2が子宮内膜腺でのLIF発現を誘導し、LIFが子宮内腔へ分泌され、子宮上皮細胞表面にある受容体に結合する。
b：これにより、子宮は胚盤胞の受け入れが可能になり、胚盤胞が妊娠５日目までに着床する。Huたち[2]は、子宮内膜腺でのLIFの発現が、ｐ53の制御活性にも依存していることを見い出した。ｐ53が存在しないと、LIFの産生量は不十分となり、子宮の受け入れ態勢が十分に整わず、胚盤胞の着床率は低くなる。

宮内膜腺によって産生・分泌される多くのタンパク質のうちの1つである。さまざまな哺乳類において、ＬＩＦの発現量は着床開始時にもっとも高くなる。[5] 実際、子宮の内壁を覆う上皮細胞がＬＩＦにさらされなければ、着床は起こらない[6]（図1）。また、ＬＩＦを欠損した雌マウスは、胚盤胞が正常に発生するものの妊娠はできない。しかしＬＩＦ欠損型の雌マウスでも、通常の着床予定日（マウスでは妊娠4日目）にＬＩＦを1回注射すると着床が開始し、その後の胚発生は正常に進行して出産に至る。[7]

Huたち[2]は今回、ｐ53が子宮内でのＬＩＦ発現の制御、ひいては雌の繁殖能力に重要な役割を果たしていることをあきらかにした。ｐ53を欠損した雌マウスでは受胎能が低いが雄マウスではそうではないことに、Huたちは興味をもった。そして、ｐ53欠損型の雌マ

5. *Cullinan, E. B. et al.* Proc. Natl Acad. Sci. USA 93, *3115-3120 (1996).*
6. *Stewart, C. L. et al.* Nature 359, *76-79 (1992).*
7. *Chen, J. R. et al.* Endocrinology 141, *4365-4372 (2000).*

ウスでは、生じた健康な胚の数には影響はなかったが、着床できた胚の数が少ないことに気づいた。Huたちは、p53がマウスの*Lif*遺伝子（タンパク質LIFの遺伝子）の転写を制御していること、p53欠損型の雌マウスでは子宮のLIF発現量がおよそ4分の1に減少することを見つけた。p53とLIFの関係を決定づけたのは、交尾ずみのp53欠損型雌マウスにLIFを注射すると、着床が起こり胚は正常に発生し、出産に至った胚の数がかなり増えたことだった。

子宮内ではLIFは主にE2によって制御されている。着床前は子宮のp53量が一定であるとみられており、また、p53欠損型の雌マウスでのE2発現量は正常であることから、p53はおそらくE2受容体と複合体を形成しているのだろうとHuたちは考えている。彼らの説によれば、この複合体は、マウスで妊娠4日目にLIFの発現量が最大になるために必要なのだという。

▼興味がもたれるヒト不妊症との関連

受胎能の制御にp53がこのような機能をもっているとは予想外のことであり、通常はストレスによって活性化されるp53が、なぜ子宮で*Lif*の転写を調節する必要があるのかは不明である。着床に際して子宮の血管系は、子宮の細胞増殖（脱落膜化）と胚自身の成長の両方が進むように支援するため、また低酸素症を防ぐために、大がかりな再編を受ける。低酸素症はp53の活性を制御する主要なストレス要因の1つであり[8]、そのため、哺乳類の雌の生殖器系が進化

8. *Graeber, T. G. et al.* Nature 379, *88-91 (1996).*

するのに伴って、低酸素症に対応するｐ53活性化が「ハイジャック」され、着床に伴う血管系の変化の調整を助けるようになったのではないかとも考えられる。

Hu たちの知見は、ヒトの繁殖能力とどのような関連性があるのだろうか。ｐ53と、その制御因子であるＭｄｍ２などに関する研究から、ｐ53の72番目のアミノ酸残基にある多型や、*Mdm2* の転写制御領域にある一塩基多型（ＳＮＰ３０９）が見つかっている。[9] これらの多型はどちらも、ｐ53の転写活性および発現量に影響を及ぼしていると考えられている。[10] そのため、Hu たちのデータと照らし合わせると、ｐ53の72番目のアミノ酸残基にある特定の多型（アルギニンがプロリンに置換）と、再発性着床不全の女性との間に強い相関が見られることは[11]興味深い。ｐ53の遺伝子多型は、子宮におけるｐ53の発現量にも影響を与えている可能性があり、それがさらにはＬＩＦ量に影響しているのかもしれない。ＬＩＦ量の低下は、ヒトでの着床率の低下とも関係づけられている。[12] したがって、*Mdm2* におけるＳＮＰ３０９多型が、原因不明のヒト不妊症の症例と関連しているかどうかに興味がもたれる。

腫瘍の成長を抑制するためにｐ53を制御する小分子因子を突き止めようと、精力的に研究が続けられている。そのような分子は、不妊治療の一環として着床率を向上させるために利用できる可能性があり、さらには、避妊法の１つとして着床の阻害にも使えるかもしれない。

Colin L. Stewart は医学生物学研究所（シンガポール）に所属している。

9. *Bond, G. L. et al.* Cell 119, *591-602 (2004).*
10. *Pietsch, E. C., Humbey, O. & Murphy, M. E.* Oncogene 25, *1602-1611 (2006).*
11. *Kay, C., Jeyendran, R. S. & Coulam, C. B.* Reprod. Biomed. Online 13, *492-496 (2006).*
12. *Mikolajczyk, M. et al.* Reprod. Biol. 3, *259-270 (2003).*

一石三鳥——p53の新たな機能

Three birds with one stone

Franck Toledo & Boris Bardot　２００９年7月23日号　Vol.460 (466-467)

p53タンパク質のコアドメインが、マイクロＲＮＡのプロセシングに影響を及ぼすという「第三の抗癌活性」が見つかった。発癌性のp53変異のほとんどは、コアドメインに影響を及ぼしており、すべての腫瘍抑制機能が失われる可能性がある。

p53タンパク質をコードする遺伝子（TP53）は、ヒトの癌のほぼ半数で変異が見られ、その他の腫瘍でも多くはp53経路が変異以外の仕組みで不活性化していることがわかっている。癌に見られるTP53変異の大半は、p53のコアＤＮＡ結合ドメインに影響を及ぼし、転写活性を失わせる。このＤＮＡ結合ドメインを通して、いくつかのアポトーシス制御因子もp53と相互作用するため、ここでの変異は転写制御の働きと、それとは独立してアポトーシスを促進する働きの両方に影響が出る。鈴木洋たちのチームは、p53のコアＤＮＡ結合ドメインにある第三の機能を報告。その機能とは、マイクロＲＮＡと呼ばれる低分子ＲＮＡのプロセシングを制御する働きである。

▼DNAが損傷を受けるとp53がDrosha複合体と相互作用し、一群のPri-miRNAがPre-miRNAへのプロセシングを促す

p53タンパク質は重要な腫瘍抑制因子の1つである。このタンパク質をコードする遺伝子（*TP53*）は、ヒトの癌のほぼ半数で変異が見られ、そのほかの腫瘍のほとんどでもp53経路が変異以外の仕組みで不活性化していることがわかっている。[1] p53はおもに転写因子として働き、DNA損傷などのストレスに応答して特異的なDNA塩基配列に結合したり、アポトーシスや恒久的な細胞周期停止（老化）を促す遺伝子を標的として活性化したりする。癌に見られる*TP53*変異の大半は、p53のコアDNA結合ドメインに影響を及ぼして、p53の転写活性を失わせる。[1] このDNA結合ドメインを介して、いくつかのアポトーシス制御因子もp53と相互作用するため、ここに変異があると「二重の打撃」となって、p53の転写制御の働きと、それとは独立してアポトーシスを促進する働きの両方に影響が出てしまうという説が出されている。[2] 今回、鈴木洋たちは『Nature』2009年7月23日号で、p53のDNA結合ドメインに第三の機能があることを報告した。[3] その機能とは、マイクロRNA（miRNA）と呼ばれる低分子RNAのプロセシングを制御することである。

タンパク質をコードしない20～25ヌクレオチドからなる非コード低分子miRNAは、哺乳類の遺伝子発現における負の制御因子であり、癌に関与していることを示す証拠が現在集まりつつある。[4] miRNAは、タンパク質をコードするメッセンジャーRNA（mRNA）に塩基配列特異的に結合して、mRNAの安定性を低下させたり、タンパク質への翻訳を阻害したり

1. *Toledo, F. & Wahl, G. M.* Nature Rev. Cancer 6*, 909-923 (2006).*
2. *Green, D. R. & Kroemer, G.* Nature 458*, 1127-1130 (2009).*
3. *Suzuki, H. I. et al.* Nature 460*, 529-533 (2009).*
4. *Ventura, A. & Jacks, T.* Cell 136*, 586-591 (2009).*

して、そのタンパク質の発現を低減させる。成熟したmiRNAは、次のような連続する2つのプロセシング反応によって生成する。まずmiRNA遺伝子の一次転写産物（Pri-miRNA）が、「はさみ」の役目をするDroshaマイクロプロセッサー複合体によって切断されてヘアピン形の中間体（Pre-miRNA）ができ、次にこのPre-miRNAが、別の「はさみ」の役目をするタンパク質Dicerによるプロセシングを受けて、成熟したmiRNAができあがる。

ヒトの癌細胞ではmiRNAが広範囲にわたって減少していることが多い。そこで鈴木たちは、こうした減少は、腫瘍抑制因子経路と、miRNAをプロセシングするタンパク質複合体との間に直接的な関連性が存在することを意味するのではないかと考えた。これまでの研究からすでに、p53とmiRNAの間に関連性があることはわかっていた。それは、p53がmiRNA遺伝子ファミリーの1つであるmiR-34ファミリーの転写を活性化し、アポトーシスや老化を促進するmiRNAの産生を招くということである。[5] 鈴木たち[3]は今回、DNAが損傷を受けると、p53がDrosha複合体と相互作用して、一群のPri-miRNAがPre-miRNAへプロセシングされるのを促すことを見つけた。さらに、p53に制御されるこの新しいカテゴリーのmiRNAを6種類見つけ、これらのmiRNAのそれぞれを癌細胞で過剰に発現させると、細胞増殖速度が低下することもあきらかにした。このデータはmiRNAの過剰発現によるものだが、より生理的な条件下では、p53による数種類のmiRNAの控えめながらも協調した上方制御が、抗腫瘍応答に寄与していると推測できる。

5. *He, L., He, X., Lowe, S. W. & Hannon, G. J.* Nature Rev. Cancer 7, *819-822 (2007).*

▼変異型p53中には腫瘍抑制因子の正常機能の消失だけでなく、発癌特性を示すものがある

鈴木たち[3]は、p53のDNA結合ドメインはDroshaと相互作用するために必要であることや、おそらくp53がDrosha複合体のp68RNAヘリカーゼ因子に結合することを示している。彼らは、p53のDNA結合ドメインに生じた、p53の転写活性を失わせる3種類のミスセンス変異が、DroshaによるPri-miRNAのプロセシングを低減させることを見つけた。そこで、変異型p53はPri-miRNAとDrosha複合体タンパク質の相互作用を低下させるのではないかと考えた。さらに、変異型p53がp68と結合すると、p68とDrosha複合体の結合が妨げられることを示唆するデータもある。興味深いことに、ヒト腫瘍に高頻度で見られるR175HやR273Hなどの変異型p53は、Drosha活性の低下と関連しているが、まれにしか見られない変異型C135Yは、Droshaに影響を及ぼさないようである。[3] ヒト腫瘍に特異的な変異型p53の出現頻度と、その変異型がDrosha活性に及ぼす影響の大きさの間に、逆相関関係があるかどうかをさらに調べるには、ほかの変異型p53の研究も進める必要があるだろう。

マウスから得られている有力な証拠[6]によれば、変異型p53のなかには、腫瘍抑制因子としての正常な機能を失っているだけでなく、発癌特性までも獲得しているものがある。変異型p53がPri-miRNAとDrosha複合体タンパク質の相互作用を低減させているのではないかという、鈴木たちの見解[1]は、これまで予想もされていなかった、変異型p53が癌を引き起こす機構が存在する可能性を示唆するものだ。この知見を過去の研究[1,2]と総合すると、ヒトの癌で

6. *Lozano, G.* Curr. Opin. Genet. Dev. 17*, 66-70 (2007).*

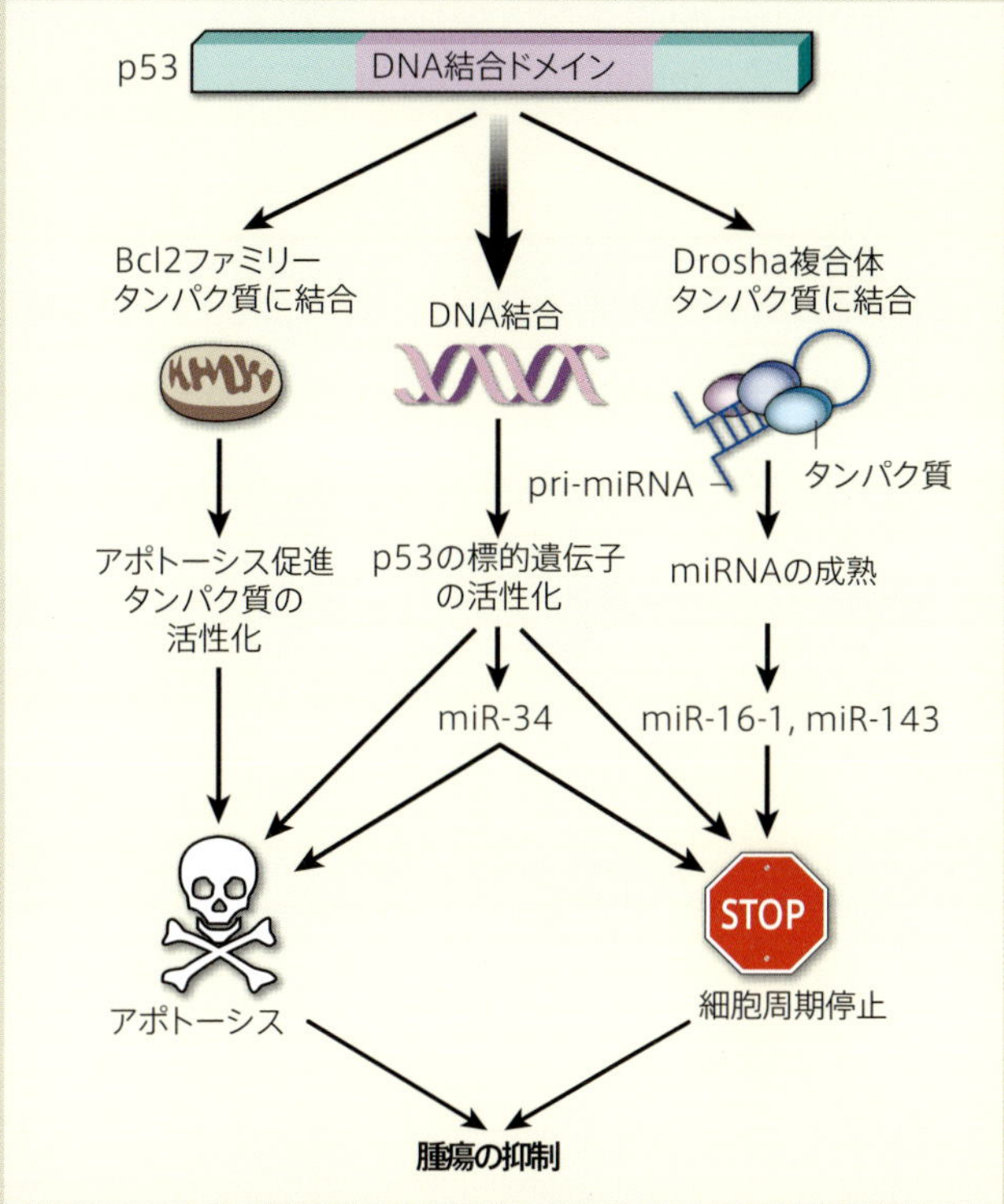

図１　p53の３つの抗腫瘍機能
DNA結合ドメインはp53のコア部分にあり、ここに３つの抗腫瘍機能が備わっている。第一に、DNAに結合して標的遺伝子（miR-34遺伝子ファミリーなど）を活性化し、アポトーシスや細胞周期停止を引き起こす。第二に、ミトコンドリアでBcl2ファミリーのタンパク質と相互作用してアポトーシスを促す。そして第三に、Drosha複合体のタンパク質と相互作用して一群のmiRNAのプロセシングを促進する。このmiRNA群には、細胞増殖を抑制するmiR-16-1やmiR-143が含まれる。ヒトの癌に見られるp53変異のほとんどはDNA結合ドメインにあり、上記３つの機能すべてに影響していると考えられる。

は、p53のDNA結合ドメインに影響を及ぼす変異が、1度に3つの腫瘍抑制機能に打撃を与え、実質的に「ハットトリック」を成功させてしまうのだと考えられる。3つの腫瘍抑制機能とは、標的遺伝子の活性化、転写非依存性アポトーシスの誘導、一群のmiRNAのプロセシングである（図1）。

そこで重要になるのは、鈴木たちが報告した機構においてp53によって上方制御されるmiRNAの顔ぶれを、すべてあきらかにすることだろう。そうすることで、どの遺伝子産物の機能が抑制されて腫瘍形成が促進されるのかについて、手がかりが得られると考えられる。p53ファミリーの別のタンパク質であるp63は、雌の生殖細胞におけるDNA損傷応答の主要な制御因子だとみられている。[7] 鈴木たちは、これについては調べていない。p63が生殖細胞でmiRNAのプロセシングを制御しているかどうかも、大いに興味深い問題である。

▼RNAスプライシングにかかわる転写補助制御因子〝p68〟

TP53は9種類のmRNAに転写され、ヒトの癌ではそれらの一部が誤った制御を受けている。[8] これらの種類の異なる転写産物が、すべて高効率でタンパク質へ翻訳されるのかどうかについては、ほとんどわかっていない。しかし、これらのmRNAがコードするタンパク質は、p53のDNA結合ドメインの大部分を含んでいるはずであり、したがって、miRNAプロセシングの制御に関与する能力を備えているはずである。最近、p53経路のいくつかの遺伝子に一塩基多型（SNP）が見つかったことで、[9] 話は一段と複雑になった。たとえば、主要なp53

---

7. *Suh, E.-K. et al.* Nature 444, *624-628 (2006).*
8. *Bourdon, J.-C. et al.* Genes Dev. 19, *2122-2137 (2005).*

阻害因子をコードする*Mdm2*のプロモーターにあるＳＮＰは、ｐ53の量を変化させて、特定腫瘍の発生年齢や抗癌治療後の患者生存率に影響を及ぼす。[10] このＳＮＰはｐ53の量を変化させており、ｍｉＲＮＡのプロセシングにも影響を与えている可能性は高い。このことから、ヒト集団内にはｍｉＲＮＡのプロセシング効率の差異が存在すると考えられ、これにより、癌発症の年齢や頻度、予後に見られる個人差を部分的に説明できるかもしれない。

ｐ53の機能と考えられるものは増えつつあり、[11] 鈴木たちが見つけた機構[3]は、ＤＮＡ損傷や癌に対する細胞の応答という領域を超えて、意義をもつ。変異型ｐ53がｐ68ＲＮＡヘリカーゼ因子のＤｒｏｓｈａ複合体への結合を阻害することを示した今回の研究データは、とりわけ興味深い。なぜなら、ｐ68はＲＮＡスプライシングにもかかわる転写補助制御因子だからである。[12] したがって変異型ｐ53は、ｍｉＲＮＡプロセシングだけでなくほかのＲＮＡ代謝も調節していると考えられる。ｐ53の「宇宙」は膨張を続けており、ｐ53とＤｒｏｓｈａおよびｐ68の相互作用による遺伝子発現の制御が、おそらく次なる「ビッグバン」となるだろう。

Franck Toledo と Boris Bardot はキュリー研究所およびピエール・マリー・キュリー大学（フランス）に所属している。

9. *Whibley, C., Pharoah, P. D. P. & Hollstein, M.* Nature Rev. Cancer 9, *95-107 (2009).*

10. *Vazquez, A., Bond, E. E., Levine, A. J. & Bond, G. L.* Nature Rev. Drug Discov. 7, *979-987 (2008).*

11. *Vousden, K. H. & Lane, D. P.* Nature Rev. Mol. Cell Biol. 8, *275-283 (2007).*

12. *Fuller-Pace, F. V.* Nucleic Acids Res. 34, *4206-4215 (2006).*

ｐ53への期待と不安

The promises and perils of p53
Valery Krizhanovsky & Scott W. Lowe

２００９年８月27日号　Vol.460 (1085-1086)

癌の抑制因子として重要なｐ53タンパク質が機能しないようにすると、幹細胞の作製効率が高まることを、５つの研究グループがあきらかにした。それは、癌細胞と幹細胞が不気味なほど似ている――ことを警告しているのだろうか。

ｐ53遺伝子の遺伝性生殖細胞変異は、マウスとヒトで癌を促進させ、ｐ53の欠損はさまざまな変異遺伝子と相互作用して正常細胞を腫瘍細胞に形質転換させる。ｐ53はストレス応答タンパク質であり、プログラム細胞死（アポトーシス）の誘発、損傷した細胞の増殖を防ぐ細胞周期チェックポイントの活性化、または老化の促進（細胞周期の恒久的な停止）によって、腫瘍形成を抑制している。ｐ53ネットワークの破壊が、人工多能性幹細胞（ｉＰＳ細胞）の樹立にも寄与するという。重複するメカニズムが、ｉＰＳ細胞と癌細胞の生成を制御する。成熟した分化細胞である正常な繊維芽細胞は、特定の因子の組み合わせによって再プログラム化され、ｉＰＳ細胞や腫瘍細胞となる能力をもっている。

▼ｐ53の不活性化が、ｉＰＳ細胞の作製効率を飛躍的に高めることを確認

ヒトの癌では、腫瘍抑制タンパク質ｐ53のネットワークを不活性化する変異が認められる場合が多い。このため、腫瘍形成に関する研究では、ｐ53活性の役割と調節が重要なテーマとなっている。ｐ53遺伝子の遺伝性生殖細胞変異は、マウスとヒトで癌を促進させ、ｐ53の欠損は、さまざまな変異遺伝子と相互作用して正常細胞を腫瘍細胞に形質転換させる。ｐ53はストレス応答タンパク質であり、プログラム細胞死（アポトーシス）の誘発、損傷した細胞の増殖を防ぐ細胞周期チェックポイントの活性化、または老化の促進（細胞周期の恒久的な停止）によって腫瘍の形成を抑制している。したがって、ｐ53の活性が失われると、異常な細胞が増殖しやすくなり、ゲノムの不安定さが増大することになる。『Nature』２００９年８月27日号の５本の論文[1~5]では、ｐ53ネットワークの破壊が人工多能性幹細胞（ｉＰＳ細胞）の樹立にも寄与することが報告されている。こうした観察結果はｐ53を幹細胞研究の表舞台に引き出すものだが、それが吉報なのか凶報なのかは、いまはまだわからない。

ｉＰＳ細胞は、４種類の転写因子（ｃ－ｍｙｃ、Ｋｌｆ４、Ｓｏｘ２、Ｏｃｔ４）をコードする遺伝子をマウスの繊維芽細胞で強制発現させることにより、３年前に初めて樹立された[6]。この細胞は、哺乳類の初期胚から分離された胚性幹細胞（ＥＳ細胞）と同じ能力をもっており、自己複製を行なうとともに、体のあらゆる組織の細胞を生み出すことができる。ＥＳ細胞はさまざまな病気の潜在的な治療法として期待されているが、倫理的な問題を伴う。これに対しｉＰＳ細胞は、あらゆる人の成熟細胞から樹立することができるため、利用可能となれば、倫理

1. *Hong, H. et al.* Nature 460, *1132-1135 (2009).*
2. *Li, H. et al.* Nature 460, *1136-1139 (2009).*
3. *Kawamura, T. et al.* Nature 460, *1140-1144 (2009).*
4. *Utikal, J. et al.* Nature 460, *1145-1148 (2009).*
5. *Marion, R. M. et al.* Nature 460, *1149-1153 (2009).*

的な問題は回避され、免疫学的に適合性をもつドナーを求める必要もなくなると考えられる。しかし、話題にはなっているものの、ｉＰＳ細胞が人間の病気の有効な治療法になるのかどうかは、いまだに不透明である。実際、胚から作られたＥＳ細胞でさえわずかな試験しか行なわれておらず、その有効性と安全性も確立されてはいないのだ。

これまで、ｉＰＳ細胞の作製効率は高くなかった。もともと、腫瘍促進性の癌遺伝子*c-myc*を発現させ、ベクターとして使用するウイルスＤＮＡを含む異種ＤＮＡをランダムに宿主ゲノムに挿入していたのだが、この技術は癌を引き起こす危険性がある。その後、研究が活発に行なわれ、ｉＰＳ細胞の作製に*c-myc*を使わない方法[7]やウイルスを組み込まない方法[8]、タンパク質だけを使って再プログラム化する方法[9]が発見された。実際、ｉＰＳ細胞を作製するための「因子探し」は花盛りで、癌遺伝子探索の初期を彷彿《ほうふつ》させる。

今回の研究[1~5]は、ｐ53の不活性化がｉＰＳ細胞の作製効率を飛躍的に高めることを明確に示し、その熱狂に拍車をかけている。さらに京都大学の川村晃久ら[3]によれば、ｐ53を欠損させると、Ｏｃｔ4とＳｏｘ2の2因子だけでｉＰＳ細胞が生じ、簡単に樹立できるようになるという。また、川村らの研究チームを含め3組のグループが、ｐ53が欠損したｉＰＳ細胞をマウスの胚に移植すると成熟した組織が発生することも示している[1~3]。

▼ゲノムの不安定化と癌化を促進するという相反するｐ53の不活性化

ｐ53の不活性化はゲノムの不安定化と癌化を促進することから、ｐ53をもたないｉＰＳ細胞

6. *Takahashi, K. & Yamanaka, S.* Cell 126*, 663-676 (2006).*
7. *Nakagawa, M. et al.* Nature Biotechnol. 26*, 101-106 (2008).*
8. *Okita, K. et al.* Science 322*, 949-953 (2008).*
9. *Zhou, H. et al.* Cell Stem Cell 4*, 381-384 (2009).*

の樹立に関しては、利益よりもリスクのほうが大きい可能性がある。今回のMarionら[5]の研究でも、p53をもたないiPS細胞のゲノムが不安定で、マウスを効率的に作製するための適性が不十分であることが示されている。また、Hongら[1]の研究によれば、iPS細胞を部分的に用いてマウスを作製したとしても、最終的には腫瘍が発生してしまう。このような懸念を解消しようと、Utikalら[4]は、恒久的ではなく一時的なp53の阻害だけで再プログラム化の効率が高められることを示している。ただし、p53を抑制したiPS細胞を治療に利用するには、再構成された組織が正常に機能し、腫瘍を生じないことを明確にしなければならない。さらに、次世代シーケンシングなどのゲノム技術を利用して、そうした細胞に有害な変異が起こらないことを確認する必要もある。

治療的な意味合いは別にしても、今回の一連の研究[1~5]は、p53が細胞の再プログラム化を制限する仕組みに関して重複しながらも対照的な見解が示されており、特に、p53ネットワークと再プログラム化経路との相互作用が直接的なものなのか間接的なものなのかについては決着がついていない。Liら[2]は、細胞周期阻害因子（$p16^{Ink4a}$）と間接的なp53活性化因子（$p19^{Arf}$）をコードする*Ink4a/Arf*遺伝子座が、iPS細胞の再プログラム化の際に抑制されていることをあきらかにした。彼らは、この抑制が再プログラム化の初期に生じていると主張し、再プログラム化因子がこの遺伝子座に直接作用しているとしている。しかし、再プログラム化時の*Ink4a/Arf*発現の抑制時期については見解が分かれている[2,4]。

別の実験結果では[3,4]、p53が介在するストレス応答（アポトーシスや老化など）の活性化を通じて、再プログラム化因子とｐ53とが間接的に相互作用していることが示されている。これと合致するように、そのプロセスの重要なｐ53エフェクターの１つが細胞周期阻害因子ｐ21であるという証拠が、３組の研究チーム[1〜3]によって示されている。実際、Gilら[10]は、老化が再プログラム化の第一の障壁であることをあきらかにしており、完全なｐ53ネットワークをもつ細胞は、培養中に老化しやすいことが確認されている[11]。おそらくこのことだけで、正常細胞の再プログラム化が困難である理由が説明できるだろう。さらに、Utikalら[4]によれば、ｐ53の明確な機能障害の有無によらず、自然に不死化して無制限に増殖する培養細胞は、容易に再プログラム化されてｉＰＳ細胞となるという。

　表面的に見れば、こうした研究結果は、ｐ53の欠損による癌化の第一歩である細胞の不死化の促進を示した、25年前の研究[12]を連想させる。最近では、ｐ53が、ある種の幹細胞の自己複製能力を制限する因子ともされている[13,14]。ｉＰＳ細胞の分野でも、これまでの研究から、ＳＶ40のＴ抗原（ｐ53を無力化する不死化発癌タンパク質）の使用、または低分子干渉ＲＮＡによるｐ53の一時的な阻害によって、再プログラム化の効率が高まることがあきらかにされている[15,16]。今回の研究は、再プログラム化をさらに効果的に研究するための新たな土台となるものである。

▼癌の新たな治療法の開発につながるか――ｉＰＳ細胞への再プログラム化

　新たな再プログラム化因子を探す競争が協同的な癌遺伝子の探索を思い起こさせるように、再プログラム化プロセスと発癌とが驚くほど似ていることは、癌に関する新たな見識をもたら

10. *Banito, A. et al.* Genes Dev. 23, *2134-2139.*
11. *Livingstone, L. R. et al.* Cell 70, *923-935 (1992).*
12. *Eliyahu, D., Raz, A., Gruss, P., Givol, D. & Oren, M.* Nature 312, *646-649 (1984).*
13. *Krizhanovsky, V. et al.* Cold Spring Harb. Symp. Quant. Biol. 73, *513-522 (2008).*
14. *Lin, T. et al.* Nature Cell Biol. 7, *165-171 (2005).*

すと考えられる（図1）。どちらのプロセスでも、無限に増殖して自己複製する能力をもち、分化していない細胞を生み出すことができる、協同的な遺伝子の特別な組み合わせが必要とされる。腫瘍抑制因子p53は、その機能が欠損すると、正常細胞が腫瘍細胞へ形質転換する過程で協同して機能する癌遺伝子の効率を大幅に高める。[17] 細胞を再プログラム化することが最初に

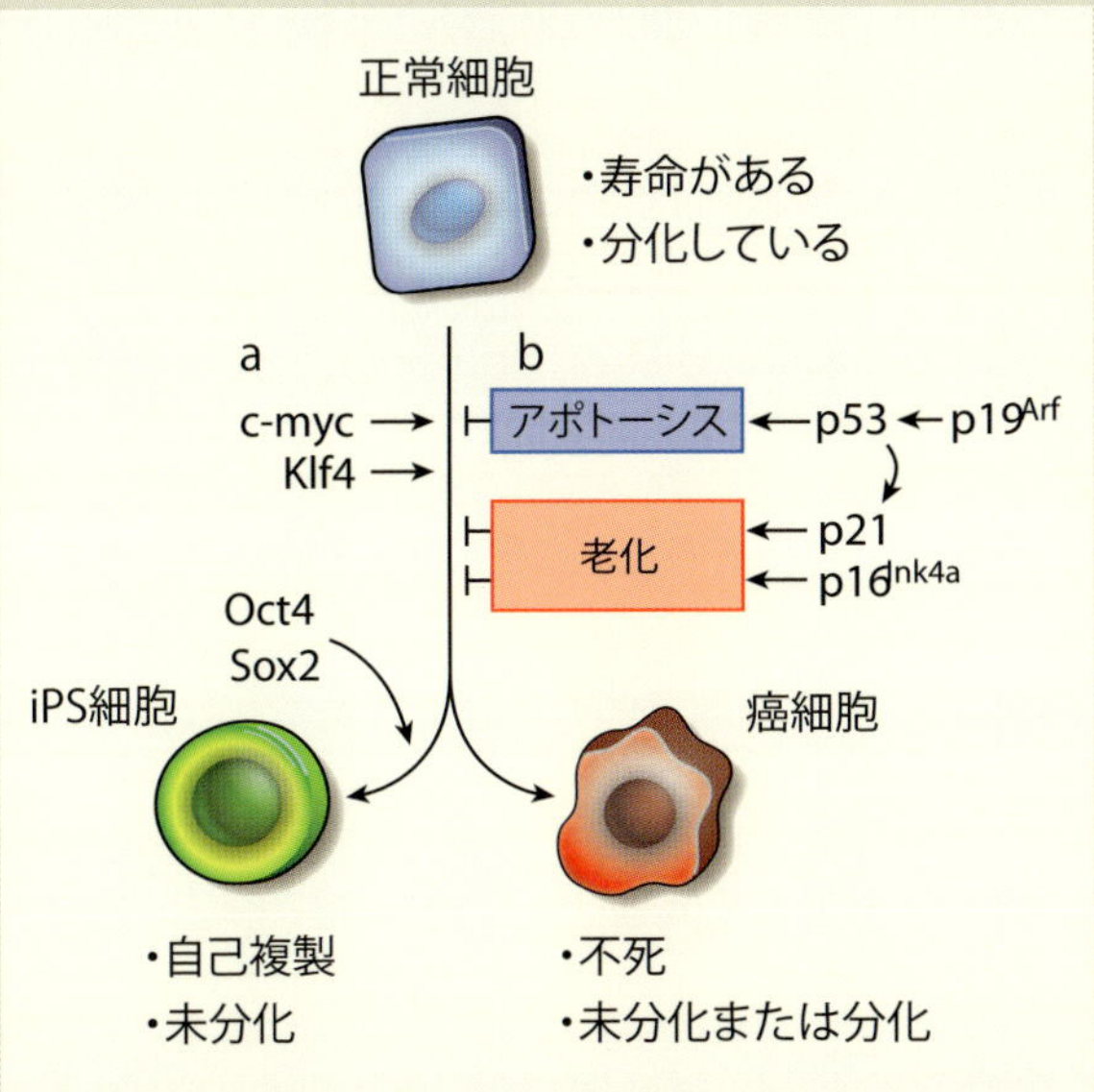

図1　重複するメカニズムがiPS細胞と癌細胞の生成を制御する

成熟した分化細胞である正常な繊維芽細胞は、特定の因子の組み合わせによって再プログラム化され、人工多能性幹細胞（iPS細胞）や腫瘍細胞となる能力をもっている。a：c-mycおよびKlf4という転写因子は、正常細胞を腫瘍細胞に形質転換させることと同じ概念で、繊維芽細胞からiPS細胞への再プログラム化を促進する。Oct4とSox2は、癌で過剰発現しているが、現時点ではiPS細胞の生成の促進に特異的に機能すると考えられている。b：これに対し、$p19^{Arf}$が誘導する腫瘍抑制タンパク質p53は、アポトーシスを誘発したり、細胞周期阻害因子p21という標的タンパク質を介して細胞の老化を誘発したりすることにより、繊維芽細胞の再プログラム化によるiPS細胞の生成[1-5]または癌細胞の形成を、直接または間接的に抑制する。別の細胞周期阻害因子$p16^{Ink4a}$も、細胞の老化を直接的に促進して両プロセスを抑制する。$p19^{Arf}$と$p16^{Ink4a}$をコードする*Ink4a/Arf* 遺伝子座（図には示していない）は、iPS細胞の再プログラム化時に抑制されている[2,4]。

15. Mali, P. et al. Stem Cells 26*, 1998-2005 (2008).*
16. Zhao, Y. et al. Cell Stem Cell 3*, 475-479 (2008).*

示された4遺伝子は、少なくともある種の腫瘍では、いずれも過剰発現しており、そのうち2つ、*c-myc*と*Klf4*は、癌遺伝子だ。今回の一連の研究では、p53が、再プログラム化にも同じように影響を及ぼすことがわかった。iPS細胞の生成を確認するための標準的な検査法は、実はマウスに移植したときに胚細胞性腫瘍を形成する能力を評価する腫瘍形成検査なのだ。

　iPS細胞の樹立プロセスと腫瘍形成へのプロセスが重複するものだとすると、癌幹細胞——自己複製能をもち、ある種の腫瘍の増殖に必要と考えられている細胞——は、もともと再プログラム化に似たメカニズムで発生するのではないだろうか。また、iPS細胞への再プログラム化を引き起こすのに必要な因子のすべてが、その維持に必要なわけではない[8,9]。これらを考え合わせると、腫瘍形成を開始させる癌遺伝子の多くは腫瘍の進行には必要ではなく、癌の治療法の標的にはなりにくいのかもしれない。そうだとするなら、今後の細胞の再プログラム化研究は、最終的には癌の新たな治療法の開発にもつながるのかもしれない。

Valery Krizhanovsky と Scott W. Lowe はコールド・スプリング・ハーバー研究所およびハワード・ヒューズ医学研究所（米）に所属している。

訳注：2007年12月、山中らの研究チームは、*c-myc*を除く*Oct4*、*Sox2*、*Klf4*の3因子だけでも、ヒトやマウスともにiPS細胞の樹立が可能であることを示し、iPS細胞の癌化を抑えた。2011年6月には、3因子に*Glis1*という遺伝子を加えることで、作製効率も向上させ、不完全なiPS細胞の癌化を防ぐことに成功した。

17. *Lowe, S. W. et al.* Science 266*, 807-810 (1994).*

ビタミンKは血液凝固のK

Medicine: K is for koagulation

J. Evan Sadler　２００４年2月5日号　Vol.427 (493-494)

ラットやマウス、ヒトの遺伝的連鎖を比較・研究することにより、ビタミンK代謝の重要な成分がついに突き止められた。その代謝反応は今日、もっとも一般的に使われている抗凝固薬のターゲットである。

ビタミンKは血液凝固に不可欠で、その発見により出血や凝固塊が原因で起こる無数の死が未然に防がれ、農業上有害な生物も抑制できるようになった。ビタミンKは、代謝酵素の手を借りて活性化され、初めて機能を発揮する。しかしこの過程に関与するタンパク質は60年もの間、見つからなかった。今回、２つの研究チームが解決の糸口を見いだした。ビタミンKエポキシド還元酵素は、還元型ビタミンKを再生成して、もう1つの触媒反応に回す。血液をサラサラにする「ワルファリン」は、この還元酵素を阻害して血液凝固因子の合成を損ない、出血を起こす。いまやワルファリンは血液の塊ができやすい人に、命にかかわる肺や心臓、脳の血栓を防ぐため処方されている。彼らはそれぞれ独自に、ビタミンKエポキシド還元酵素の遺伝子を突き止めた。

▼ビタミンK代謝の解明と医療における「ワルファリン」の精製

ビタミンは医学的、経済的に見てきわめて重要である。その一例に挙げられるのが血液凝固に不可欠なビタミンKで、その発見によって出血や凝血塊が原因で起こる無数の死が未然に防げるようになり、甚大な被害をもたらす農業上有害な生物の抑制も容易になった。

こうした恩恵がもたらされたものの、ビタミンK代謝の解明はなかなか進まなかった。ビタミンKは間違いなく、酵素の手で活性化されて初めて機能を発揮できるようになるのだが、この過程に関与するタンパク質は60年以上もの間、追求の手をすり抜けてきたのだ。しかし、『Nature』2004年2月5日号537ページ、541ページでRostたち[1]とLiたち[2]がそれぞれ報告した成果によって、解明がようやく進んだのである。

1943年のノーベル医学生理学賞は、ビタミンKを発見、単離、合成した業績により、デンマークのHenrik Damと米国のEdward Doisyに授与された。Kという名は、このビタミンが欠乏すると血液の「koagulation」（凝固の意味のスカンジナビア語）が損なわれるため、その頭文字をとったものである。

この発見はすぐさま医療分野に恩恵をもたらした。1940年代以前には、ビタミンK欠乏によって命にかかわる出血を引き起こす幼児が少なくなかったが、妊婦や新生児にビタミンKを投与することでこうした出血はほぼ解消された。そうした出来事とほぼ同じ時代に、米国北部の畜牛がカビの生えたスイートクローバー（シナガワハギ）の干し草を食べて出血死する事件が起こった。1940年には Karl Linkが、このカビの産物がビタミンKのアンタゴニスト

1. *Rost, S. et al.* Nature 427, *537-541 (2004).*
2. *Li, T. et al.* Nature 427, *541-544 (2004).*

(拮抗物質)になっていることを突き止めた。彼はこのアンタゴニストの強力な誘導体を、自分が特許権を譲渡したWisconsin Alumni Research Foundationの頭文字をとって、ワルファリン(warfarin)と名づけた。

ビタミンKが欠乏すると、数種の血液凝固タンパク質で必須アミノ酸残基のカルボキシ化が妨げられるために血液凝固が損なわれる。通常このカルボキシ化反応を触媒する酵素がビタミンK依存性カルボキシラーゼで、この酵素は酸素と還元型ビタミンKを使って二酸化炭素分子1分子をグルタミン酸に付加し、γ-カルボキシグルタミン酸を生成する(図1)。この修飾のおかげで、血液凝固因子はカルシウムイオンに結合し、膜表面に結合して血液を凝固させることができる。

触媒作用の他の産物としてビタミンK2、3-エポキシドがあり、これはビタミンKエポキシド還元酵素(VKOR)によって再生処理されて還元型ビタミンKとなる。VKOR活性はワルファリンによって阻害される。ワルファリンは大量摂取すると出血を起こし、格好の殺鼠剤となっている。しかしワルファリンは、凝血塊ができやすい人々に適正な用量で処方することで、命にかかわるような肺や心臓、脳での凝血塊生成を防いでくれる(図1)。

医療現場でワルファリン使用量が増えるきっかけになったのは、1955年に米国第34代大統領ドワイト・アイゼンハワーが心臓発作を起こし、この薬剤を使って治療を受けたことによる。それ以降、ワルファリンはもっともよく処方される抗凝血剤となっている。ラットやマウスのなかにはワルファリン様の毒素に耐性をもつようになったものがおり、ヒトでも血液を「さ

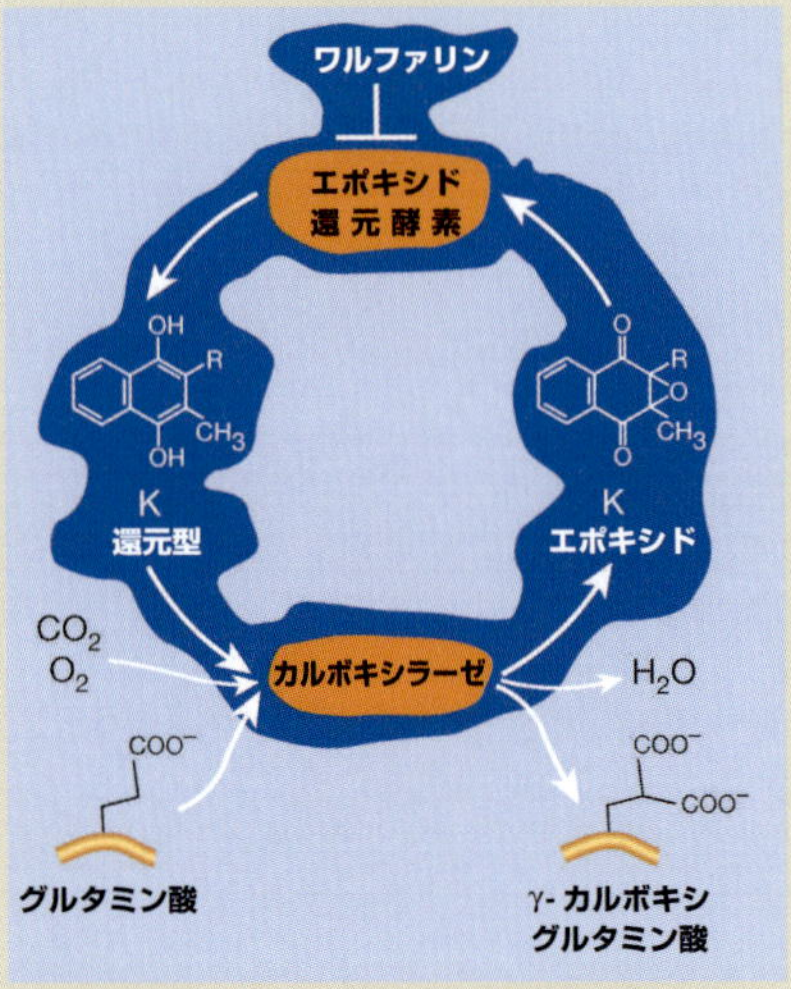

図１　ビタミンKの再生処理過程
ビタミンK依存性カルボキシラーゼは還元型ビタミンKと酸素を使って、特定の血液凝固タンパク質のグルタミン酸の側鎖に二酸化炭素分子を１個付加し、γ-カルボキシグルタミン酸とビタミンK2, 3-エポキシドを生成する。ビタミンKエポキシド還元酵素は還元型ビタミンKを再生成して、もう１つの触媒反応に回す。ワルファリンはこの還元酵素を阻害して血液凝固因子の合成を損ない、出血を起こす。複数種の血液凝固因子の欠損は、ビタミンK依存性カルボキシラーゼかエポキシド還元酵素のどちらかの変異によって起こりうる。Rostたち[1]とLiたち[2]は、ビタミンKエポキシド還元酵素の遺伝子を突き止めた。

らさらにする」ために通常よりずっと多いワルファリン投与を必要とする人が（ごく少数だが）いる。

▼ビタミンKエポキシド還元酵素（VKOR）遺伝子の追究

ビタミンK依存性カルボキシラーゼの遺伝子が単離され、特徴があきらかにされたのは、かなり前のことである。[3] だが、VKORはいまもって部分的にしか精製されておらず、その遺伝子はまだ「捕まって」いない。Rostたち[1]とLiたち[2]の報告にあるように、遺伝学的に迫る方法がついに成功を収めたわけだが、これはほんの一握りの重要な知見があったおかげでもある。

3. *Wu, S. M., Cheung, W. F., Frazier, D. & Stafford, D. W.* Science 254, *1634-1636 (1991).*
4. *Kohn, M. H. & Pelz, H. J.* Blood 96, *1996-1998 (2000).*

まず第一に、遺伝性の毒素耐性をもつラットを調べた過去の研究で、ＶＫＯＲ遺伝子がラットの１番染色体上にあるとわかっており、この染色体はマウスの７番染色体と相似である。これら２つの齧歯類《げっしるい》の染色体を、相似性の低いヒト遺伝子地図と比較することで、ＶＫＯＲがヒトの10番か12番か16番の染色体上にあることまで絞り込むことができた。

第二に、いくつかのビタミンＫ依存性血液凝固因子を遺伝的に欠損する人々の一部にＶＫＯＲ活性を欠損する人があり、この欠損症の原因遺伝子は Fregin たち[5]によってヒトの16番染色体上にあることが突き止められた。Fregin たち[5]は、ＶＫＯＲ変異の種類の違いがワルファリン耐性になるか血液凝固因子の欠損を起こすかの違いになっているのではないかと考え、齧歯類染色体にあるワルファリン耐性領域に似たヒト染色体領域に問題の遺伝子があることを突き止めた。

そこで Rost たちと Li たちはヒトの16番染色体に的を絞った。Rost たち[1]は、問題のＤＮＡ領域に１００を超える遺伝子が存在することに気づいた。彼らは遺伝子のリストをふるいにかけるため、ＶＫＯＲ活性を遺伝的に欠損した患者とラットを調べた。すると、ビタミンＫ依存性血液凝固因子を欠損した２つの家系と、遺伝性のワルファリン耐性をもつ４つの家系と、ワルファリン様毒素に耐性のある多数のラット系統の３者では、ある特定の遺伝子に変異があることがわかった。さらに Rost たちは、魚類やカエル、そしてカにも同様の遺伝子があることを見つけた（ただし、ショウジョウバエにはなかった）。

5. *Fregin, A. et al.* Blood 100, *3229-3232 (2002).*

▼特定されたＶＫＯＲ遺伝子とその未来性

Rostたちの報告によると、このＶＫＯＲの候補遺伝子は低分子量の膜貫通タンパク質をコードしており、このタンパク質は細胞内区画の１つである小胞体に存在している。このタンパク質はさらに大きい複合体の１成分にすぎない可能性が残されているため、Rostたちはこのタンパク質にビタミンＫエポキシド還元酵素複合体サブユニット１（ＶＫＯＲＣ１）と名づけた。その正常な遺伝子からつくられたタンパク質はＶＫＯＲ活性を示し、この活性はワルファリンによって阻害される。血液凝固因子欠損症の患者の遺伝子がコードする変異タンパク質は、予想されたとおり不活性である。意外なことに、ワルファリン耐性をもつ人々の変異タンパク質は、培養細胞で調べた場合にはワルファリンに対してかなりの感受性を示す。ＶＫＯＲＣ１変異が生体内でどうやってワルファリン耐性を生じるのかは、まだ解明されていない。

Li[2]たちは、ＶＫＯＲ変異患者を研究対象とする機会に恵まれなかったが、この不利な条件を独創的な方法で乗り越えた。彼らはまず、16番染色体の問題の領域から、機能がわかっていたり機能の予想がついていたりするタンパク質の遺伝子を除外した。次に、膜貫通領域と思われる領域をもつタンパク質の遺伝子候補を13個選び出した（ＶＫＯＲは膜タンパク質だとみられているためである）。

Liたちはその次にＲＮＡ干渉法を使ってＶＫＯＲ遺伝子を特定した。この手法では、二本鎖の低分子干渉ＲＮＡ分子（ｓｉＲＮＡ）を細胞内に挿入する。細胞内でＲＮＡ分子は適合するメッセンジャーＲＮＡを標的として分解させる。その結果、これらのメッセンジャーＲＮＡ

をコードする遺伝子は効果的に発現が抑制される。Li たちは、ＶＫＯＲ活性の高いヒト細胞で、13個に絞り込んだ候補遺伝子それぞれの発現が抑制されるようにｓｉＲＮＡを設計した。そして、ある1個の遺伝子だけ（これは Rost たちの見つけたＶＫＯＲＣ1遺伝子と同じもの）を標的にすることで、ＶＫＯＲ活性が大きく低減することを見つけた。この遺伝子は、昆虫の細胞で発現すると活性のあるＶＫＯＲを産生し、このＶＫＯＲはワルファリンによって阻害された。Li たちが述べているように、ｓｉＲＮＡを利用したこの方法は、たとえ研究対象の生理活性が多くの遺伝子産物に左右されるとしても、機能解析の工夫が可能な他のポジショナルクローニング研究で使えるはずである。

ＶＫＯＲはこれまで、大型の多タンパク質複合体だと考えられていた。しかし Li たちは、たった1種類のタンパク質を発現させることで、ＶＫＯＲ活性のない昆虫細胞にＶＫＯＲ活性をもたらすことができた。低分子量のタンパク質が他の還元酵素類とのはっきりした関連性もなしにこのような働きをするのは荷が重すぎるように思えるが、この分子は単独でビタミンＫの再生処理を担っている可能性がある。

こうしてＶＫＯＲ遺伝子が捕まったからには、動物生体内でビタミンＫエポキシドを還元する電子の化学的供給源も突き止めることができるはずだ。研究室ではさまざまなスルフヒドリル化合物が調べられているが、今回の進展によりニコチンアミドやフラビンなど他のありふれた還元酵素補因子の果たす役割も研究対象となりうる。ワルファリンの標的とみられるこの物質の構造を解明するのも、大事な作業である。おそらく構造解明によって、これまでより優れた凝血塊解消用のビタミンKのアンタゴニストが見つかるだろうし、殺鼠剤用のアンタゴニストも見つけられることだろう。

現在ようやくわかったこと、それは、複数種のビタミンK依存性血液凝固因子の欠損が、2つの遺伝子、つまりビタミンKカルボキシラーゼ遺伝子か、Rostたちが報告したVKORC1遺伝子のどちらかの変異によって、起こりうるということだ。ただし、いま手元にあるリストには漏れがある可能性もある。もし漏れがある場合には、患者の家系に連鎖解析を施せば、ビタミンK再生処理のさらなる成分がすぐにでも発見できるかもしれない。

J. Evan Sadler はワシントン大学（セントルイス）医学部およびハワード・ヒューズ医学研究所に所属している。

筋肉を模倣する

筋肉に含まれるタンパク質「タイチン」の分子構造を模倣した〝弾性ポリマー〟作製に成功。材料は丈夫で伸縮性があり、エネルギーを分散させ、まるで筋肉そのもののようだ。タンパク質系の人工筋肉で、車椅子の人も歩けるようになるかもしれない。

Muscle mimic
Elliot L. Chaikof　２０１０年5月6日号　Vol.465 (44-45)

今回、研究チームは、筋肉内のある生体分子に似た3次元的構造をもつタンパク質材料を作製。それは構造だけでなく、全体としても筋肉に似た受動的・機械的な特性をもつ。これにより、自然界の生体高分子を、工学的に有用な特徴をまねて応用する、人工生体ポリマーが作製可能なことが示された。同チームは、ゴム状弾性タンパク質「タイチン（コネクチン）」の特性を模倣した、タンパク質系材料を作製。タイチンは、筋肉の収縮系を構成するミオシンと、アクチンという繊維の相対的な位置関係を弾力的に安定化させている。この特性は、タイチンのＩ帯と呼ばれる部分による。Ｉ帯は複雑な分子のバネで、免疫グロブリンスーパーファミリーのタンパク質に特徴的な、折りたたみ領域の連続と2つの非構造領域で構成され、独特な機械的反応を示す。

▼人工生体ポリマーが作製可能なことを示す生体高分子研究の進展

1953年にノーベル化学賞を受賞したHermann Staudingerは、1920年代、「十分に大きな分子が集合して生命は発生する」と提唱した。その後さまざまな実験が行なわれ、Staudingerの巨大生体分子の存在が確認され、そうした分子では、大きさと構造により、ナノスケール（分子レベル）でもマクロスケール（集合体全体）でも機能が決定されていることがあきらかになった。そして今回、Lvら[1]は、こうした生体高分子研究を大きく進展させ、『Nature』2010年5月6日号にその成果を発表した。研究チームは、筋肉内のある生体分子に似た3次元的構造をもつタンパク質系材料を作製し、分子構造だけでなく全体としても筋肉に似た受動的、機械的な特性をもつことをあきらかにした。この研究により、自然界の生体高分子の工学的に有用な特徴をまねて応用する人工生体ポリマーが作製可能であることが示された。

多くの構造タンパク質には弾性がある。つまり、可逆的に変形するのだ。しかし、タンパク質によってさまざまなやり方で、変形に伴うエネルギーの貯蔵や分散を行なっている。繰り返し荷重を受けたときの構造疲労と破壊に耐えるタンパク質、コラーゲンやエラスチン、レジリンなどは、弾力性に富み、エネルギーの損失を最小限にとどめる。一方、そのほかのタンパク質、クモの糸やムラサキイガイの足糸の繊維に含まれるものなどは弾力性に乏しい。弾力性により、繊維中の変形エネルギーが分散され、繊維を含む系の構造的破壊につながりかねない、荷重によるあらゆる振動がやわらげられる。このように、構造タンパク質の弾性とエネルギー

1. *Lv, S. et al.* Nature 465, *69-73 (2010).*

図1　タンパク質系の人工筋肉が開発されれば、車椅子の人もより元気に、そして歩けるようになるかもしれない。写真は2007年10月に東京で開催されたFIPFA ワールド・カップより。

回復特性は、生体内での役割に合わせて微調整されており、心臓血管系や筋骨格系を含むさまざまな組織の正常な生理反応の重要な決定因子となっている。

これまで多くの研究者たちが、エネルギーを動作に変換することによって人工筋肉のように動く素材の発見をめざしてきた。その用途には、生物医学的な応用だけでなく、微小バルブや微小アクチュエーターといった非医学的な応用も挙げられる。このような人工的な非タンパク質性のゴム状弾性材料（エラストマー）は非常に有用だが、移植素材としては制約が大きい。たとえば、組織の修復や再構築、再生を促進することはできず、組織と素材の境界面で、拒絶反応など生体の不適合反応を引き起こすことが多い。

そのため、人工ゴム状弾性材料の代替物として、天然のゴム状弾性タンパク質の特徴を模倣したタンパク質系材料が作製されてきている。そんななか、Urryらは、エラスチンを模倣したさまざまなタンパク質ポリマーを設計・作製するという、画期的な研究成果を発表した。[2,3]

2. *Urry, D. W., Haynes, B., Zhang, H., Harris, R. D. & Prasad, K.U.* Proc. Natl Acad. Sci. USA 85, *3407-3411 (1988).*
3. *Urry, D. W. et al.* Phil. Trans. R. Soc. Lond. B 357, *169-184 (2002).*

これらのポリマーは、当初は合成化学的手法により作製されていたが、後に遺伝子組み換え生物にタンパク質を発現させる方法が用いられるようになった。また別の研究チームは、クモの糸[4,5]やレジリン[6]の特徴を模倣した材料を作製した。この基となった天然のタンパク質には反復的なオリゴペプチド領域が含まれており、そこにはプロリン-グリシンモチーフが存在する。この1対のアミノ酸は、タンパク質の柔軟な折り返しや大きなランダムコイル構造に寄与している。天然材料の弾性は、こうした構造によるものだと考えられている。[7]

▼作製された人工的ゴム状弾性タンパク質は速やかな弾性回復を見せた

今回Lvら[1]は、別のゴム状弾性タンパク質「タイチン（コネクチン）」の特性を模倣したタンパク質系材料を作製しようと考えた。タイチンは、筋肉の収縮系を構成するミオシンおよびアクチンという繊維の相対的な位置関係を弾力的に安定化させている。このような特性は、タイチンのI帯とよばれる部分によってもたらされている。I帯は複雑な分子のばねで、免疫グロブリン（Ig）スーパーファミリーのタンパク質に特徴的な折りたたみ領域の連続と、PEVK領域とN2B領域と呼ばれる2つの非構造領域によって構成されており、独特の機械的反応を示す。筋肉が伸びるとき、加えられた応力により、まずI帯が最初のコイル状の構造から引き伸ばされ、続いてPEVK領域とN2B領域が伸ばされる（図2）。非構造領域が伸びきると、いくらかのIg領域もほどかれることになる。この作用によってエネルギーが分散され、伸ばしすぎによるタンパク質の損傷が最小限に抑えられる。筋肉が収縮するときは、タイチン

4. *Cappello, J. et al.* Biotechnol. Prog. 6, *198-202 (1990).*
5. *Rabotyagova, O. S., Cebe, P. & Kaplan, D. L.* Biomacromolecules 10, *229-236 (2009).*
6. *Elvin, C. M. et al.* Nature 437, *999-1002 (2005).*
7. *Kim, W. & Conticello, V. P.* J. Macromol. Sci. C 47, *93-119 (2007).*

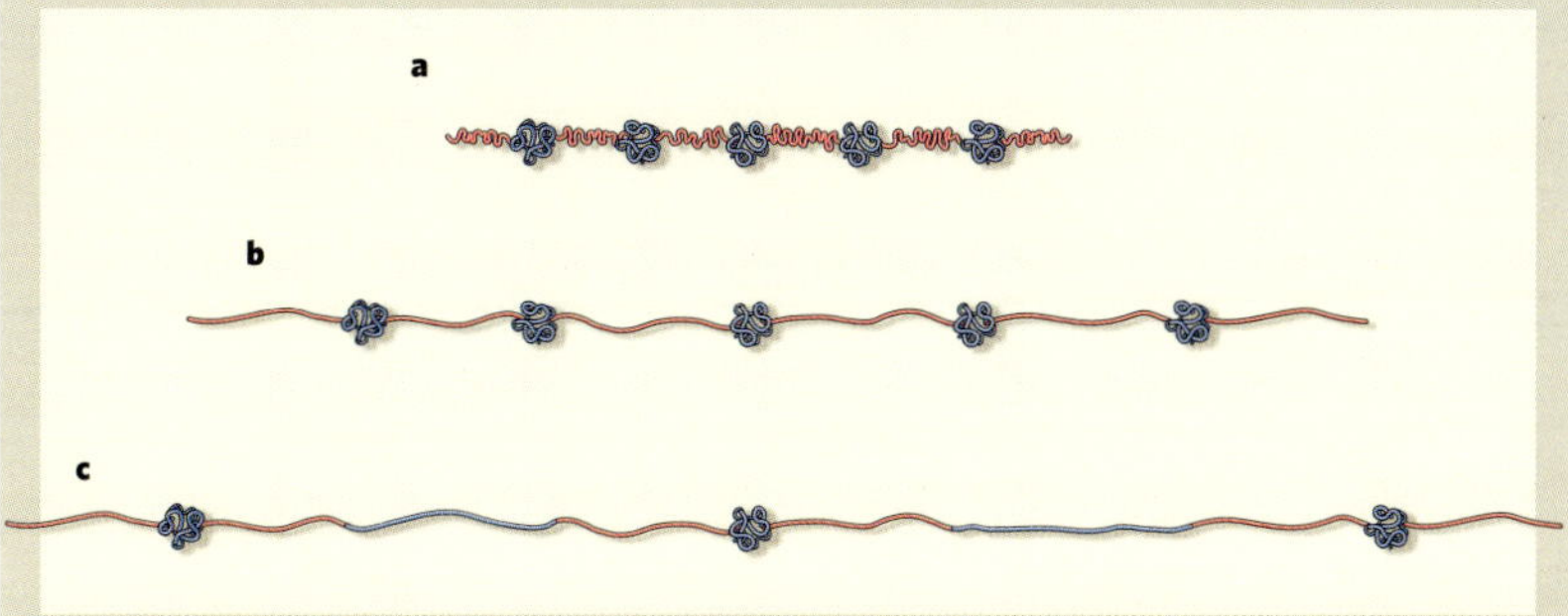

図2　タイチンをほどく
a．タイチンタンパク質は筋細胞の収縮系の一部を形成し、折りたたまれた領域（青）と、その間にある非構造領域（赤）で構成されている。
b．タイチンを伸ばすと、まず非構造領域が伸びる。
c．さらに引っ張ると、折りたたまれた領域の一部がほどける。Lvら[1]は、折りたたまれた領域と非構造領域をもつ人工タンパク質を作り、筋肉の受動的弾性を模倣することを発見した。

は元のもつれた構造に戻る。

　タイチンの可逆的な変形能力により、筋収縮系の受動的弾性と、伸縮する際の可逆的復元力が生み出される。少しだけ伸ばした場合には、ＰＥＶＫ領域とＮ２Ｂ領域の機械的反応によりタイチンは弾性を示すが、大きく伸ばした場合には、タイチンは固くなって力を分散する。タイチンのもつ、弾力性のある状態と力を減衰させる状態とを即座に切り替える能力は、心筋や骨格筋にとってきわめて重要な要素となっている。

　Lvら[1]は、独創的な方法により、まず、タイチンを模倣した人工的なゴム状弾性タンパク質を作製した。それは、タイチンのＩg領域を模倣した球状タンパク質領域（ＧＢ１タンパク質）と、非構造領域Ｎ２Ｂを模倣したレジリン由来の反復的なアミノ酸配列からなる。連鎖球菌属細菌に由来する小さなＧＢ１

タンパク質はきわめて効果的な分子ばねであり、可逆的、迅速、かつかなり正確に折りたたみ直されるうえ、伸長と緩和のサイクルを繰り返しても機械的疲労が少ない。[8] 研究チームは、遺伝子組み換え大腸菌を作製してこのＧＢ１レジリンタンパク質を発現させ、その分子を光化学的に架橋させてゲル状の素材を作り出した。こうして、連続的な分子ばねとして、機械的耐性がある折りたたまれた球状領域をもつ最初の材料、ＧＢ１レジリンポリタンパク質が生まれた。

ＧＢ１レジリンポリタンパク質は、タイチンと同様、少しだけ伸ばしたときにはレジリン配列による高い弾性が認められ、さらに伸ばしていくと、弾性が低下して力を減衰させる反応が見られた。重要なのは、力を加えるのをやめると材料の弾性が速やかに回復したことだ。これは、伸びたＧＢ１領域が元の折りたたまれた構造に戻るときの、ＧＢ１領域の非共有結合の再形成速度を反映している。これまで、非生物性のポリマーを使ってタンパク質の複雑な３次元構造を模倣しようという研究が進められているものの、非タンパク質系分子ばねの集合体からなる人工ゴム状弾性材料では、伸長の度合いによって弾性が変わるものは、いまだ生み出されていない。

▼中枢神経からの命令に応答・実行できる、有望な人工筋肉の作製

Lvらが作製した人工弾性材料[1]は確かにすばらしいものだが、本当に筋肉を模倣できているのだろうか。筋肉は複雑な分子システムをもち、さまざまな構成要素が秩序だった構造に組み立てられていて、刺激を動作に変換できるようになっている。タイチンは筋肉の主要な構成要

8. *Cao, Y. & Li, H.* Nature Mater. 6*, 109-114 (2007).*

素だが、伸長強度や、力を生み出したり感知したりする能力など、筋肉のすべての特性が模倣タイチンだけで再現されるわけではない。また、タンパク質系材料は自己再生機能がないため、移植後の生分解プロセスにもとより弱く、「異質な」タンパク質の断片が生体内に放出される可能性がある。そのため、生物医学的応用に際しては慎重に評価し、いかなる断片も有害な免疫反応を起こさないことを確認する必要がある。今後の研究では、間違いなくこのような問題への取り組みがなされるだろう。そして、人工弾性材料の構成要素の組み立てに画期的な設計や製作技術が生み出され、移植後に、中枢神経からの命令に応答し、それを実行できる機能が繰り返して再現される人工筋肉が作製されるだろう。

Staudinger が推測したように、「生命はさまざまな生体高分子が集合してできた寿命のある螺旋」と考えられる。Lv らのほかにもさまざまな研究チームにより、タンパク質の糸を独特の構造に紡ぎ上げる新しい方法が提示されており、全体として機能特性をもつ分子機械やナノスケールの装置、分子レベルで作製された人工組織という未知なる分野への扉が開かれつつある。

Elliot L. Chaikof はエモリー大学医学系大学院（米）およびジョージア工科大学大学院（米）化学生体分子工学研究科に所属している。（同分野で競合特許を申請中）

デング熱：内なる敵に襲われる蚊

Mosquitoes attacked from within

Jason L. Rasgon　２０１１年8月25日号　Vol.476 (407-408)

デングウイルスを媒介する蚊が無害な細菌に感染することで、ウイルス感染に耐性をもった。そして、耐性をもつ、こうした蚊の個体群は、感染しやすい自然の個体群と急速に置き換わることができる。

世界の人口の約40パーセントは、デングウイルスに感染する危険性がある。毎年、デングウイルスは５０００万～１億人に感染し、より激しいデング出血熱やデングショック症候群なども引き起こしている。デングウイルスはおもにネッタイシマカによって伝播されるので、この蚊を標的とする感染予防対策が急務となっている。今回、研究チームは、ネッタイシマカにデングウイルス感染に対するほぼ完全な耐性をもたせることにより、このウイルスの感染を防ぐという珍しい手法を提起した。さらに彼らは、デング耐性蚊を野生に放したところ、これらの蚊はたった数カ月のうちに、デングウイルスに感染しやすい天然の蚊の個体群のほぼ１００パーセントと置換したという。また別の研究者たちにより、感染した蚊が数㎞にも広がるデータも示された。

▼世界人口の約40パーセントが感染する危険性があるデングウイルス

デング熱は蚊が媒介するヒトのウイルス疾患のなかでもっとも一般的なものである。デングウイルスはおもにネッタイシマカ（*Aedes aegypti*）によって伝播されるので、この蚊を標的とする感染予防対策は、疾病の発生を抑えるために有効な選択肢と考えられてきた。『Nature』2011年8月25日号（450〜454ページ）に掲載されている2編の論文（Walker ら[1]、Hoffmann ら[2]）では、ある研究チームが、ネッタイシマカにデングウイルス感染に対するほぼ完全な耐性をもたせることによってこのウイルスの伝播を防ぐという珍しい手法を報告している。さらに、著者らがデング耐性蚊を野生に放したところ、これらの蚊はたった数カ月のうちに、デングウイルスに感染しやすい天然の蚊の個体群とほぼ100パーセント置換した。

世界の人口の約40パーセントはデングウイルスに感染する危険性がある。毎年、デングウイルスは5000万〜1億人に感染し、一般的なデング熱だけでなく、デング出血熱やデングショック症候群などの、より激しい症状を呈する疾患も引き起こしている。有効なワクチンがないため、デングウイルスを抑える方法は、ウイルスを媒介する蚊を標的とするものに限られている。[3] 多くの蚊駆除対策は昆虫個体群を防除または駆除することが基本である。それとは対照的に、個体群置換戦略は、病原体に感染しやすい蚊の個体群を耐性のある個体群に置換することを目指す。[4]

ボルバキア（*Wolbachia*）は、蚊をはじめとする多くの昆虫の一般的な内部共生細菌で、そうした昆虫の細胞内に存在している。ボルバキアは母性遺伝性で、無脊椎動物の宿主の生殖を

1. *Walker, T. et al.* Nature 476*, 450-453 (2011).*
2. *Hoffmann, A. A. et al.* Nature 476*, 454-457 (2011).*
3. *Morrison, A. C. et al.* PLoS Negl. Trop. Dis. 4*, e670 (2010).*
4. *James, A. A.* Trends Parasitol. 21*, 64-67 (2005).*

さまざまなやり方で操作して、次世代において感染した雌の数を最大限にするようにする。これによってボルバキアは個体群内に急速に広まることができる。[5] この細菌に感染した蚊などの昆虫は、ウイルス、マラリア原虫、フィラリアなど多くの病原体による感染に耐性をもつようになる場合がある。[6] ボルバキアに感染していない媒介動物個体群にこの菌を人工的に導入することができれば、その個体群内に広まって、野生型の個体群を病原体伝播が阻害されている個体群に置換することができる。[5]

数年前に、wMelPop（キイロショウジョウバエの実験コロニーから得た有毒なボルバキア株）はネッタイシマカのデング感染をほぼ完全に阻害することがわかった。[7] しかし、このボルバキア株は蚊の適応度におびただしい影響を与え、ネッタイシマカの自然個体群への広まりを難しく、あるいは不可能にさえした。[8]

▼蚊が媒介する疾患の抑制における新時代の始まりを予告する

今回の論文でWalkerらは、[1] wMel（キイロショウジョウバエに自然に存在する無発病性ボルバキア株）によって、ハエのRNAウイルス感染を抑制できることに注目した。デングウイルスもRNAウイルスなので、著者らは、wMelを使えば、wMelPopのような有毒な作用なしで、蚊のデングウイルス感染も妨げるかもしれないと推論した。すると予測どおり、ネッタイシマカをwMelに感染させると、デングウイルス感染に対する耐性が非常に高くなったのである。Walkerらはさらに、ケージに入れられた蚊の実験で、wMelへの感染が理論モデルに

5. *Rasgon, J. L.* Adv. Exp. Med. Biol. 627, *114-125 (2008).*
6. *Iturbe-Ormaetxe, I., Walker, T. & O'Neill, S. L.* EMBO Rep. 12, *508-518 (2011).*
7. *McMeniman, C. J. et al.* Science 323, *141-144 (2009).*
8. *McMeniman, C. J. & O 'Neill, S. L.* PLoS Negl. Trop. Dis. 4, *e748 (2010).*

基づく予測と一致した速度で実験室の蚊の個体群全体に広がりうることを示した。

多くの研究はそこで終わるだろう。しかし、Walkerらは、驚異的な次のステップへと進んだ。ボルバキアに感染した蚊を野外に放したのである。さらに驚いたことに、この放飼は彼らの地元地域で行なわれた。オーストラリアのクイーンズランド州ではたびたびデング熱の感染が確認されており[9]、初期試験放飼には理想的な場所に思われた。

広範囲に公的な取り決めをし、ボルバキア感染蚊放飼に適用される規則の枠組みを作成したのち、２０１１年1月、Hoffmannら[2]は、クイーンズランド州ケアンズに近い2カ所（ヨーキーズ・ノブとゴードンベール）でwMelに感染した蚊を放飼し始めた（図1）。著者らは、一定の間隔を置いてその後2カ月半にわたり蚊を放飼し続け、それぞれの場所で合計約15万匹の蚊を放した。ボルバキア感染の頻度は、放飼中に大幅に上昇したが、さらに重要なことに、放飼が終了したあとも、どちらの地域でも頻度は上昇し続け、ヨーキーズ・ノブでは１００パーセントに近づき、ゴードンベールでは80パーセント以上に達した[2]。

Hoffmannらは、wMelは感染する蚊に中等度の適応コスト（10～20パーセント）にしか適応しないと見積もった。つまり、この菌株への感染の「波」はやがて、感染が導入された狭い地域からもっと広い地域へと広がっていくと考えられた。そして、確かに広がっていたのである。感染した蚊が両方の放飼地域から数km離れた場所で見つかった。おそらく、感染した蚊がときおり長距離移動したためだろう。これらの実験では、感染の頻度が放飼地域以外で高まる可能性は低く、むしろその地域の野生型蚊によって駆逐させられてしまいそうだが、データか

9. *Hanna, J. N. et al.* Aust. NZ J. Public Health 30*, 220-225 (2006).*

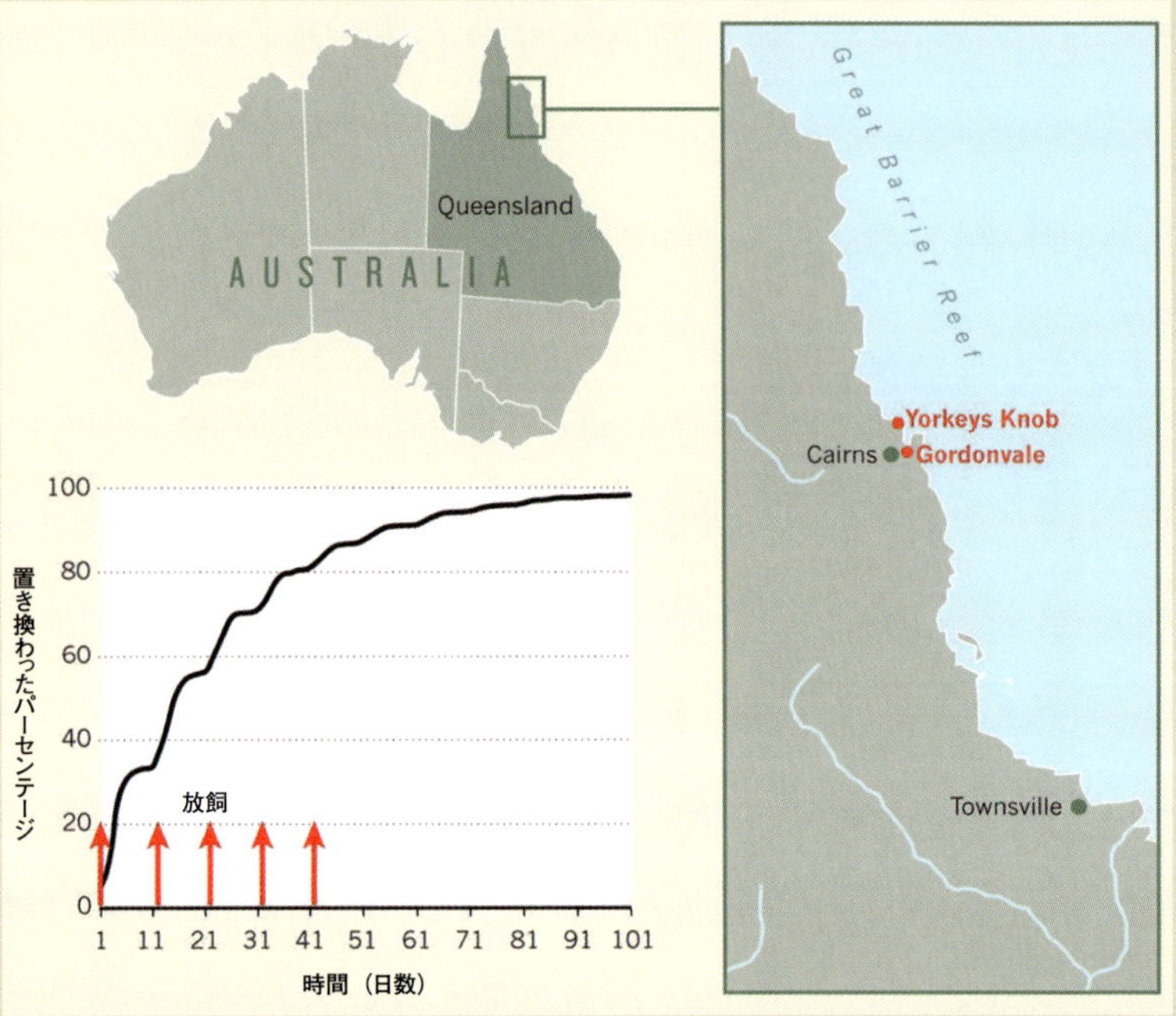

図1　デングウイルス抑制
Hoffmannら[2]は、ボルバキアのwMel株に感染したネッタイシマカ[1]を、ケアンズ(オーストラリア・クイーンズランド州)近くの２カ所(ヨーキーズ・ノブとゴードンベール）で放飼した。数回の放飼後、これらのデングウイルス耐性蚊は、自然に存在するウイルス感受性のネッタイシマカ個体群のほとんどすべてと置き換わった。

らは、長距離の広がりが可能であることがうかがわれる。[2]

ボルバキアを使った蚊個体群置換戦略が計画的に自然界で試みられたのはこれらの研究が初めてであり、蚊が媒介する疾患の抑制における新時代の始まりを予告するものだ。個体群置換の利点は、これがいったん確立されると、自己増幅していくところにある。そして、蚊の個体群は排除されるのではなく、ただ変化するだけなので、生態系への影響は最小限に抑えられるだろう。[4]

理論的には、これらの戦略は、マラリアなど、媒介動物による他の疾患にも適用できる。[10] 次のステップは、散発的にデング熱感染が起こっている地域ではなく、東南アジアや南米のように風土病となっている地域でボルバキアに感染した蚊の放飼を試みることだろう。ボルバキアの導入と広がりが、デングウイルスの非常に多様な世界的分布範囲全体で達成されるかどうか、そして異なる遺伝子構成をもつウイルス株に対してボルバキアが一貫した防除を提供できるかどうかはまだあきらかになっていない。それでもやはり、これらの実験[1,2]は、ネッタイシマカのボルバキアを利用した置換と、デング熱という災いの根絶に向けた革新的な第一歩と言える。

Jason L. Rasgon はジョンズホプキンス大学公衆衛生大学院（米）の W. Harry Feinstone 分子微生物学・免疫学部およびジョンズホプキンス・マラリア研究所に所属している。

10. *Hughes, G. L., Koga, R., Xue, P., Fukatsu, T. & Rasgon, J. L.* PLoS Pathog. 7, *e1002043 (2011).*

哺乳類間感染の鳥インフルエンザウイルス

Bird flu in mammals

Hui-Ling Yen & Joseph Sriyal Malik Peiris　２０１２年5月2日　オンライン掲載（doi:10.1038/nature11192）

鳥インフルエンザＨ５Ｎ１ウイルス由来の赤血球凝集素（ＨＡ）タンパク質を元に、遺伝子改変インフルエンザウイルスが作製され、わずか４つの変異でフェレット間で伝播するように変わることがわかった。これはヒトのパンデミックが、鳥から生じる可能性を強く示唆している。

人間のインフルエンザのパンデミックは、動物のインフルエンザウイルスによって生じる。しかし高効率で伝播するためにどのような分子変化が必要なのかは、よくわかっていない。ヒトがＨ５Ｎ１鳥インフルエンザに感染して発症した場合、症状は格段に重篤だ。今井正樹たちのチームは、Ｈ５Ｎ１ウイルスが実際にヒトでのパンデミックを起こす可能性があることをあきらかにした。彼らは、鳥インフルエンザウイルスがフェレット間で呼吸器飛沫（咳やくしゃみで飛び散る飛沫）によって感染できるようになるための複数の変異を突き止めた。フェレットは、ヒトでのインフルエンザ伝播の研究を進めるうえで、現時点で最良の動物モデルである。

▼高病原性H5N1型鳥インフルエンザウイルスのヒトでのパンデミックの可能性

人間のインフルエンザのパンデミックは、動物のインフルエンザウイルスによって生じる。しかし、動物のウイルスがヒト間を高効率で伝播できるようになるために、どんな分子変化が必要なのか、まだよくわかっていない。高病原性のH5N1亜型鳥インフルエンザウイルスは、16年以上にわたって家禽間を循環しているが、ヒトへの感染例はまれである。しかし、ヒトがH5N1鳥インフルエンザに感染して発症した場合、症状は格段に重篤になるため、ヒトでのH5N1パンデミックは公衆衛生に壊滅的な影響を与えるのではないかと危惧されている。ただし、ヒト間を高効率で伝播できるH5N1ウイルスはまだ出現しておらず、そのため、この種のウイルスはヒト間の伝播能力をもともと獲得できないのではないかと考える研究者もいる。

そのようななか、日本時間2012年5月3日付で『Nature』のウェブサイトに発表された論文で、今井正樹《いまいまさき》たち[1]はH5N1ウイルスが実際にヒトでのパンデミックを起こす可能性があることをあきらかにした。この研究チームは、鳥インフルエンザウイルスがフェレット間で呼吸器飛沫（咳やくしゃみで飛び散る飛沫）によって感染できるようになるための複数の変異を突き止めた。なおフェレットは、ヒトでのインフルエンザ伝播の研究を進めるうえで、現時点で最良の動物モデルである。

今井たちが特に注目したのは、高病原性H5N1インフルエンザウイルスのHAタンパク質である。このタンパク質は、ウイルスが感染する細胞と結合して融合する過程にかかわっている。インフルエンザウイルスの型の名称（「H5N1」など）は、このHAの型と、ノイラミ

1. *Imai, M. et al.* Nature *http://dx.doi.org/10.1038/nature10831 (2012).*

ニダーゼ（ＮＡ）というインフルエンザ表面の糖タンパク質の型を併記する。Ｈ５Ｎ１のＨＡは、鳥の細胞表面にある受容体内のシアル酸（Ｓｉａ α ２、３）に選択的に結合するが、ヒト上気道の細胞の受容体にあるシアル酸はほとんどが別の型（Ｓｉａ α ２、６）で、ヒトインフルエンザウイルスはＳｉａ α ２、６を認識する。研究チームは、ＨＡ分子の受容体結合ドメインがある球状頭部領域にランダム変異を導入し、Ｓｉａ α ２、６への結合が増強された変異ウイルスを探した。次に、ウイルスゲノムを遺伝学的に操作できる「逆遺伝学」の手法を用いて、「ハイブリッドＨ５Ｎ１ウイルス」をつくり出した。つまり、２００９年にヒトでパンデミックを起こしたＨ１Ｎ１ウイルスのＨＡ遺伝子を、変異を導入したＨ５ ＨＡタンパク質の１つをコードする遺伝子で置き換えたウイルスである。

研究チームは、このハイブリッドＨ５Ｎ１ウイルスをフェレットに感染させ、その後何回も感染を繰り返させた後、感染個体の上気道からウイルスを分離し、まだそのウイルスに接したことのない個体に感染させることで、フェレット間を高効率で伝播できるウイルスを手に入れた。研究チームが得たウイルスのフェレット間での飛沫感染能力には、ＨＡ内の４つの重要なアミノ酸の変化が関係していた（図１ａ）。それら４つの変異のうち３つ（Ｎ１５８Ｄ、Ｎ２２４Ｋ、Ｑ２２６Ｌ）は、Ｓｉａ α ２、６に対する特異性に関与する。４つ目の変異（Ｔ３１８Ｉ）は、ウイルスが自身のエンベロープと標的の細胞膜を融合することで遺伝物質を感染細胞の細胞質内に放出できるようにＨＡが構造変化する際に、pH値を下げる効果をもつ。

▼「逆遺伝学」手法で作出した「ハイブリッドＨ５Ｎ１ウイルス」があきらかにしたもの

これまでも、Ｈ５Ｎ１がフェレットで伝播する能力を獲得できるかどうかを確認しようとする試みは多数あった。２つの研究チームがＨ５Ｎ１とＨ３Ｎ２のハイブリッドウイルスを評価し[2,3]、もう１つの研究チームは、Ｈ２およびＨ３赤血球凝集素でＳｉａα２、６への結合を増すことが知られる変異をＨ５Ｎ１ ＨＡに導入した[4]。しかし、いずれの方法でも呼吸器飛沫による伝播能力は付与されなかった。また別の研究チームは、Ｈ５Ｎ１ウイルスに３つのＨＡ変異（Ｑ１９６Ｒ、Ｑ２２６Ｌ、Ｇ２２８Ｓ）を導入し、これにヒト季節性Ｈ３Ｎ２ウイルスのＮＡタンパク質を組み合わせることで、部分的な伝播能力をもたせることに成功した（図１ｂ）。興味深いことに、フェレット間で伝播能力を示した２つのＨ５ ＨＡは[1,5]（図１ａ、ｂ）、似通った変異を含んでいる。１つはアミノ酸残基１５８〜１６０にあり、ＨＡ分子の球状頭部[6]の*N*結合型糖鎖付加部位を除去する変異で、もう１つは残基２２１〜２２８にあり、受容体結合ドメインのループ構造[6]を変化させる変異である。

すでに別の研究グループが、低病原性鳥インフルエンザウイルスのＨＡおよびＮＡと、ヒト季節性Ｈ３Ｎ２ウイルス由来のその他の遺伝子を使って、フェレットでの伝播能力をもったＨ９Ｎ２ハイブリッドウイルスを作り出している[7]。このハイブリッドのＨＡには、ヒトなどのＳｉａα２、６に結合できるようになるＱ２２６Ｌ変異が含まれている[7]（図１ｃ）。このＨ９Ｎ２ウイルスが伝播能力を獲得するのに要した10回の感染の間に、さらに２つのＨＡ変異が蓄積した。その１つはＨＡ１のアミノ酸残基１８９（受容体結合ドメインの近く）に、もう１つは

2. *Jackson, S. et al.* J. Virol. 83, *8131-8140 (2009).*
3. *Maines, T. R. et al.* Proc. Natl Acad. Sci. USA 103, *12121-12126 (2006).*
4. *Maines, T. R. et al.* Virology 413, *139-147 (2011).*
5. *Chen, L.-M. et al.* Virology 422, *105-113 (2012).*
6. *Stevens, J. et al.* J. Mol. Biol. 381, *1382-1934 (2008).*

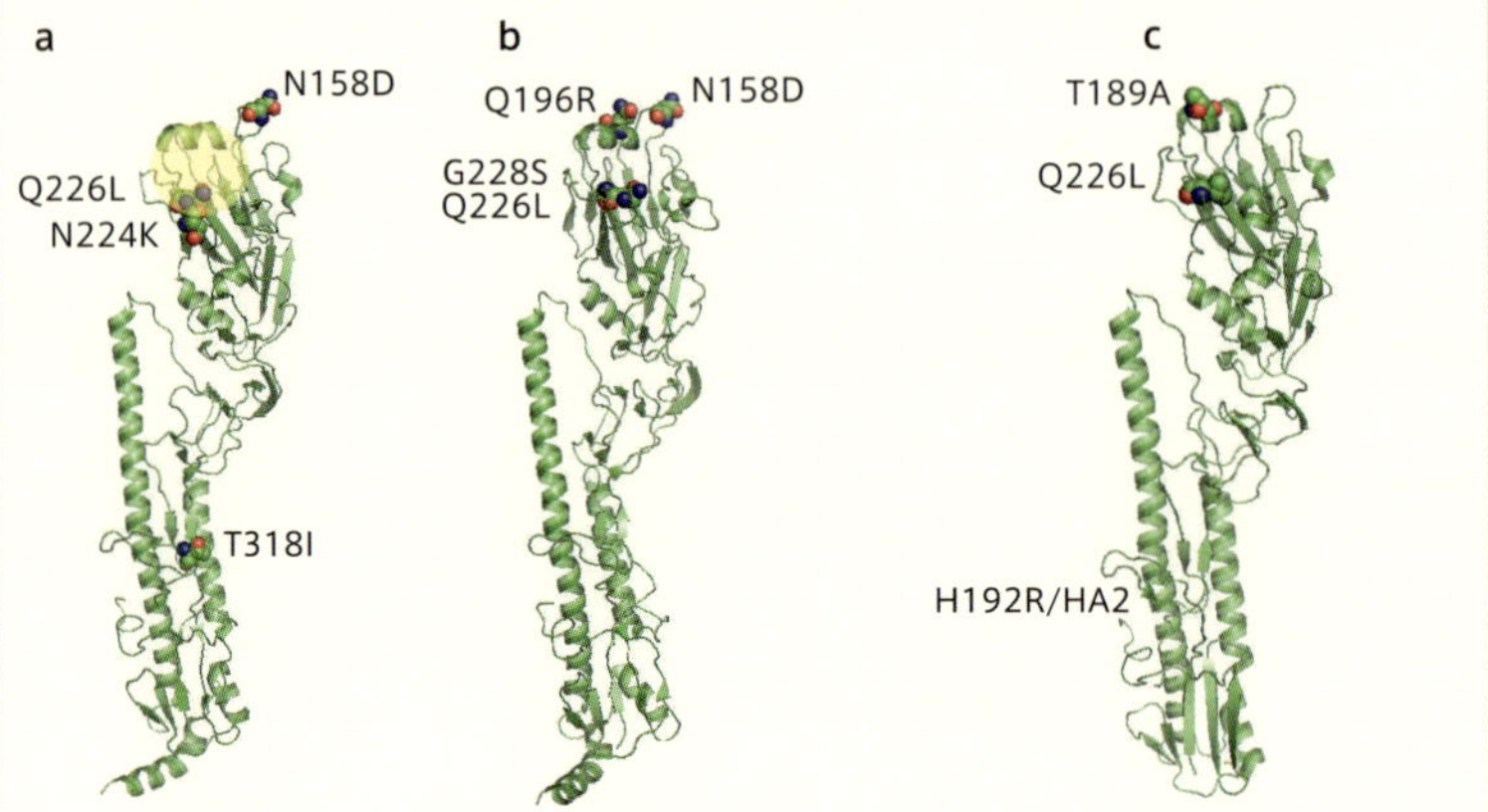

図1　哺乳類間で伝播能力をもつ鳥インフルエンザウイルスの赤血球凝集素
インフルエンザウイルスの赤血球凝集素（HA）タンパク質は、感染できる標的の細胞種を決定する。標的細胞上にある受容体のシアル酸（鳥類細胞と哺乳類細胞で種類が異なる）に結合するHA部位や、ウイルス－細胞融合を起こせるpHを決めるその他のタンパク質内にある領域を変異させることで、哺乳類から哺乳類へ伝播できる鳥HAタンパク質をもつウイルスがつくり出された。
a：今井たち[1]は、高病原性鳥インフルエンザウイルスH5N1のHAに生じた、フェレット間での飛沫感染能力を与える４つの変異（N158D、N224K、Q226L、T318I）を同定した。図の黄色の網がけ部分がHAの受容体結合部位。
b：Chenたち[5]も、フェレット間をある程度伝播できるH5N1 HAをもつウイルスをつくり出したが、H5 HAに導入したのは３つの変異だった（Q196R、Q226L、G228S）。このハイブリッドの基本構造として使われたウイルスはすでに、今井たちが今回の研究の変異HAで見つけたのと同じN158D変異を含んでいた。
c：Sorrellたち[7]は、低病原性H9N2鳥ウイルス由来のHAタンパク質を使って、同様の伝播能力を達成した。Q226L変異はすでにこのウイルスに存在しており、フェレット感染実験の過程で、さらに２つの変異（T189A、H192R/HA2）が獲得された。HAタンパク質はこのアミノ酸残基の前面にある部位で開裂するので、H192R/HA2 変異は図中に表示されていない。
なお、それぞれの構造図の下にあるのがウイルスの正式名称と亜型。変異したアミノ酸残基は、赤色と青色の丸で表わした。

7. *Sorrell, E. M., Wan, H., Araya, Y., Song, H. & Perez, D. R.* Proc. Natl Acad. Sci. USA 106, *7565-7570 (2009).*

ＨＡ２の残基１９２（膜融合ドメインの近く）に位置する変異で、それらに加えて、膜貫通ドメインにあたる位置にＮＡ変異も１つ蓄積した。これらの研究を総合すると、Ｓｉａ α２、６への結合能を高める変異と、[1,5,7] ＨＡ構造を安定化する変異とが、[1,7] インフルエンザウイルスの哺乳類間伝播能力に必要な機能をＨＡにもたらすらしいことを示している。

　したがって、今回、今井たちが飛沫感染能力のあるＨ５Ｎ１ウイルスを作り出したが、それは、鳥インフルエンザウイルスに哺乳類間伝播能力を与える仕組みを理解するために、多数の研究グループがこれまで重ねてきた努力の集大成といえる。しかし、今回と違うＨＡ変異の組み合わせでも同じような結果が得られるかもしれないため、その可能性を探る研究がなお求められる。加えて、ヒト間のインフルエンザＡウイルス伝播にウイルスのＨＡやＮＡ、ポリメラーゼ塩基性タンパク質２が関与していることはすでにわかっているが、[8,9] 今井たちが今回調べなかったほかのウイルスタンパク質が、哺乳類での伝播能力に寄与している可能性も捨てきれない。

　興味深いことに、今井たちが素材として使ったＨ５Ｎ１ウイルス株（Ａ／ベトナム／１２０３／２００４）は、フェレットに直接感染させると致死的症状を引き起こすが、今回つくり出したフェレット間伝播能力のあるＨ５Ｎ１ウイルスに感染させてもフェレットが死ぬことはなかった。したがって、フェレットとヒトの肺胞上皮細胞に存在するＳｉａ α２、３から、上気道の細胞にあるＳｉａ α２、６へと結合先の受容体が変わることで、肺胞感染を起こしてより重症化する可能性の高いウイルスから、上気道に感染する症状の軽いウイルスへと変わる

8. *Belser, J. A., Maines, T. R., Tumpey, T. M. & Katz, J. M.* Expert Rev. Mol. Med. 12, *e39 (2010).*
9. *Sorrell, E. et al.* Curr. Opin. Virol. 1, *635-642 (2011).*

可能性がある。ただし、今井たちは今回、これら2種類のウイルスが標的の点ではっきり異なる（上気道もしくは下気道領域）かどうかについてはあきらかにしてはいない。

▼自然界でのH5N1-H1N1ハイブリッドウイルスの出現は十分にありうる

今回のH5 HAをもつH1N1ウイルスは研究室で人為的につくり出されたものだが、実験でしか生じることのない人工物だと考えるべきではないだろう。自然界でのH5N1-H1N1ハイブリッドウイルスの出現は十分ありうることだ。一部のH1N1やH5N1ウイルスは、実験的条件下で別のウイルスと容易に遺伝子を交換し[10,11]、ハイブリッドウイルスをつくり出す。さらに、パンデミックを起こすH1N1ウイルスは世界の多くの地域でブタ集団内に定着しており、H5N1ウイルスはブタから分離されている[12]。このことから、これらのウイルスがブタ体内で混合される機会は実際にあると考えられる。

これらの知見は、哺乳類間伝播能力をもつウイルスが自然に生じるおそれがあることを改めて示唆するだけでなく、インフルエンザ監視体制やパンデミックへの備えを強化するための道も開いてくれる。たとえば、今井たちが報告した4つの変異のうちの1つであるN158Dは、*N*結合型糖鎖付加の消失を招くが、この残基の位置の糖鎖付加消失は自然界にあるH5N1分離株にしだいに多く見られるようになっている。そのほかの3つの変異は野外由来のH5N1分離株にはまだ見つかっていないが、Siaα2、3結合型からSiaα2、3とSiaα2、6の両方への結合型へとウイルスを変化させるようなHA変異が、すでに鳥類でもヒトでも報

10. *Cline, T. D. et al.* J. Virol. 85*, 12262-12270 (2011).*
11. *Octaviani, C. P., Ozawa, M., Yamada, S., Goto, H. & Kawaoka,Y.* J. Virol. 84*, 10918-10922 (2010).*
12. *Nidom, C. A. et al.* Emerg. Infect. Dis. 16*, 1515-1523 (2010).*

告されている。[13]

このような事実は、ヒトやほかの哺乳類（ブタなど）でのH５N１感染を今以上に監視する必要があることを強く示している。インフルエンザウイルスは、単一の臨床検体内であっても、遺伝的に少しずつ異なる「ウイルス準種」と呼ばれる変異株の集合体として存在しており、そうした遺伝的多様性を従来の塩基配列解読法で完全に評価するのはむずかしいかもしれない。これらの変異や、それと同様の機能をウイルスに与えるほかの変異について、哺乳類の臨床検体を新しい解読法を使って調べ、宿主哺乳類で生じつつあるH５N１の適応の程度を評価できる時代が来るだろう。さらに広く見れば、鳥インフルエンザウイルスに哺乳類間伝播能力を与える変異を把握することで、パンデミックの脅威となる動物インフルエンザウイルスのリスク評価を高精度で行なえるようになり、パンデミックに備えたワクチン製造の対象となるウイルス株を選ぶのにも役立つだろう。

Hui-Ling Yen とJoseph Sriyal Malik Peiris は香港大学およびＨＫＵパスツール研究センター（中国）に所属している。

13. *Yamada, S. et al.* Nature 444*, 378-382 (2006).*

光を浴びて恋の季節が始まる

Brain comes to light

Hitoshi Okamura　２００８年5月20日号　Vol.452 (294-295)

動物は、体内の概日時計が刻む定常的周期と日長変化を比べることで、季節を感知する。分子レベルでは、光シグナルがきっかけとなって、脳内で協同的に遺伝子発現が起こり、黄体形成ホルモンと卵胞刺激ホルモンが恋の季節を告げる。

多くの生物は、信頼できる季節の指標として日長（光周期）を利用し、それは動物の体内で約24時間の概日時計に、生理的にコードされているようだ。今回、中尾暢宏らの研究チームは、ウズラの脳内で長日条件に応答して起こる分子レベルの現象をあきらかにした。ウズラは通常、日が長くなると繁殖活動に入る。光周性の光シグナルは、脳の基部にある視床下部正中隆起と脳下垂体隆起部からなる機能単位を活性化する。下垂体隆起部では甲状腺刺激ホルモンが放出され、それによって、この〈光感受性のホルモン用「蛇口」〉へ突起を伸ばしているニューロンから視床下部ホルモンであるＧｎＲＨが放出される。ＧｎＲＨは門脈管に入り、下垂体からの黄体形成ホルモンと卵胞刺激ホルモンの放出を促し、性腺活性の増大を引き起こす。

▼発見された視床下部と下垂体間接合部での甲状腺刺激ホルモンの遺伝子発現のきっかけ

生物は生き残るために、絶えず変化する外界条件に適応しなければならない。たとえば、温帯域に生息する動物の大部分は、温度や食物入手の可能性などの環境条件が、子どもたちの生存に最適となるような時期に繁殖を集中させる。多くの生物は、信頼できる季節の指標として日長（光周期）を利用しており、それは動物体内で約24時間を刻む概日時計に生理的にコードされるとみられている。[1] 中尾暢宏たちは『Nature』２００８年3月20日号３１７ページに掲載の論文で、[2] ウズラ（*Coturnix japonica*）の脳内で長日条件に応答して起こる分子レベルの現象をあきらかにしている。ウズラは通常、日が長くなる（長日条件に置かれる）と繁殖活動に入る。

光へのシグナル応答は脳内の視床下部に集約され、そこでゴナドトロピン（性腺刺激ホルモン）放出ホルモン（ＧｎＲＨ）の分泌を亢進させる。これによって、脳の基部にある下垂体から分泌される黄体形成ホルモンおよび卵胞刺激ホルモンの血中濃度が上昇し、続いて、生殖腺の活性が亢進する。[3] 中尾たちは、こうした連続的な変化が引き起こされる脳領域が、視床下部と下垂体の間の接合部にあたることを見いだした（図1）。具体的には、この接合部は視床下部の正中隆起と呼ばれる部分と脳下垂体の隆起部という部分からできている。また中尾たちは、これらの変化のきっかけとなる物質が、甲状腺刺激ホルモン（ＴＳＨ：別称チロトロピン、またはサイロトロピン）であることもあきらかにした。

中尾たちは、ウズラを長日条件下に置くと、遺伝子発現のピークが2つ現れることに気づ

---

1. *Pittendrigh, C. S.* Proc. Natl Acad. Sci. USA 69*, 2734-2737 (1972).*
2. *Nakao, N. et al.* Nature 452*, 317-322 (2008).*
3. *Dunlap, J. C., Loros, J. J. & DeCoursey, P. J. (eds)* Chronobiology: Biological Timekeeping *(Sinauer, Sunderland, MA, 2004).*

いた。第1のピークは、長日条件の初日の夜明け後14時間で現われ、第2のピークは、第1ピークの4時間後に起こった。第1ピークの遺伝子発現によって、下垂体隆起部の細胞における甲状腺刺激ホルモンは増量した。これまで、ウズラの光周反応（日長に対する生体の反応）で最初に起こる現象は、視床下部正中隆起において甲状腺ホルモン活性化酵素（ＤＩＯ２）をコードする遺伝子が発現することだと考えられてきた。[4] しかし中野たちは、この遺伝子が遺伝子発現の第2ピークにしか発現しないことを見つけた。

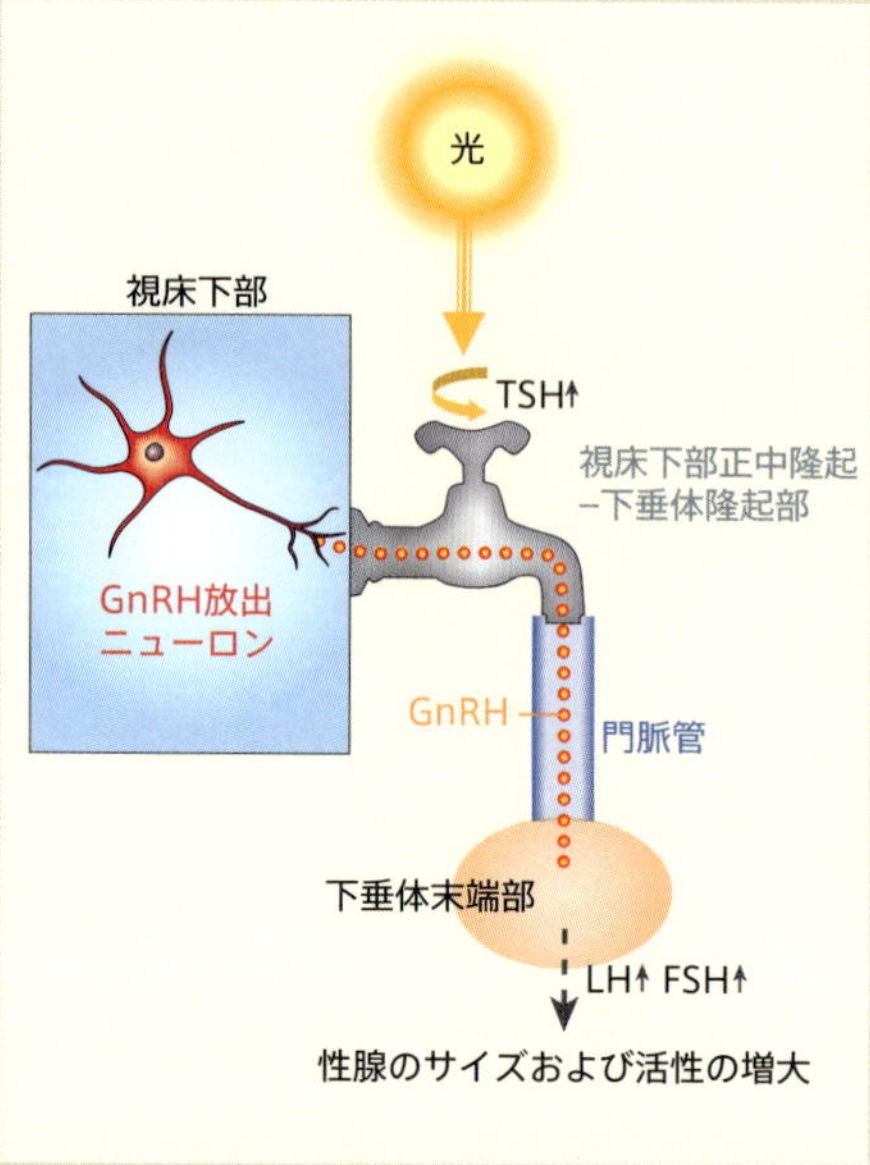

図1　光感受性のホルモン用「蛇口」
光周性の光シグナルは、脳の基部にある視床下部正中隆起と脳下垂体隆起部からなる機能単位を活性化する。中尾たちは、下垂体隆起部で甲状腺刺激ホルモン（TSH）が放出され、それによって、この「蛇口」へ突起を伸ばしているニューロンから視床下部ホルモンであるGnRHが放出されることをあきらかにした。GnRHは門脈管に入って、下垂体からの黄体形成ホルモン（LH）と卵胞刺激ホルモン（FSH）の体循環系への放出を促し、性腺活性の増大を引き起こす。

4. *Yoshimura, T. et al.* Nature 426, *178-181 (2003).*

▼接合部の視床下部正中隆起と下垂体隆起部は機能的・構造的に1つの単位

視床下部の正中隆起は、脳のニューロンが体のほかの部分に到達するために通過しなくてはならない「通路」である。たとえば、GnRHなどのホルモンを運ぶ視床下部ニューロンは、その神経繊維（軸索）を正中隆起の密な毛管血管網へ向かって伸ばし、その周辺で終わっている。正中隆起には、伸長上衣細胞（tanycyte：ギリシャ語の「伸長した」を意味するtanusに由来）と呼ばれる特殊化した上皮細胞が含まれており、[5] この細胞の長くて太い突起が毛細血管と神経終末を取り巻いて、両者の物理的な障壁となっている。[6] しかし、伸長上衣細胞と神経繊維や毛細血管とのこうした構造的結合は簡単に変えることができ、そのため、毛細血管へ放出される神経ホルモンの濃度調節が可能となる。次に毛細血管は門脈管へ注ぎ込み、神経ホルモン類は、下垂体前葉の主要部分にあたる末端部にある第2の毛細血管網へ運ばれる。神経ホルモン類はそこで下垂体ホルモンの分泌を促して、体内のさまざまな内分泌器官を制御する。こうした従来の視床下部－下垂体系説では、下垂体隆起部は何の役割も果たしていないことになる。

下垂体の隆起部は、末端部の内分泌細胞とは異なる特殊化した小型の腺細胞で構成されている。[7] 重要なことに、大部分の動物種では下垂体隆起部が視床下部正中隆起の隣に位置している。この2つの構造は、互いに向き合っており、門脈管に連結している密な毛細血管網によって隔てられている。長日条件に応答して下垂体隆起部の細胞から放出された甲状腺刺激ホルモンは、この局所的な血管連絡によって視床下部正中隆起の毛管網に入り、毛細血管を取り巻く伸長上

5. *Horstmann, E. Z.* Zellforsch. 39, *588-617 (1954).*
6. *Rodriguez, E. M. et al.* Int. Rev. Cytol. 247, *89-164 (2005).*
7. *Stoeckel, M. E., Hindelang-Gertner, C. & Porte, A.* Cell Tiss. Res. 198, *465-476 (1979).*

衣細胞表面の甲状腺刺激ホルモン受容体に結合する。中尾たちは[2]、伸長上衣細胞が活性化すると、さまざまな遺伝子転写因子や酵素を発現して細胞構造に変化をきたし、それによって毛細血管へのGnRH放出量の増加が可能になることを見いだした。これらの知見は、下垂体隆起部と視床下部正中隆起が機能的・構造的に1つの単位であることを強く物語っている。

▼光シグナルを内分泌シグナルへ変換する「視床下部正中隆起－下垂体隆起部」複合体

中野たちの知見[2]は、哺乳類《ほにゅうるい》における光周反応の研究においてどのような意味があるのだろうか。鳥類と哺乳類とでは、光周性シグナルが視床下部正中隆起－下垂体隆起部の機能的統合単位に至るまでにたどる経路は異なっているが、今回の中野たちによるウズラの観察結果は哺乳類にも当てはまりそうである。たとえ鳥類と哺乳類でまったく同じでないにしても、同様にハムスターでも、脳の視床下部正中隆起と下垂体隆起部で光周期に依存した遺伝子発現変化が報告されているからである[8]。中野たちの知見のもう1つの意味は、「視床下部正中隆起－下垂体隆起部」複合体が、ある光周期条件下に長く置かれた動物個体で見られる性腺活性の自発的復元、すなわち光不応反応[9]（photorefractoriness）を担う重要な部位だということである。季節繁殖性の動物は、鳥類であろうと哺乳類であろうと、光不応反応を光周反応に組み込むことで、繁殖季の長さや時期をより柔軟に調整することが可能になる。

光シグナルを内分泌シグナルへ変換することは、概日リズムと光周性に共通する特徴の1つである。概日機構では、こうした変換が全身の概日時計を同調させるのに使われている。たと

8. *Bockmann, J. et al.* Endocrinology 138, *1019-1028 (1997).*
9. *Nicholls, T. J., Goldsmith, A. R. & Dawson, A.* Physiol. Rev. 68, *133-176 (1988).*

えば、光によって副腎は糖質コルチコイドホルモンの分泌を促され体循環内へ放出する。[10] 光周性では、こうした変換が視床下部と脳下垂体の接合部で起こる。光周シグナルのおもな標的は、視床下部－下垂体－副腎のホルモン枢軸系である。この系では、光シグナルは下垂体隆起部細胞からの甲状腺刺激ホルモンの放出を促し、これにより伸長上衣細胞が門脈管へＧｎＲＨを「引き入れる」ことが促される。このように、光周性では甲状腺刺激ホルモンが局所的に伸長上衣細胞刺激ホルモンとして働いている。

岡村均は京都大学大学院薬学研究科に所属している。

10. *Ishida, A. et al.* Cell Metab. 2*, 297-307 (2005).*

「膠《にかわ》」の役目だけでない脳内のグリア細胞

Glia — more than just brain glue
Nicola J. Allen & Ben A. Barres　2009年2月5日号　Vol.457 (675-677)

脳内の細胞の大半を占めるグリア細胞は、「膠」(glia)を意味するネーミングのとおり、構造を支えるものだとばかり考えられてきたが、最近、神経回路の形成、作動や順応にも大きく関与していることがわかってきた。

ニューロンの大きな特徴は、電気的信号を活動電位(一過性の膜電位変化)の形ですばやく伝えることだ。この神経系細胞はすべて、グリア細胞(神経膠《こう》細胞)という広範な一群の細胞種に分けられる。ニューロンはネットワークを構築し、シナプスという特殊化した細胞間接着部位を介して相互に情報をやりとりする。いくつかの種類のグリア細胞が、ニューロンや周囲の血管と相互作用している。グリア細胞中のアストロサイトは突起を伸ばし、血管やシナプスを鞘状に取り巻いている。最近、アストロサイトには、シナプスの形成やニューロンと双方向性コミュニケーションを行なって、シナプス機能の調整に関与しているらしいことがわかってきた。さらに、血流量の制御だけでなく血中からニューロンへ、グルコースや酸素も運び込んでいるらしい。

▼グリア細胞はニューロンとどう違う？

ニューロン（神経細胞）の一番の特徴は、電気的信号を活動電位（一過性の膜電位変化）の形ですばやく伝導できることである。この特徴をもたない他の神経系細胞はすべて、グリア細胞（神経膠細胞）と呼ばれる広範な一群の細胞種に分類される。ニューロンはネットワーク（回路）を構成し、シナプスという特殊化した細胞間接着部位を介して互いに情報をやりとりしている。

ニューロンの情報伝達では、活動電位が、ニューロンの軸索突起の末端にあるシナプス前終末へ伝わる。こうして前終末が脱分極すると神経伝達物質が放出され、別のニューロンのシナプス後膜にある受容体に結合する。それによって、この2番目のニューロンの脱分極が起こり、信号がさらに伝わっていく。

グリア細胞は活動電位を生じないが、神経系全域においてニューロンの細胞体や軸索、シナプスの周囲を取り巻いたり鞘状に覆って巻きついたりしている。

▼グリア細胞はみな同じ？

答えは「いいえ」。グリア細胞は、形状や機能、神経系内の存在位置によって数種類に分けられる。たとえば哺乳類では、ミクログリア（小膠細胞）、アストロサイト（星状膠細胞）、同様の機能をもつシュワン細胞とオリゴデンドロサイト（稀突起膠細胞）がある（図1）。

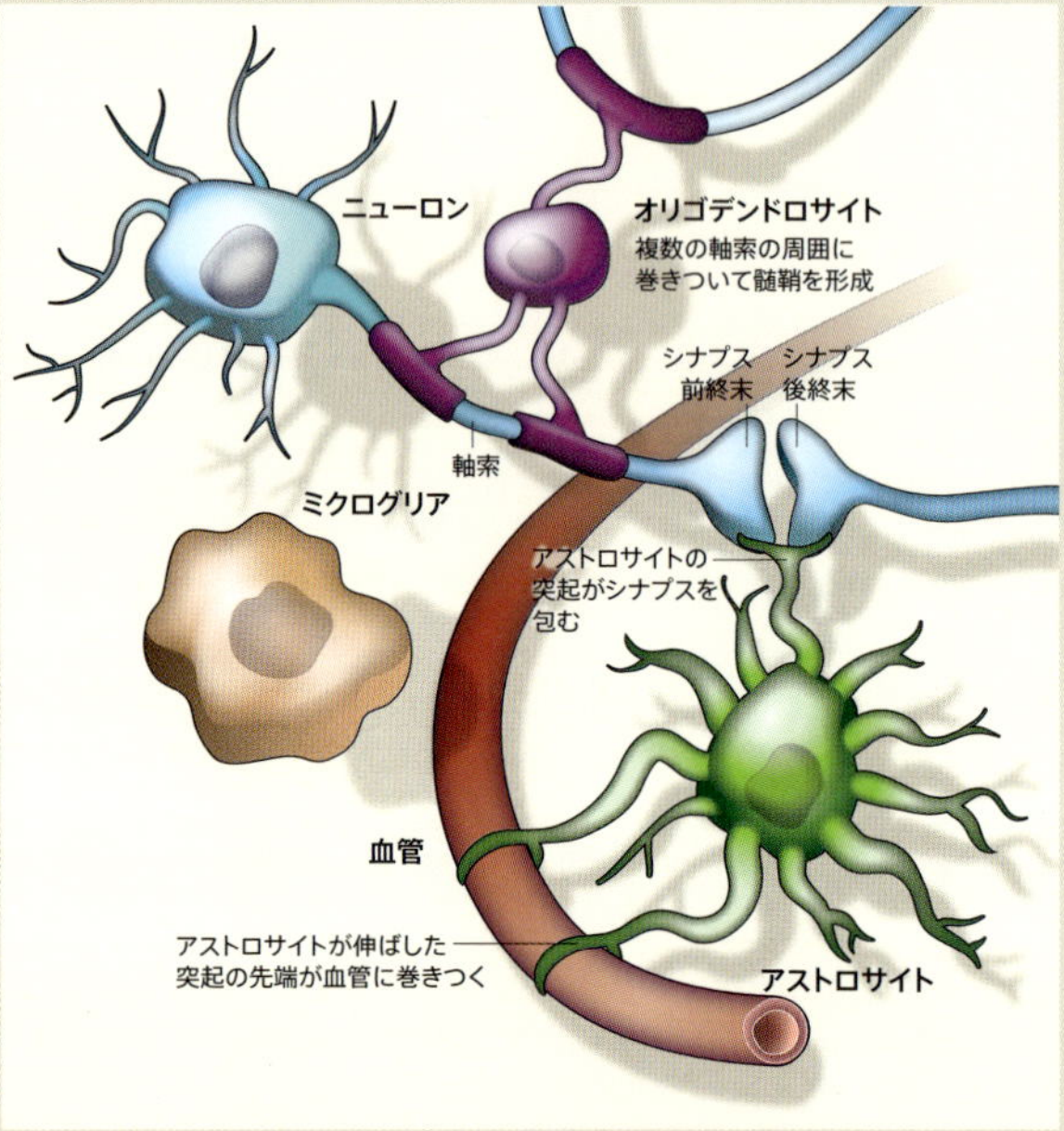

図1　グリア細胞とニューロンの相互作用
いくつかの種類のグリア細胞が、ニューロンや周囲の血管と相互作用している。オリゴデンドロサイトは軸索に巻きついて髄鞘を形成し、ニューロンの信号伝達を高速化している。アストロサイトは突起を伸ばし、血管やシナプスを鞘状に取り巻いている。ミクログリアは脳に損傷や感染がないか監視している。

▼グリア細胞はどこから生じる?

グリア細胞とニューロンは発生上の起源がほぼ同じで、胚の神経外胚葉に由来する前駆細胞から生じる。ただしミクログリアは例外である。この細胞は免疫系に属し、個体発生の初期に血中から脳内へ入り込む。

▼グリア細胞の進化についてわかっていることは？

グリア細胞は進化の過程で高度に保存されており、これまで調べられたごく単純な無脊椎動物からヒトに至るほとんどの動物種に、何らかのグリア細胞が存在している。グリア細胞の存在比は動物の大きさと相関しているらしく、脳内のグリア細胞の比率はショウジョウバエで約25パーセント、マウスで約65パーセント、ヒトで約90パーセント、ゾウでは約97パーセントである。動物が進化するにつれて、グリア細胞は多様化し特殊化しただけでなく、必要不可欠なものとなり、グリア細胞がないとニューロンは生きていけなくなった。しかも、ヒトの大脳皮質にあるアストロサイトは他の哺乳類のものに比べてはるかに複雑で、現在では情報処理に関与していると考えられている。

▼グリア細胞は何をしている？

答えは「いろいろ」。これまでは、グリア細胞はニューロンの「世話係」であって、ニューロンが適切に機能するよう保守しており、それ自体はやや受け身の役割を果たしているとみられていた。すでに確認されているグリア細胞の機能としては、神経伝達の支援、細胞外空間のイオンバランスの維持、電気的コミュニケーションの高速化のために軸索を覆って絶縁することなどがある。しかし新たな研究成果によって、発生期と成体期の両方で脳の機能や情報処理に積極的な役割を果たしており、とりわけアストロサイトでその役割が見られることがわかった。

▼ミクログリアの特異的な機能とは?

神経系に定着した免疫細胞であるミクログリアは、損傷や感染がないか脳を探索して、死んだ細胞やその断片を飲み込んでいる。ミクログリアは、食作用の過程を介して不適切なシナプス結合を除去することで、神経系の発生時に起こるシナプス再構築にも関係していると考えられている。また、ミクログリアはさまざまな神経変性疾患において活性化が見られるが、病態の治癒にプラスに働いているのかマイナスに働いているのかは、まだ議論がかわされている段階である。

▼オリゴデンドロサイトとシュワン細胞は何をしている?

脊椎動物では、これらの細胞はニューロンとその標的となる細胞との迅速な電気的コミュニケーションに不可欠である。オリゴデンドロサイト（中枢神経系にある）やシュワン細胞（末梢神経系にある）は、髄鞘（またはミエリン鞘）と呼ばれる脂質に富んだ膜をつくり出し、これが軸索を覆うように巻きついて、電気的インパルス（活動電位）の伝導を高速化させている。髄鞘がなければ活動電位の伝導速度は軸索の直径に正比例する。その場合、神経軸索の太さと伝導速度との兼ね合いから、動物の最終的な体のサイズが制限されることになる。髄鞘が進化したことで、動物の体が大きくなっても、それに合わせて神経軸索の直径を太くせずに、速い

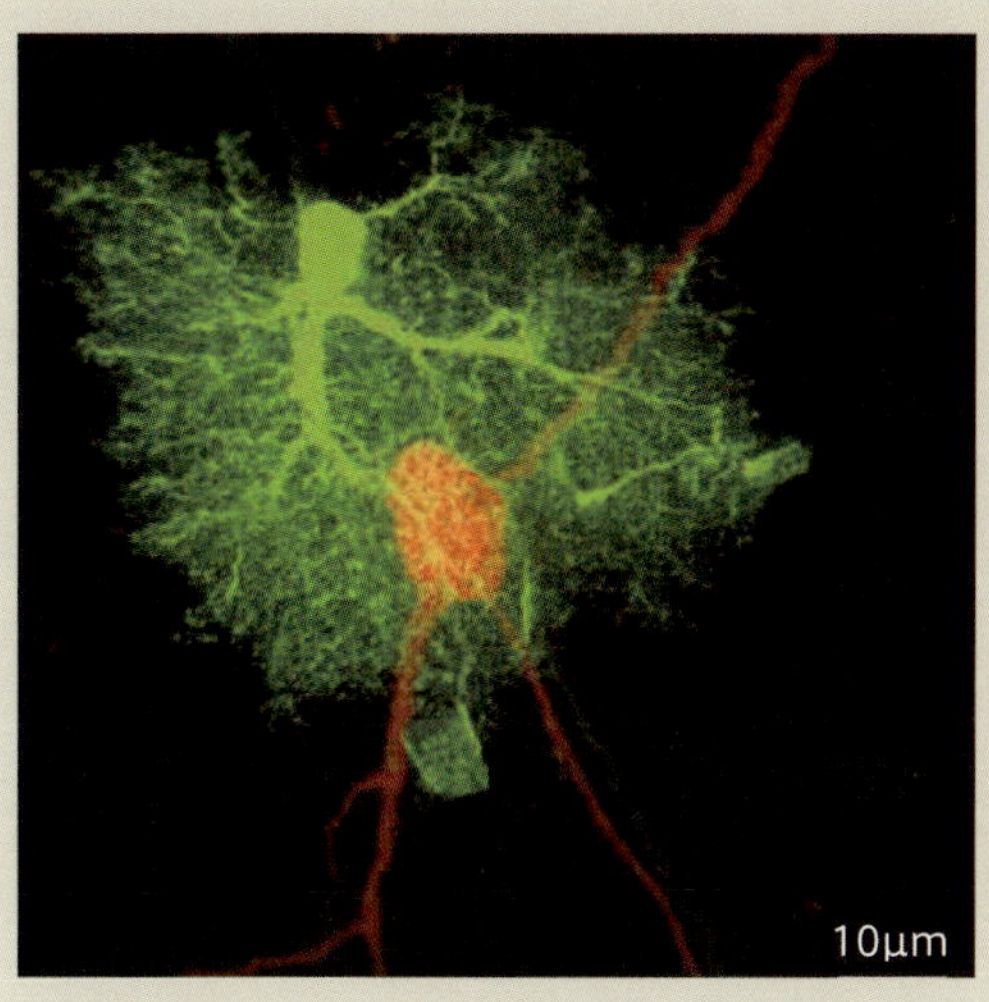

図２　活動状態のアストロサイト
１個のニューロン（赤色）の細胞体と、複数の突起を覆っている原形質型アストロサイト（緑色）の電子顕微鏡画像。このように、アストロサイトはモジャモジャした姿をしており、そのため、脳内でアストロサイト領域をつくり出すことができる。（画像提供：カリフォルニア大学サンディエゴ校、M. Ellisman & E. Bushong）

思考や動作を行なうことが可能になった。そのうえ、髄鞘形成によってイオンチャネルのクラスター化が誘導され、それによってさらに伝導速度が上昇する。オリゴデンドロサイトやシュワン細胞が損傷することで起こる「脱髄」は、多発性硬化症や遺伝性感覚運動ニューロパチーといったさまざまな疾患につながる。

▼では、アストロサイトは何をしている？

一言で言うと、アストロサイトは、ニューロンが機能できるようにしている（図２）。この細胞は、ニューロンに神経伝達用のエネルギーや物質を提供することで、脳内の恒常性維持に貢献している。アストロサイトは、隣接するニューロンのシナプス結合間の物理的障壁として働いており、また、細胞外空間から余分な神経伝達物質分子を取り除いて、シナプス信号のコード化と神経伝達を個別に正確に行なえるようにしている。最近、アストロサイトに予想外の役割があることがわかった。どうやら、シナプスの形成や、ニューロンと双方向性コミュニケーションを行なって、シナプス機能の調整に関与しているらしいのである。そこで、この「現在もっともホットな」種類のグリア細胞に関するQ&Aを以下にいくつか記した。

▼アストロサイトは脳内の恒常性維持にどう関与している？

アストロサイトは、血管ともニューロンとも密接に結合している多数の微細な突起をもち、これらを介して血流を制御している。アストロサイトは、ニューロンの活動亢進を受けて、血流量の局所的増加が必要だという合図を血管に伝える。その結果、活動している脳領域への酸素やグルコースの供給量が増えるのだ。機能的磁気共鳴画像化法（ｆＭＲＩ）を用いた脳機能研究は、こうした血流量変化の解析による。アストロサイトは、血流量の制御に加えて、血中からニューロンへのグルコースや酸素の搬入も行なっており、アストロサイトがグルコースを乳酸へ変換しているという説さえも出されている。乳酸がニューロンへ運ばれ、そこでピルビン酸に変換されて、エネルギー通貨分子であるＡＴＰ（アデノシン三リン酸）が生成するのだ。そのほかアストロサイトは、ニューロンが分泌する神経伝達物質の作用終結にも関与しており、また、グルタミン酸－グルタミンサイクルとして知られる過程を通じて、ニューロンへの神経伝達物質のリサイクルにもかかわっている。

▼アストロサイトはすべて同じか？

答えは「ノー」。アストロサイトは大きく2群に分けられる。脳の灰白質にある原形質型アストロサイトと、白質にある繊維型アストロサイトである。原形質型アストロサイトはニューロンの細胞体とシナプスに密接に関連しているが、繊維型アストロサイトはニューロンの軸索と関連していると考えられる。しかも、原形質型アストロサイトは灰白質の場所によってタイプが異なっており、おそらく1つの脳領域内であっても隣接するアストロサイトのタイプは異なっていると考えられる。これは驚くことでもない。というのも、異なる機能を果たそうとするなら、特異的な脳領域に適応しなければならないからだ。アストロサイトのさまざまなタイプの機能的な違いは、正確にはまだよくわかっていない。

▼アストロサイトは互いに連絡し合っている？

答えは「そのとおり」。アストロサイトは、カルシウムイオンの「波」と呼ばれる濃度変化を介してお互いに連絡を取り合い、かなりの距離にわたって情報を伝播する。1個のアストロサイトが刺激されると、近隣の少数のアストロサイトにカルシウム応答が引き起こされるが、それ以外のアストロサイト集団は応答しないことから、アストロサイトのネットワークはモザイク状に組織化されていることがうかがわれる。成体の脳では、アストロサイト1個ずつがそれぞれ別個の小領域を占めており、近隣にあるアストロサイトどうしで突起が重なり合うことはないが、細胞体にあるギャップ結合と呼ばれる構造によって互いにつながっている。

▼アストロサイトはニューロンとも連絡し合っている？

ニューロンとアストロサイトの間では、実際に双方向性のコミュニケーションが行なわれている。個々のアストロサイトは、さまざまなニューロンの間に形成された数千ものシナプスと接触して包み込むことができる。これは、シナプスがニューロンのシナプス前細胞膜とシナプス後細胞膜だけからなっているのではなく、多くの場合、シナプスを包み込むアストロサイトの突起もそこに加わっていることを意味する。このように3つが空間的に近い関係にあることから、アストロサイトの関与を考慮した三者間シナプス（tripartite synapse）という言葉も用いられている（図3）。アストロサイトがシナプスに局在するということは、アストロサイトがシナプスの活動をモニターして、それに応答するために理想的な位置にあるということを意味する。しかも、アストロサイトはニューロンにあるものと同じ神経伝達物質受容体を多数備えており、ニューロンが神経伝達物質を放出すると、アストロサイトでのカルシウムによる情報伝達カスケードが活性化される。これに続いてアストロサイトは神経活性物質を放出し、ニューロンへ情報伝達を返してフィードバックループを形成する。アストロサイトが分泌する各種の分子は、ニューロンの活性レベル全体を抑制したり増強したりできる。

▼どの種類のグリア細胞も、ニューロンからの入力を直接受け取っているのか？

おそらく受け取っている。プロテオグリカンNG2を発現する細胞は、オリゴデンドロサイトの前駆細胞だと考えられている。こうした細胞はニューロンからのシナプス信号を直接受け取っていて、その一部は、信号受信に応答して活動電位に似た信号さえ発していることがあきらかになっている。この神経支配の意味するところはよくわかっていない。これは、NG2発現細胞がオリゴデンドロサイトになるのを決定するのに影響しているのだろうか、それともニューロン分化にさえ影響を及ぼしているのだろうか。また、特異的な神経ネットワークへNG2細胞を動員することもあるのだろうか。

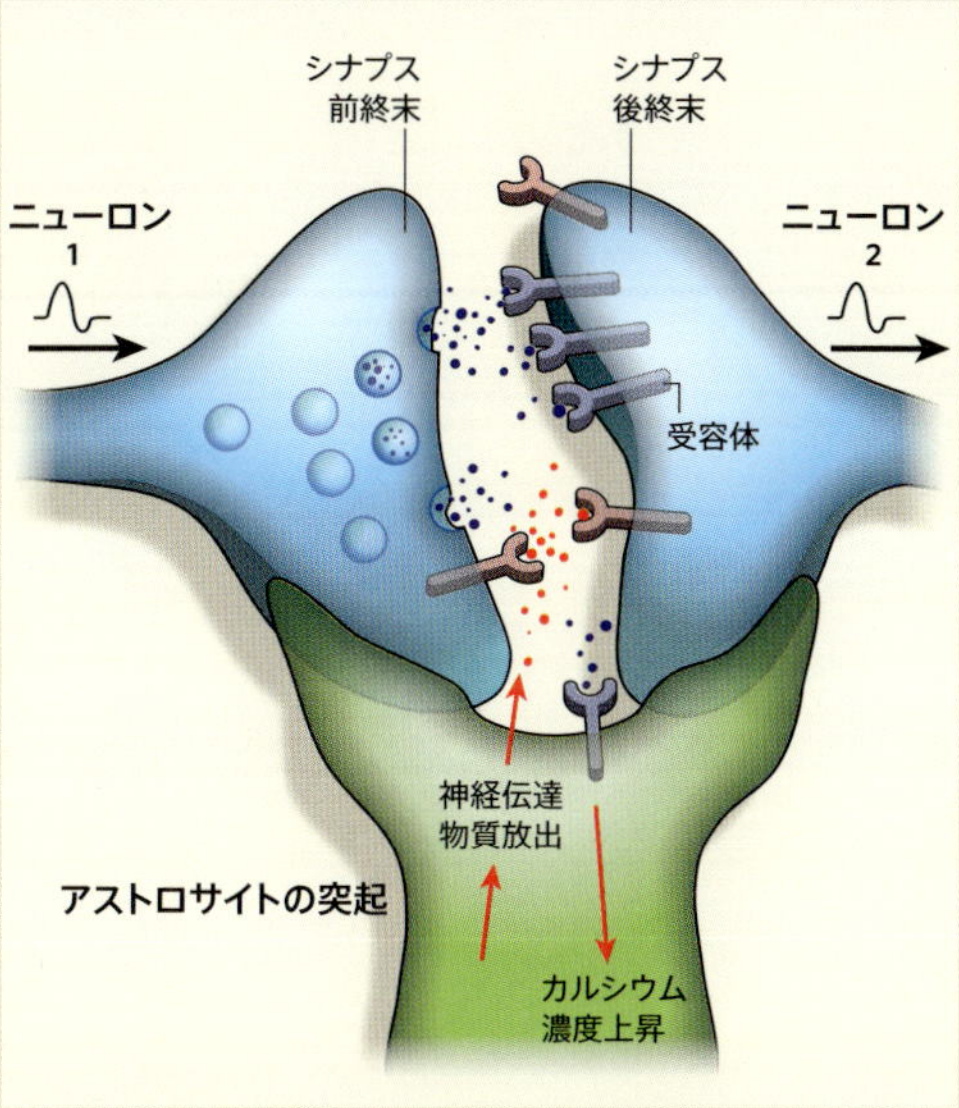

図3　三者間シナプス
アストロサイトはニューロンと同じ受容体を多数発現する。ニューロンのシナプス前終末から神経伝達物質が放出されると、アストロサイトの受容体も活性化されて内部のカルシウムイオンが増加し、ATPなど多様な活性物質が放出され、ニューロンに作用して神経活動を抑制もしくは亢進させるのだと考えられている。アストロサイトは、シナプス形成を制御するタンパク質や、シナプス前機能を制御するタンパク質、シナプス後ニューロンの神経伝達物質に対する応答を調節するタンパク質も放出する。

▼胚発生中の脳でのグリア細胞の役割は？

一部のグリア細胞はニューロンを生み出し、その他のグリア細胞はニューロンを神経系の正しい位置に導く。そのため、グリア細胞は脳の発生に必須の存在である。胚発生の最中には、放射状グリア細胞と呼ばれる特殊化なグリア細胞が分裂して、神経前駆細胞をつくる。さらに、放射状グリア細胞の長い突起は大脳皮質まで伸び、新生ニューロンはそれをたどって移動し、適正な場所まで行き着く。すべてのニューロンが所定の位置におさまると、放射状グリア細胞は突起が退縮して、皮質アストロサイトとなる。グリア細胞は、ニューロンを正しい場所まで誘導するだけでなく、軸索が成長する際の足場にもなっている。グリア細胞は、軸索にある受容体との誘引性および反発性の2つの相互作用によって、この軸索経路探索の機能を果たしている。

▼グリア細胞は神経ネットワークの形成にどのように関与しているのか？

グリア細胞は、シナプス形成やおそらくシナプス除去を支援することで、神経ネットワーク形成に寄与している。たとえばアストロサイトは、ニューロンとの直接的な接触や、シナプス前およびシナプス後の機能に加えてシナプス形成も制御する因子類の分泌によって、数種類のニューロンにシナプス形成を誘導する。しかし、こうした働きはアストロサイトに限ったものではない。オリゴデンドロサイトとシュワン細胞も、ニューロン間のシナプス形成を誘導する。こうしたグリア細胞からの信号がどのように働いているのかは、まだあきらかになっていない。

グリア細胞は、ニューロンによってあらかじめ定められた部位に、シナプス形成が許されるような環境を提供するのだろうか。それとも、ニューロンに対して、シナプスを形成すべき場所を能動的に指示しているのだろうか。すでに取り上げたように、ミクログリアは、不適切なシナプス結合の除去と、それによるニューロンネットワークの細かい「仕上げ」に関係しているとみられている。

▼グリア細胞は疾患にかかわっているのか?

グリア細胞は、神経系の疾患に有益な場合もあれば有害な場合もある。また、グリア細胞の機能異常は、多くの神経系疾患に関係しているとみられている。たとえば、脊髄を損傷すると、アストロサイトがグリア性瘢痕を形成し、これが障壁となって、損傷した軸索の再生が妨げられてしまう。また、神経変性疾患である筋萎縮性側索硬化症では、アストロサイトが、筋肉の働きに関与する運動ニューロンを殺傷する毒性因子を分泌している。しかもときに、アストロサイトは癌化して、グリオーマと呼ばれる脳腫瘍を発生させることもある。また、すでに述べたように、オリゴデンドロサイトは多発性硬化症で自己免疫の攻撃標的となり、脱髄が引き起こされる。意外なことに、臨床的うつ病でオリゴデンドロサイトや髄鞘がひどく減少することが報告されている。

▼グリア細胞の研究ではどんな実験モデルが使われている？

神経系機能におけるグリア細胞の役割は、調べることがむずかしい。なぜなら、ほとんどの動物で、グリア細胞はニューロンの生存に不可欠であるため、これを除去するとニューロンも死んでしまうからである。したがって、グリア細胞に関する情報の多くは、哺乳類個体から単離して、体外条件下で培養維持されているグリア細胞を調べて得られたものである。こうした解析結果は有用であり、グリア細胞の基本的な特性についていろいろ知ることができるが、他の細胞種との相互作用についてまではわからない。最近、哺乳類の脳切片を用いた電気生理学研究やカルシウムイメージング研究によって、グリア細胞とニューロンの相互作用や、ニューロンネットワークの活動におけるグリア細胞の役割についての知見が得られるようになった。また、生体条件下での二光子顕微鏡法といった生体イメージング技術の進歩に伴って、動物生体でのグリア細胞の活動や血流との相関性、挙動などを観察できるようになった。線虫やショウジョウバエ、魚類など小型モデル動物を使った研究で、遺伝子操作によって神経系機能におけるグリア細胞の役割を解明できるようになったことも大きい。

▼グリア細胞についてまだ解明すべきものはある？

答えは「まだまだたくさんある！」。グリア細胞への関心が近年再び高まって、神経系での思いがけない役割が次々と発見されたが、まだまだ氷山の一角にすぎず、未解決の問題はたっぷりとある。グリア細胞は、ニューロンネットワークの形成や機能遂行にいったいどんな関与をしているのだろうか。グリア細胞は、ニューロンの支持や相互作用以外に、何か不可欠な働きをしているのだろうか。アストロサイトのネットワークは、どの程度のものなのだろうか。これらのネットワークはどのくらい重要なのか、そしてニューロンがなくても情報を処理できるのだろうか。グリア細胞は疾患にどのように関与し、また治療薬の標的にもなりうるのだろうか。

▼関心が再び高まったのはなぜ？

歴史的に見て、グリア細胞の研究はあまり行なわれてこなかった。それは、「神経科学」という分野の名称から推察されるように、脳では「ニューロンが中心的役割を果たす」とみなしてきたからである。幸いなことに現在では、神経系におけるニューロン以外の細胞種の重要性や、ニューロンとそれらの細胞種との共生的関係も次第に正しく認識されるようになり、どれか1つの細胞種が他の細胞種よりも重要だとする見方はなくなった。これらのすべての細胞種が共同でどのように働いているかを調べることで、神経系の形成や、機能、順応、修復について理解をもっと深めることができるだろう。

Nicola J. Allen と Ben A. Barres はスタンフォード大学医学系大学院（米）に所属している。

◉――さらに深く読みたい方へ

- *Allen, N. J. & Barres, B. A. Signaling between glia and neurons: focus on synaptic plasticity.* Curr. Opin. Neurobiol. 15, *542-548 (2005).*
- *Barres, B. A. The mystery and magic of glia: a perspective on their roles in health and disease.* Neuron 60, *430-440 (2008).*
- *Freeman, M. R. & Doherty, J. Glial cell biology in Drosophila and vertebrates.* Trends Neurosci. 29, *82-90 (2006).*
- *Haydon, P. G. & Carmignoto, G. Astrocyte control of synaptic transmission and neurovascular coupling.* Physiol. Rev. 86, *1009-1031 (2006).*
- *Kettenmann, H. & Ransom, B. R. (eds)* Neuroglia *2nd edn (Oxford Univ. Press, 2005).*
- *Nave, K.-A. & Trapp, B. D. Axon-glial signaling and the glial support of axon function.* Annu. Rev. Neurosci. 31, *535-561 (2008).*
- *Wang, D. D. & Bordey, A. The astrocyte odyssey.* Prog. Neurobiol. 86, *342-367 (2008).*

脳梗塞後に働いている回復阻害物質

Recovery inhibitors under attack

Kevin Staley　２０１０年11月11日号　Vol.468 (176-177)

脳へ血液を供給している血管が詰まった場合、脳の損傷を防止できる時間はごく短い。だが、脳が損傷を受けても、これまでとは別の「時間的に余裕のある方法」により、損傷領域を回復に導くことが可能になるかもしれない。

脳梗塞の治療では「タイミングがすべて」だ。脳梗塞は、脳に血液を供給する血管が閉塞し、血流が妨げられることで起こる。血管の閉塞後２～３時間以内に治療が行なわれた場合に限り、血流の回復によって後遺症の影響が残らないほどの効果が得られる。しかし、大半の患者にそれが適用できず、血流が滞ることで続くダメージと戦い続けることになる。今回、研究チームは、脳梗塞による脳損傷３日目のマウスで、ニューロンのＧＡＢＡ（神経伝達物質）を介した「持続性抑制」を減少させることで、脳梗塞からの回復が有意に改善されることを発表。脳梗塞後の機能回復の鍵は、梗塞前に損傷領域と相互作用していたニューロンの結合体が、実質的に変化するところにある。問題のニューロンの多くは、損傷部位に隣接する「虚血辺縁領域」に存在する。

▼脳梗塞後の機能回復の鍵——ニューロンどうしのシナプス結合の調節機構

「タイミングがすべて」という言葉は、脳梗塞の治療によく当てはまる。脳梗塞は、脳に血液を供給する血管が閉塞して血流が妨げられることで起こる。最近は、血管を閉塞した障害物を取り除く方法が進歩し、そのダメージは劇的に改善されるようになった。しかし残念ながら、血流の回復によって後遺症が残らないほど効果が得られるのは、閉塞後2～3時間以内に治療が行なわれた場合に限られる。つまり、大半の患者にはこの治療法は適用できず、彼らはいまでも、血流が滞ることで継続するダメージと闘い続けている。

そのため、梗塞直後から少し時間が経過して進んだダメージにも目を向ける必要があり、ここからの回復をいかに促進させるかが、脳梗塞研究における重要な領域の1つである。[1] 今回Clarksonらの研究チームは、[2]『Nature』2010年11月11日号305ページで注目すべき成果を報告した。梗塞による脳損傷3日目のマウスにおいて、ニューロン（神経細胞）のGABAを介した「持続性抑制」を減少させることで、脳梗塞からの回復が有意に改善されることを発見したのだ。

脳梗塞後の機能回復の鍵は、梗塞前に損傷領域と相互作用していたニューロンの結合性が、実質的に変化するところにある。[3] 当然のことに、問題のニューロンの多くは、損傷部位に隣接する「虚血辺縁領域」に存在する。ニューロンどうしのシナプス結合において、可塑性（シナプス伝達効率を持続的に変化させること）にかかわる重要な調節機構の1つが、神経伝達物質GABAを介した抑制系だ。[4] Clarksonらは *in vitro* で、マウスの虚血辺縁領域のニューロンを

1. *Hachinski, V. et al.* Stroke 41, *1084-1099 (2010).*
2. *Clarkson, A. N., Huang, B. S., MacIsaac, S. E., Mody, I. & Carmichael, S. T.* Nature 468, *305-309 (2010).*
3. *Cramer, S. C.* Ann. Neurol. 63, *272-287 (2008).*
4. *Martin, L. J. et al.* J. Neurosci. 30, *5269-5282 (2010).*

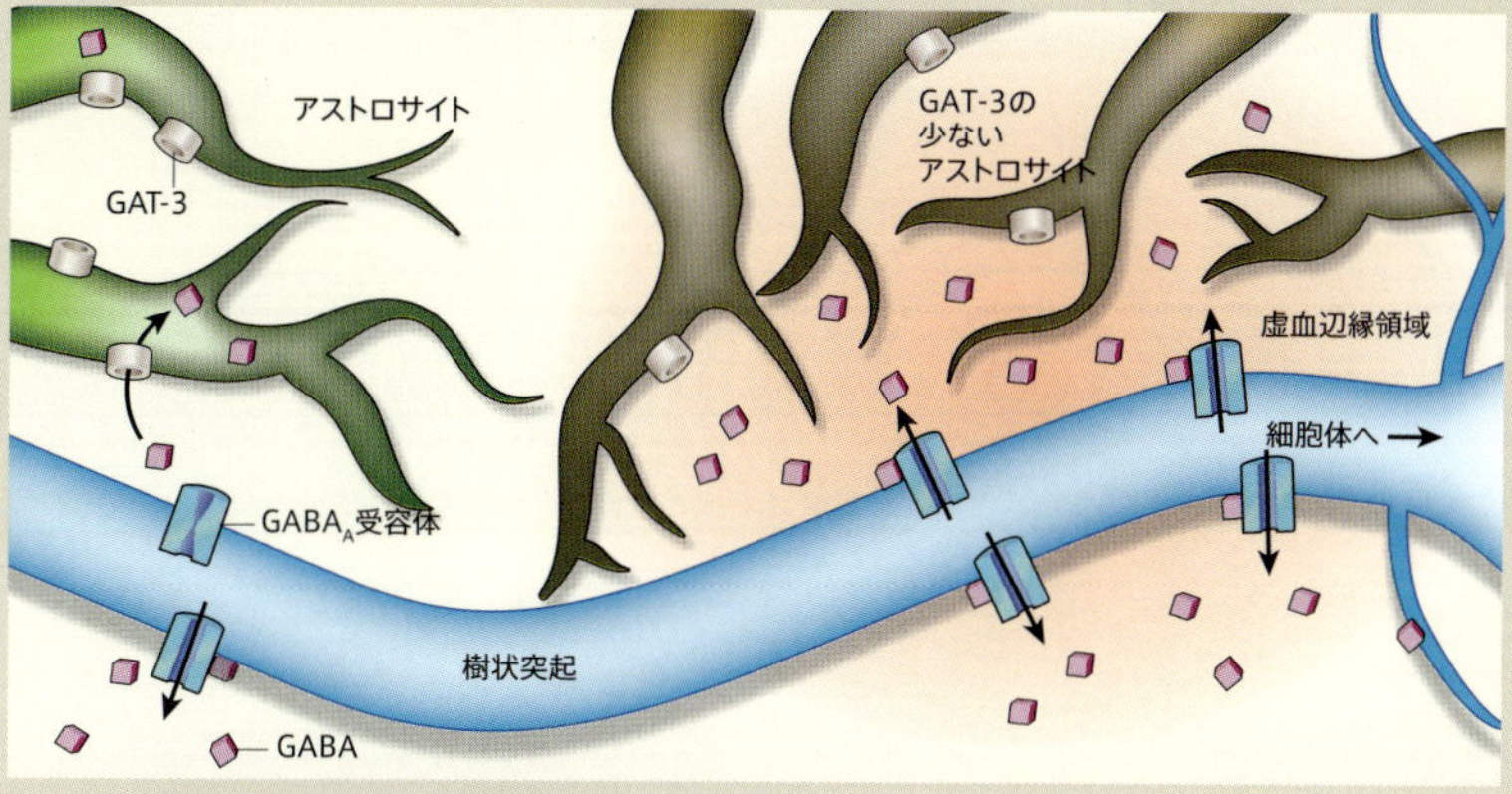

図1　脳梗塞の局所的な影響
Clarksonら[2]は、血管の閉塞により損傷を受けた虚血辺縁領域のアストロサイトでは、GAT-3（GABA輸送体）が減少して細胞外のGABA量が増えるため、ニューロンのシナプス外$GABA_A$受容体がさらに活性化されることを発見した。こうしてニューロンで興奮性電流の短絡が増えることが、脳梗塞後の回復に不可欠な活動依存性の「ニューロン可塑性」を低下させていると考えられる。

対象に、GABAの関与する活動電流を梗塞後3日目から測定し始めた。すると、GABAが介在する速いシグナル伝達は正常だったが、それに付随する「持続性抑制」と呼ばれる活動が、虚血辺縁領域でかなり増強していることがわかった。要するに、ニューロン間の神経伝達に対してブレーキが強くかかった状態が続いているのである。

この持続性抑制は、GABA受容体を介して作動する。この受容体はシナプス領域外に分布しており、ニューロン細胞膜の陰イオン透過性を増大させる。増大した電気的漏出は、シナプス入力から細胞体や軸索小丘（活動電位の生じる場所）へ伝わる興奮性シグナルをショート（短絡）させる。このようなシナプス外受容体を活性化させるのが、活動状態にあるシナプスから溢出《いっしゅつ》したＧＡＢＡなのだ。通常、ＧＡＢＡ輸送体は、このＧＡＢＡをアストロサイトとニューロンの両方に戻す働きをする（図１）。しかしニューロンが脱分極すると、ＧＡＢＡ輸送体は逆の働きが可能になり、その結果、細胞外ＧＡＢＡが増加する。

損傷した脳領域の近くでは、グルタミン酸受容体の過剰な活性化やエネルギー生成障害の二次的影響として、ＧＡＢＡ輸送体が逆の働きをしている可能性もある。[5] しかし、Clarksonら[2]がこれらの輸送体を阻害してみたところ、ニューロン細胞膜のＧＡＢＡ介在性の持続性コンダクタンス（イオン電流の通過しやすさ）には、安定した増強が見られた。つまり、虚血辺縁領域のＧＡＢＡ輸送体は、細胞外ＧＡＢＡ濃度を上昇させるのではなく、低下させる働き（ブレーキを緩める働き）をしていることがわかった。

▼持続性抑制を減少させると、脳梗塞後の運動機能回復が改善されることを発見

ＧＡＢＡ輸送体には数種類の分子がある。そこで研究チームは、ＧＡＢＡ輸送体のそれぞれに対して選択的な薬理作用をもつアンタゴニスト（拮抗薬）を用いて、これらの輸送体のＧＡＢＡの取り込みを次々と阻害してみた。その結果、虚血辺縁領域ではＧＡＴ－１輸送体は正常に働いているが、ＧＡＴ－３輸送体によるＧＡＢＡ取り込み量が減少していることがわかった（図１）。また、研究チームがＧＡＴ－３発現量を選択的に減少させたところ（この場合、ＧＡＢＡ取り込みを促進するようなイオン条件の変化はない）、それに伴ってＧＡＢＡ取り込み量が変化し、虚血辺縁領域での持続性抑制が増強されることもわかった。

5. *Moskowitz, M. A., Lo, E. H. & Iadecola, C.* Neuron 67*, 181-198 (2010).*

ところで、こうした抑制が低減するとけいれん発作が起こる場合があり、この発作は脳の皮質領域で起こる急性脳梗塞の5パーセントで見られる。[6] こうしたことから、虚血辺縁領域で見られる持続性抑制の増強には、脳を保護する働きがあるのかもしれない。しかしClarksonらは、そうした保護作用は「シナプス結合を変化させる能力（可塑性）の低下」という代償を伴うだろうと推論する。[4] シナプス結合を変化させる過程は、大脳皮質の機能を再配分して立て直すために必須である。そこで、神経抑制を減少させることで可塑性の過程を増強できれば、それによって皮質領域が変化して筋の制御能が改善できるのではないかと考えられる。すなわち、強くかかっているブレーキを緩めれば、可塑性の増大に結びつき、機能回復につながる可能性があるということだ。実際、研究チームは、持続性抑制を減少させると、脳梗塞後の運動機能回復が改善されることを見つけた。マウスに釣り下げたワイヤの格子の上を歩かせ、踏み外した回数を測定したところ、改善が実証されたのだ。

さらにClarksonたちは、2通りの実験で、持続性抑制を減少させる（ブレーキを緩める）ことによって脳梗塞後の機能回復が促進されることをあきらかにした。一方の実験では、GABA受容体の2つのサブユニットを欠失したマウスを調べた。これらのサブユニットはおもにシナプス外受容体で見られ、持続性抑制に関与しているものだ。もう一方の実験では、これらのサブユニットを特異的に阻害するアンタゴニストを使って、GABA介在性の持続性抑制を選択的に減少させた。これら2通りの実験のどちらも、脳梗塞後の歩行機能の回復が促進されるという結果になった。

6. *Camilo, O. & Goldstein, L. B.* Stroke 35, *1769-1775 (2004).*

▼ＧＡＢＡ介在性の持続性抑制減少の安全性が、これからの課題

これらの興味深い観察結果から[2]、さまざまな研究の道が開けると考えられる。しかし第一に考えるべきは、安全性である。すでに述べたように、脳梗塞後にＧＡＢＡ介在性の持続性抑制を減少させると、けいれん発作が起こる可能性があり[6]、リスクを慎重に考慮すべきである。また、虚血辺縁領域ではＧＡＢＡ介在性の持続性コンダクタンスが増大してニューロンの抑制が増強されているが、この原因についても、さらに研究を進める必要がある。なぜなら健常な大脳新皮質では、ＧＡＴ－３を薬理学的に除去しても持続性抑制は変化しないからだ[7]。

もう一度繰り返すが、タイミングがすべてである。過去の研究[8]は、脳梗塞を発症した時点においては、抑制増強が起こることが有益であることを示している。また、Clarksonらの実験でも、脳梗塞後に抑制を減少させるタイミングが早すぎた場合、脳梗塞の規模が大きくなるという有害な影響が見られた。こうしたタイミングの「縛り」は、ＧＡＢＡに有益な機能と有害な機能の両方があることを示しており、実用化にもっていくためには、この理由も解明する必要がある。

Clarksonらの実験では、ＧＡＢＡ介在性の持続性抑制を減少させたとき、その影響は脳全体に及んだ。そのため、この実験の主要な作用対象が、果たして本当に「虚血辺縁領域での持続性抑制の増強」だったのかどうか、なお不確定さが残っている。脳梗塞が起こると、損傷した領域を含む局所的神経ネットワークの活動状態が変化する[9]。その結果、抑制の局所的変更と全体的な変更の両方が、これらのネットワーク活動の一部を再構築する助けとなり[10]、それによ

7. *Keros, S. & Hablitz, J. J.* J. Neurophysiol. 94, *2073-2085 (2005).*
8. *Green, A. R., Hainsworth, A. H. & Jackson, D. M.* Neuropharmacology 39, *1483-1494 (2000).*
9. *Paz, J. T. et al.* J. Neurosci. 30, *5465-5479 (2010).*
10. *Sanes, J. N. & Donoghue, J. P.* Annu. Rev. Neurosci. 23,*393-415 (2000).*

って機能回復を向上させているのかもしれない。

▼求められる意識の観点からのＧＡＢＡ操作の影響

今回Clarksonらが得た有益な影響は、すべて、最初の機能回復解析の時点（脳梗塞の１週間後）ですでに観察されていたものである。それ以降は、治療した個体も未治療の個体も、同じ速度で並行して回復している。この結果から、ＧＡＢＡ介在性の持続性抑制の減少によって、損傷した皮質ネットワークの機能が改善されている可能性が、再び浮上してくる。それは、ネットワークの長期回復と分けて考えるべきである。長期回復による改善の場合、マウスの歩行能力の改善率も高めるし、また、ＧＡＢＡ阻害物質を除去した後も持続することになる。もちろん、直後の機能改善と長期回復による改善の両方の効果が、筋の制御で見られた改善に寄与している可能性はある。しかしClarksonらは、ＧＡＢＡ阻害物質を除去すると、回復の改善度がおよそ半分になることも示しているのだ。

ちなみに、ＧＡＢＡ介在性の神経抑制を低減すると、覚醒状態が増強されるようだ。Clarksonらは、それぞれの実験の直前にマウスの一部集団に行なった抑制低減処置による梗塞直後の歩行機能増強は無視しているが、齧歯類では覚醒剤によって脳梗塞からの回復が改善されることがわかっている。[11] これがヒトにも当てはまるのかどうかはわかっていない。したがって今後の研究では、意識の観点からＧＡＢＡ操作の影響を注意深く制御していくことが求められる。

11. *Sprigg, N. & Bath, P. M. W.* J. Neurol. Sci. 285*, 3-9 (2009).*

脳梗塞からの回復を早める戦略は、救急救命を補完するものとしてだけでなく、実行可能な医療としても期待されている。なぜなら、厳しいタイムリミットのある従来の治療法に比べ、余裕をもって行なえるものだからだ。今回の成果[2]は、その戦略の1つとして有望であり、さらに研究を重ねていく必要がある。

Kevin Staley はハーバード大学医学系大学院マサチューセッツ総合病院（米）に所属している。

再プログラム化により損傷を受けた心臓を修復

Reprogramming the injured heart

Nathan J. Palpant & Charles E. Murry　２０１２年5月31日号　Vol.485 (585-586)

心臓が損傷を受けると、筋肉は再生せず瘢痕《はんこん》組織が作られる。生きたマウスの心臓で、瘢痕組織を形成する細胞を筋肉細胞に変換させることによって、この過程を軽減できることが示された。

心臓は再生能が限られているため、心筋梗塞などによる損傷は、筋肉の再生によってではなく瘢痕形成によって治癒する。その結果、心臓は以前ほど効率的に血液を拍出できなくなり、それが心不全の急増につながる。今回、研究者たちは、生きているマウスの損傷を受けた心臓で、瘢痕を形成する細胞を誘導して筋肉細胞に変換した。研究者たちは、心臓の発生を調節する３つの転写因子（ＧＡＴＡ４、ＭＥＦ２Ｃ、ＴＢＸ５）に加え、さらに転写因子ＨＡＮＤ２を付加し、*in vitro*での再プログラム化がより効率的に行なわれることをあきらかにした。実験ではマウスの冠動脈を閉塞させることによって心筋梗塞を引き起こし、転写因子の遺伝子の損傷を受けた心臓への送達にはレトロウイルスを使用している。

▼心臓の限られた再生能が心不全の急増につながっている

心血管疾患はいまだに世界中で主要な死亡原因である。心臓の再生能が限られているため、心筋梗塞（心臓発作）などによる損傷は、筋肉の再生によってではなく瘢痕形成によって治癒する。その結果、心臓は以前ほど効率的に血液を拍出できなくなり、それが今日見られている心不全の急増につながっている。現在行なわれている薬物療法は心機能の低下に対処するためのものだが、科学者や臨床医は障害心筋を再生させる方法をなんとか見つけたいと努力を重ねている。『Nature』２０１２年５月31日号５９３ページ、５９９ページに掲載されている論文で、Qian[1]らとSong[2]らは、心臓機能を改善する取り組みにおける研究成果を報告している。彼らは、生きているマウスの損傷を受けた心臓で、瘢痕を形成する細胞（繊維芽細胞）を誘導して筋肉細胞（心筋細胞）に変換した。

再プログラム化によって細胞の運命を変えるというアイデアは、ＭＹＯＤ１という転写因子の発見により、錬金術の域を脱して、れっきとした生化学研究の一分野となった。ＭＹＯＤ１は骨格筋の発生にかかわる遺伝子群の発現を調節する転写因子で、実験的にこれを発現させると、*in vitro* でも生きたラット[3]の損傷を受けた心臓の細胞でも、[4]多くの種類の細胞を骨格筋に変換できる。もっと最近では、成体哺乳動物の体細胞（生殖細胞系ではない細胞）も、いくつかの転写因子を組み合わせて発現させることで、どんなタイプの細胞にも分化できる多能性幹細胞へと再プログラム化できることが示されている。[5]最近では、この手法を用いて、分化した細胞を直接、心筋細胞など別の種類の分化細胞に変換させることにも成功している。[6~10]

1. *Qian, L. et al.* Nature 485, *593-598 (2012).*
2. *Song, K. et al.* Nature 485, *599-604 (2012).*
3. *Davis, R. L., Weintraub, H. & Lassar, A. B.* Cell 51, *987-1000 (1987).*
4. *Murry, C. E., Kay, M. A., Bartosek, T., Hauschka, S. D. & Schwartz, S. M.* J. Clin. Invest. 98, *2209-2217 (1996).*

Qianら[1]とSongら[2]の研究は、心臓の発生を調節する3つの転写因子（GATA4、MEF2C、TBX5）をコードする遺伝子を導入することにより、*in vitro*で繊維芽細胞を再プログラム化して心筋細胞に変換できることを示した以前の研究[6]に基づいている。Qianらの研究ではこれら3つの遺伝子のみが使われたが、Songらは、さらに転写因子HAND2をコードする4つ目の遺伝子を加えることで、*in vitro*での再プログラム化がより効率的に行なわれることをあきらかにした。どちらの研究でも、著者らは、マウスの冠動脈（血液を心筋に供給する血管）を閉塞させることによって心筋梗塞を引き起こし、転写因子の遺伝子の損傷を受けた心臓への送達にはレトロウイルスを使用した。これらのレトロウイルスは、瘢痕を形成中の繊維芽細胞など、活発に分裂している細胞の染色体に遺伝子を挿入することができるが、心筋細胞などの分裂しない細胞には挿入できない。処置の1カ月後、Songらの研究では損傷部位に接する領域（梗塞境界ゾーン）の心筋細胞の2・4〜6・5パーセント、そしてQianらの実験では最大35パーセントもが再プログラム化された心筋細胞様細胞で占められていた。さらに、どちらの研究でも、処置を受けたマウスの心臓は対照マウスの心臓に比べて機能も改善していた。

▼「遺伝的パルスチェイス」技術の使用で再プログラム化の発現を確信

著者らにとって大きな難題だったのは、もとから存在していた心筋細胞と、再プログラム化された繊維芽細胞由来の心筋細胞をどう見分けるかだった。この問題に対処するために、両グ

5. *Takahashi, K. & Yamanaka, S.* Cell 126, *663-676 (2006).*
6. *Ieda, M. et al.* Cell 142, *375-386 (2010).*
7. *Pang, Z. P. et al.* Nature 476, *220-223 (2011).*
8. *Vierbuchen, T. et al.* Nature 463, *1035-1041 (2010).*
9. *Szabo, E. et al.* Nature 468, *521-526 (2010).*

ループは、蛍光タンパク質が繊維芽細胞とその子孫細胞だけ（心筋細胞になったものも含む）で永久的につくられるように遺伝子操作されたマウスを実験に用いた。この細胞系譜追跡技術の特異性は、ペリオスチンまたはFSP1をコードする遺伝子から得た調節配列（プロモーター）に依存している。ペリオスチンとFSP1は通常、繊維芽細胞で作られるタンパク質だが、心筋細胞ではつくられない。これらのプロモーターが活性化している細胞では、遺伝的再編成後も、蛍光タンパク質をコードする遺伝子は永久的に活性化していた。

そのような細胞系譜追跡の手法は最先端技術ではあっても、完全無欠というわけではない。もっとも大きな落とし穴は、既存の心筋細胞中の繊維芽細胞プロモーターが活性化されてしまうことで、そうなると、これらのもともとの心筋細胞と再プログラム化された細胞との区別がつかなくなってしまう。ペリオスチンもFSP1も繊維芽細胞に特異的なわけではない（とはいえ、心筋細胞でそれらが発現するという証拠はいまのところない）[11,12]。これらの理由により、Songらは追加実験を行ない、「遺伝的パルスチェイス」技術を使用することで繊維芽細胞の標識づけのタイミングを制御した。すると、導入した転写因子群の発現がない場合は、心筋細胞が標識づけされることはなかった。この結果によって、再プログラム化が本当に起こっていたという確信が強まった。

どちらの研究でも、一部の細胞は部分的に再プログラム化されただけだったが、ほかの細胞は形態学的にも機能的にも通常の心筋細胞と区別がつかなかったという結果が出ていることは興味深い。特に、短期培養で繊維芽細胞から誘導された心筋細胞は、電気刺激により収縮する

10. *Zhou, Q., Brown, J., Kanarek, A., Rajagopal, J. & Melton, D. A.* Nature 455, *627-632 (2008).*
11. *Sen, K. et al.* Am. J. Pathol. 179, *1756-1767 (2011).*
12. *Cheng, J., Wang, Y., Liang, A., Jia, L. & Du, J.* Circ. Res. 110, *230-240 (2012).*

ことができ、また活動電位や電気的結合などの電気化学的活性も心筋細胞に典型的に見られるものと同じだった。どちらの研究チームも、非侵襲的診断法（心エコーと磁気共鳴画像化）を用い、処置を受けたマウスでは処置を受けていないマウスと比較して機能的改善が見られ、瘢痕組織の面積が減少していたことをあきらかにしている。

▼心臓血管トランスレーショナル医学の新しい研究の道筋が開かれた

心臓機能が亢進したという研究結果は確かに重要だが、これはどのような機序で起こっているのか、また、改善はさらに進むのだろうか？　著者らの結果は、処置によって新しい機能する心筋細胞が生じ、それが心臓のポンプ性能を直接向上させたことを示唆しているが、再プログラム化された細胞は、梗塞境界ゾーンの心筋細胞のほんの一部を占めているにすぎないことを忘れてはならない。そもそも梗塞境界ゾーン自体、定義があいまいであり、しかも損傷領域全体から見れば、ごく限られた部分でしかないのである。そんなわずかな数の細胞によって直接的に心臓機能全体が向上するものだろうか？　幹細胞治療の研究者も、心臓での細胞移植において、同様な不相応に大きすぎる効果を観察している。つまり、移植された細胞または再プログラム化された細胞が、増殖因子やサイトカイン、あるいはその他のシグナル伝達分子を産生することによって血流の改善や細胞の生存率の上昇が起こり、既存の細胞の性能が改善したという可能性が浮かび上がってくる。[13]

将来的には、独立した研究チームが異なる系譜追跡手法を用いて、今回の著者らの結果を検

13. *Laflamme, M. A. & Murry, C. E.* Nature 473*, 326-335 (2011).*

証する必要があるだろうし、また、細胞の再プログラム化の効率も改善されなければならない。さらに、臨床応用の面では、悪性形質転換などの合併症を防ぐために、転写因子の遺伝子を繊維芽細胞の染色体に挿入せずに、再プログラム化を起こせるようにしなければならない。加えて、心筋細胞への再プログラム化が最良の選択なのか、より増殖能の高い未成熟な心筋前駆細胞のほうがより良い選択ではないのか、という問題もある。

おそらく、臨床試験はまだ遠い話だろうが、Qian らと Song らによる研究は心臓血管トランスレーショナル医学における新しい研究の道筋を開くものだ。再プログラム化のメカニズムを正確に理解できれば、損傷後に心臓の細胞の再プログラム化を誘導するというごくシンプルな再生治療も可能になるかもしれない。

Nathan J. Palpant と Charles E. Murry は、ともにワシントン大学医学系大学院（米）、幹細胞・再生医学研究所、心臓血管生物学センター、病理学・生物工学・医学／心臓病学科に所属している。

応用生物

Applied Biology

細菌の概日時計

As time glows by in bacteria
Carl Hirschie Johnson　２００４年7月1日号　Vol.430 (23-24)

細胞集団は、きわめて正確かつ安定した概日振動を示すことができる。だが、細胞間の連絡がない単独の細胞でも、こんな正確なリズムを発振できるのだろうか。藍色細菌では、どうやらそれが可能らしい。

約24時間周期で見られる遺伝子発現や生理状態、行動のリズム（概日リズム）を調節するのに必要な体内時計を備えるには、細菌はあまりにも〝単純〟すぎると考えられてきた。だが、藍色細菌にもしっかりした概日時計が備わっており、体内の全遺伝子の発現を制御していることがわかっている。現在では、藍色細菌は体内時計研究の最先端の研究材料であり、体内時計タンパク質の構造研究や進化における概日リズムの解明に役立っている。研究者たちは、概日時計が作動すると遺伝子調節領域にスイッチが入って発光する自己発光型の藍色細菌株を使い、その発光リズムを超高感度の自動顕微鏡画像化装置で観察した。これは遠く離れた星のかすかな光を検出するに等しく、カメラも同じ類のものだ。

▼行動の概日リズムを調節する体内時計を、細菌も装備していた

細菌にも時差ボケがあるのだろうか。そんな質問はばかげていると思われるかもしれない。20年前には専門家たちもそう思っていた。約24時間周期で見られる遺伝子発現や生理状態、行動のリズム（概日リズムという）を調節するのに必要な体内時計（生物時計ともいう）を装備するには、細菌はあまりにも「単純」すぎると考えられたからだ[1]。しかし、この20年間の進歩は大きかった。いまでは、藍色細菌（シアノバクテリア、または藍藻類ともいう）にもしっかりした概日時計が備わっていて、体内の全遺伝子の発現を制御していることがわかっている。実際、藍色細菌は体内時計研究における最先端領域の研究材料となっており、とりわけ、体内時計タンパク質の構造研究や進化における概日リズムの重要性を探るために役立っている。藍色細菌は今後も活躍しそうな勢いである。『Nature』7月1日号81ページのMihalcescuたちの[2]報告で、単細胞の概日リズムを解析するための新しいモデル系として藍色細菌にスポットライトが当てられたからだ。

1個の細胞でも概日時計機構をもてることは、哺乳類の体内に散在する神経細胞はもちろんのこと、単細胞種である*Acetabularia*[3,4]や*Paramecium*[5]などの細菌以外の生物（真核生物）の研究からわかっている。しかし、この種の細胞の1個1個は少々「いい加減」な1日単位の振動をしていて[3~6]、こうした細胞の集団の概日リズムは、定常環境下で時間が経つにつれて減衰する傾向が見られる。この減衰現象からみて、集団内の個々の細胞の振動周期にはノイズや変動性があるために細胞の時計が非同期化したと考えられる。

1. *Johnson, C. H.* Curr. Issues Mol. Biol. 6, *103-110 (2004).*
2. *Mihalcescu, I., Hsing, W. & Leibler, S.* Nature 430, *81-85 (2004).*
3. *Karakashian, M.W. & Schweiger, H. G.* Exp. Cell Res. 97, *366-377 (1976).*
4. *Woolum, J. C.* J. Biol. Rhythms 6, *129-136 (1991).*
5. *Miwa, I., Nagatoshi, H. & Horie, T.* J. Biol. Rhythms 2, *57-64 (1987).*

それでも長年の認識として、多細胞生体系では1個の細胞から別の細胞へ位相情報の連絡があり、それが個々のノイズのある細胞の振動を連動させ、正確に振動する1つのネットワークをつくり上げているのだと考えられてきた。[7] そのたとえとして聴衆の拍手が挙げられる。人々が集団で同時に拍手するほうが、一人ひとりでたたく拍手よりもリズムが正確に刻まれる。[8] 別なたとえとして、いっせいに足を振り上げるラインダンスを思い浮かべてみよう。拍子をとる音楽がない状態で足を上げる場合、大勢でやるラインダンスでは全員で足をそろえるというフィードバックが働くため、ダンサーが1人きりの場合よりもリズムが正確になると予想される。

実際、定常環境に置かれた藍色細菌集団の遺伝子発現に見られる概日リズムは、感嘆するほど安定していて正確である。[1,9] 藍色細菌の概日リズムを調べている筆者らは、この細菌は細胞どうしが互いに連絡し合っているので、正確にリズムを刻むのだと考えていた。そうだとすれば、単独の細菌細胞の振動は、集団の細胞の振動に比べて結構「いい加減」なはずである。

▼個々でも概日時計が細胞分裂に影響されない藍色細菌株

I. Mihalcescu たちは、[2] 私たちの抱いたような先入観に惑わされなかった。彼らが使ったのは、概日時計が作動すると遺伝子調節領域（*psbAI* プロモーター領域）にスイッチが入って発光する、自己発光型の藍色細菌株だ[10]（図1）。そして超高感度の自動顕微鏡画像化装置で、これらの細胞の発光リズムを観察した。1個の細菌細胞が発する弱々しい光の点を検出する技術は、遠く離れた星のかすかな光を検出する技術に近く、それぞれの目的で使われるカメラもよく似

6. *Welsh, D. K., Logothetis, D. E., Meister, N. & Reppert, S. M.* Neuron 14, *697-706 (1995).*
7. *Enright, J. T.* Science 209, *1542-1545 (1980).*
8. *Neda, Z., Ravasz, E., Brechet, Y., Vicsek, T. & Barabasi, A.-L.* Nature 403, *849-850 (2000).*
9. *Kondo, T. et al.* Science 266, *1233-1236 (1994).*
10. *Katayama, M., Tsinoremas, N. F., Kondo, T. & Golden, S. S.* J. Bacteriol. 181, *3516-3524 (1999).*

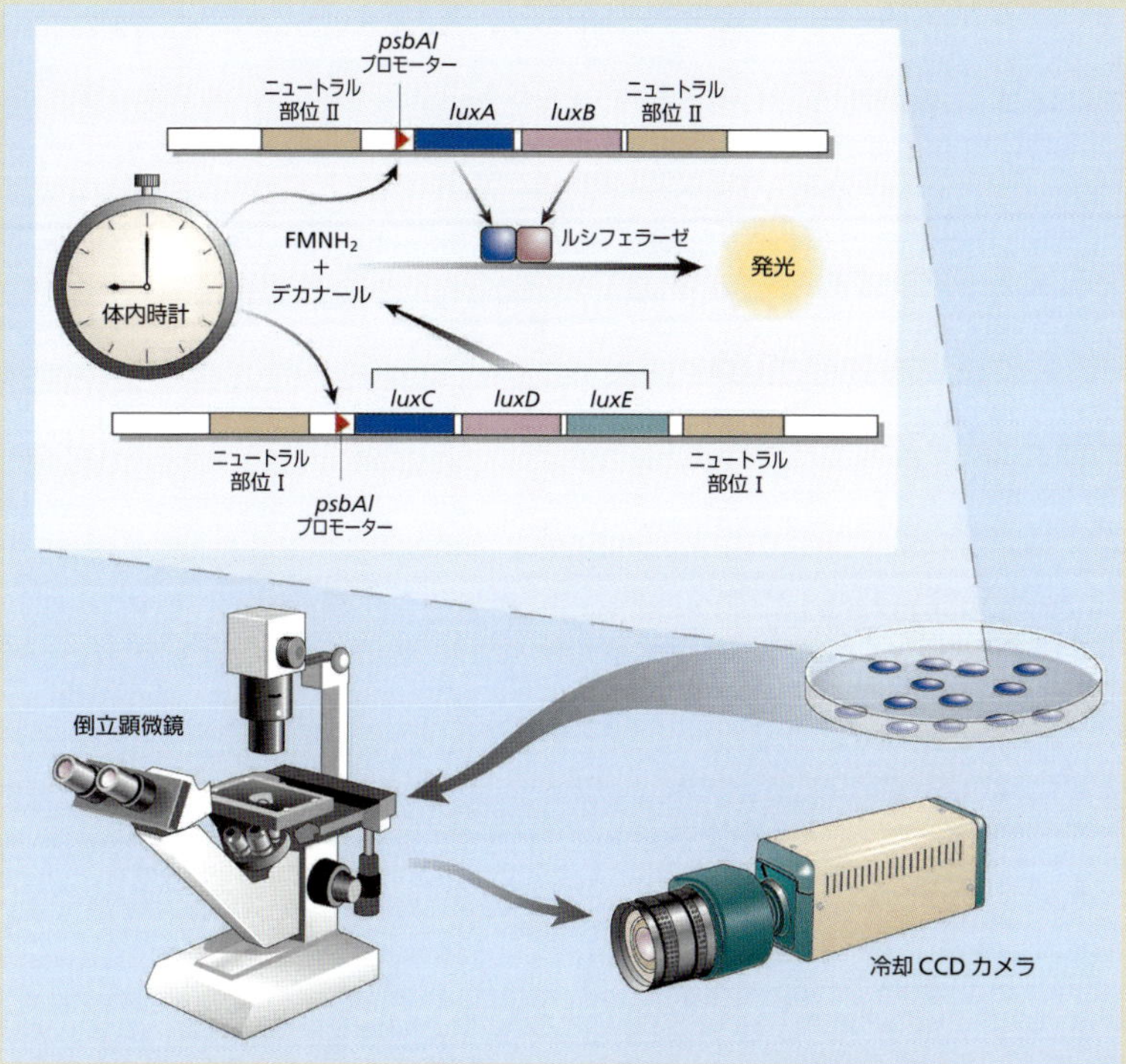

図1　自己発光型藍色細菌[10]の概日リズムの観察
遺伝子操作で、細菌自身の*psbAI*プロモーター領域の制御下に置かれるよう、luxA-luxE遺伝子を細菌に組み込む。このプロモーター領域は細胞の概日時計に支配されている。概日時計は周期的に*luxA*と*luxB*の発現を作動させ、両者が一緒になってルシフェラーゼ酵素を産生する。*luxC*や*luxD*や*luxE*遺伝子も発現され、デカナールをつくる酵素類を産生する。次にルシフェラーゼは、基質としてデカナールと細菌自身のFMNH[2]（還元型フラビンモノヌクレオチド）を使って、発光反応を触媒する。Mihalcescuたち[2]はこの機構に組み合わせて、超高感度の自動顕微鏡画像化装置を使い、1個の単離した細胞や微小コロニー内の細胞からの発光を解析した。

ている。

こうして得られた結果は劇的なものだった。単独の細菌の発光リズムは、集団が刻むリズムに比べても遜色なく正確に刻まれたのだ。しかも、細菌が分裂したとき、娘細胞の発光リズムは互いに驚くほど同期したままだった。発光リズムは、細胞分裂にもあまり乱されなかったのだ。つまり、この概日時計は独立した時間調節機構であって、細胞が分裂で被る大きな変化をも超越して安定的に作動するのである。概日時計が細胞分裂に影響されないことは、藍色細菌の集団についてはすでにわかっている[11,12]。

ところで娘細胞はどうやって、こんなに同期を保てるのだろうか。また、時計の周期をどうやってこれほど正確にできるのだろうか。個々の細菌に備わる特性なのか、それとも個々の「いい加減」な細胞の振動を連動させるおかげなのか。真核生物の藻類の研究からは、細胞どうしで周期の位相情報を連絡し合っているとする説が支持されていた[13]。Mihalcescu たちは、藍色細菌にかかわるこの問題についても技術面の腕前を発揮し、時計の周期が違う位相で開始した2つの微小コロニーが互いに合流したとき何が起こるかを観察した。

▼藍色細菌の体内時計は「1人だけでも正確なリズムで踊る」

Mihalcescu たちが特に追跡したのは、集団が合流する際の個々の細菌とその娘細胞の発光リズムである。もし、細菌が互いに位相情報を連絡し合っていたなら、合流した集団の細胞はリズムの「合意」に至るだろうと思われる。12時間の暗条件を1回経ると、集団内のすべての

---

11. *Mori, T., Binder, B. & Johnson, C. H.* Proc. Natl Acad. Sci. USA 93, *10183-10188 (1996).*
12. *Kondo, T. et al.* Science 275, *224-227 (1997).*
13. *Broda, H., Brugge, D., Homma, K. & Hastings, J. W.* Cell Biophys. 8, *47-67 (1985).*

藍色細胞はすぐに同期するようになる。それゆえ、これらの細胞は実際には時計をすばやくリセットすることができる。では、位相の違うコロニーが合流するとどうなるだろうか。その結果は意外なもので、1個の細菌はたとえ位相の違う細胞と接触していても、少なくとも3日間は自分固有の位相を維持している。

Mihalcescuたちの研究結果は、1つの集団内で細胞どうしに弱い連動作用がある可能性をまったく消し去るものではない。もう1つの解決すべき問題は、発光画像法（2時間ごとに30分）に必要な暗条件の繰り返し処理が、振動数の減衰によって細菌時計に本来備わる正確さを増大させてしまった可能性がないかどうか、という点である。とはいえ、細胞間に位相情報に関する強力な連絡機構がある見込みは、今回得られた結果から確実に消える。結果として言えるのは、これらの「単純」な細菌にも概日リズム機構が備わっていて、この機構はコロニーが増殖する際に生じる細胞分裂や細胞内ノイズ、変化する代謝条件にも乱されず安定だということである。言ってみれば、藍色細菌の体内時計は「1人だけでも正確なリズムで踊れる」のだ。

概日時計を裏で支える生化学機構には感服せざるをえない。この機構は、温度補償性があって温度変化に乱されず、高度の正確さで常に24時間を刻むだけでなく、ノイズにもほとんど邪魔されず、また、1個の細胞レベルで発現し、細菌にさえも備わっていることが、いままではわかったのだ。細菌に時差ボケはあるのか。こうなっては、そうばかげた質問とも言えまい。

Carl Hirschie Johnsonはバンダービルト大学（米）生命学科に所属している。

種分化の仕組みが見えてきた

In sight of speciation

Mark Kirkpatrick & Trevor Price

２００８年10月2日号　Vol.455 (601-602)

魚の眼がその視環境に適応することで、雌が配偶相手として選ぶ雄の体色に偏りが生じることがある。感覚器官の特性によるこうした選り好《え》みは、新しい種をつくり出す一因となりうる。

異種間の配偶を防ぐ「種の障壁」は、どのようにして築かれたのか。研究者たちはこの答えを、シクリッド（アフリカ産のカワスズメ科の魚類）を使って出した。この魚の種の障壁の進化に、視覚が重要な役割を果たしていることを豊富なデータで示した。自然選択の結果、魚の眼が視環境に適応して、自らが捕食したり・されたりする相手だけでなく、自分と同種の仲間もよく見えるようになったこともあきらかになった。研究者たちはさらに、雄の体色が赤色もしくは青色であり、２つの色に対する視感度に遺伝的多型があるようなシクリッドを調べた。青色に敏感な雌は青色の雄のみを配偶相手とし、眼中に入らない相手は、配偶者に選ばれない。視覚系に作用する自然選択が生殖上の１つの障害となり、新種の形成に寄与している可能性が出てきた。

▼視覚系に作用する自然選択が異種間の配偶を防ぐ「種の障壁」となっていた

　異種間の配偶を防ぐ「種の障壁」はなぜ、どのようにして進化してきたのだろうか？『Nature』２００８年10月2日号６２０ページでは、Seehausen たちが、[1] シクリッド（アフリカ産のカワスズメ科の魚類）における「種の障壁」の進化に視覚が重要な役割を果たしていることを示唆する豊富なデータを示している。自然選択の結果、魚の眼が視環境に適応して、自分が捕食したり捕食されたりする相手だけでなく、自分と同種の仲間もよく見えるようになっていることは、他の魚類の研究からすでにあきらかになっている。[2〜4] Seehausen たちはさらに一歩踏み込んで、雄の体色が赤色または青色のどちらかであり（図1）、赤色と青色に対する視感度に遺伝的多型があるようなシクリッドについて研究を行なった。

　その結果、一部の個体群では、青色に敏感な雌は青色の雄のみを配偶相手とし、赤色に敏感な雌は赤色の雄のみを配偶相手としているらしいことがわかった。こうして、視覚系に作用する自然選択が生殖上の障壁の1つとなって新種の形成に寄与している可能性が浮上してきた。つまり、視覚の特性によって認知の内容が決まり、配偶相手が決まるというのである。Seehausen たちはさらに、こうした障壁は1つの個体群内でも生じうると提案する。その場合、従来考えられていたような地理的隔離によって赤色個体群と青色個体群が進化する段階は必要ないことになるため、議論を呼びそうである。

　アフリカ大湖産のシクリッド類は、生物学的にも生態学的にもドラマティックに生きている。この魚類は、地球上で最大級の速度で種分化をしているのだ。爆発的な種分化の結果、さまざ

1. *Seehausen, O. et al.* Nature 455*, 620-626 (2008).*
2. *Boughman, J. W.* Nature 411*, 944-948 (2001).*
3. *Maan, M. E., Hofker, K. D., van Alphen, J. J. M. & Seehausen, O.* Am. Nat. 167*, 947-954 (2006).*
4. *Cummings, M. E.* Evolution 61*, 530-545 (2007).*

図1　眼中に入らない相手は、配偶相手に選ばれない
Seehausenたち[1]は、体色多型のあるシクリッド（中央）につき、視覚特性による配偶相手の選り好みについて調べた。［photo:Abujoy］

まな体色、形態、習性をもつ種が多数存在しており、その一部はどの町のペットショップでも見かけることができる。なかでも、今回の研究の1つの対象となったビクトリア湖のシクリッド類は種分化の速度が驚異的に速く、ここだけで500種以上が生息している。シクリッドの仲間が出現したのはほんの数十万年前のことであり、[5] 2万年前には大規模な種間交雑があったと考えられている。[6]

ビクトリア湖の視環境は多様である。湖岸から湖底へと降りていくにしたがい、湖内の可視スペクトルは次第に赤色寄りになっていく。同じ湖の中でも、スペクトルが急激に移行していく場所もあれば、徐々に移行していく場所もある。Seehausenたちは、シクリッド類がこうした環境にどのように適応してきたのかを調べるため、魚たちが実際に何を見ているかを知りたいと考えた。彼らはまず、

5. *Genner, M. J. et al.* Mol. Biol. Evol. 24, *1269-1282 (2007).*
6. *Seehausen, O. et al.* Proc. R. Soc. Lond. B 270, *129-137 (2003).*

さまざまな色に対する視感度の調節にかかわるオプシン遺伝子の1つに遺伝的多型（対立遺伝子）があることを見いだした。これらの遺伝子を *in vitro* で発現させて、得られたタンパク質の吸収特性を調べると、赤色に敏感な多型と青色に敏感な多型があることがわかった。さらに、赤色に敏感な多型をもつシクリッドは、青色に敏感な多型をもつシクリッドよりも深いところに生息していることもあきらかになった。

▼地球上で最大級速度で種分化している魚類シクリッドの「蓼食う虫も好きずき」

赤色、青色、およびその中間の体色をもつ雄の個体数比は、個体群間でばらつきがある。特に、環境内の可視スペクトルの移行が急でもゆるやかでもないマコベ（Makobe）島のような場所では、青色の雄は浅い所にしかおらず、赤色の雄は深い所にしかいない。こうした場所では、青色の雄の大部分が青色に敏感なオプシン多型遺伝子をもっているのに対して、赤色の雄の大部分は赤色に敏感な多型遺伝子をもっている。2つの体色多型（モーフ）は、ほかの遺伝的マーカーにも違いがあることから、出現途上の種であると考えられる。しかし、可視スペクトルの移行が急な場所では、2つの体色多型が交雑している。これはおそらく両者が出会う機会が多いためである。「美は見る者の眼のなかにある（蓼《たで》食う虫も好きずき）」というわけだろうか。Seehausenたちは、交配を管理して得たシクリッドを使って配偶相手選択実験を行ない、オプシン多型のみでは配偶相手の選り好みを強くは決定できないことを見いだした。この湖では深度によって体色多型が分離していることから、シクリッドはほとんどの場合、自分と同類

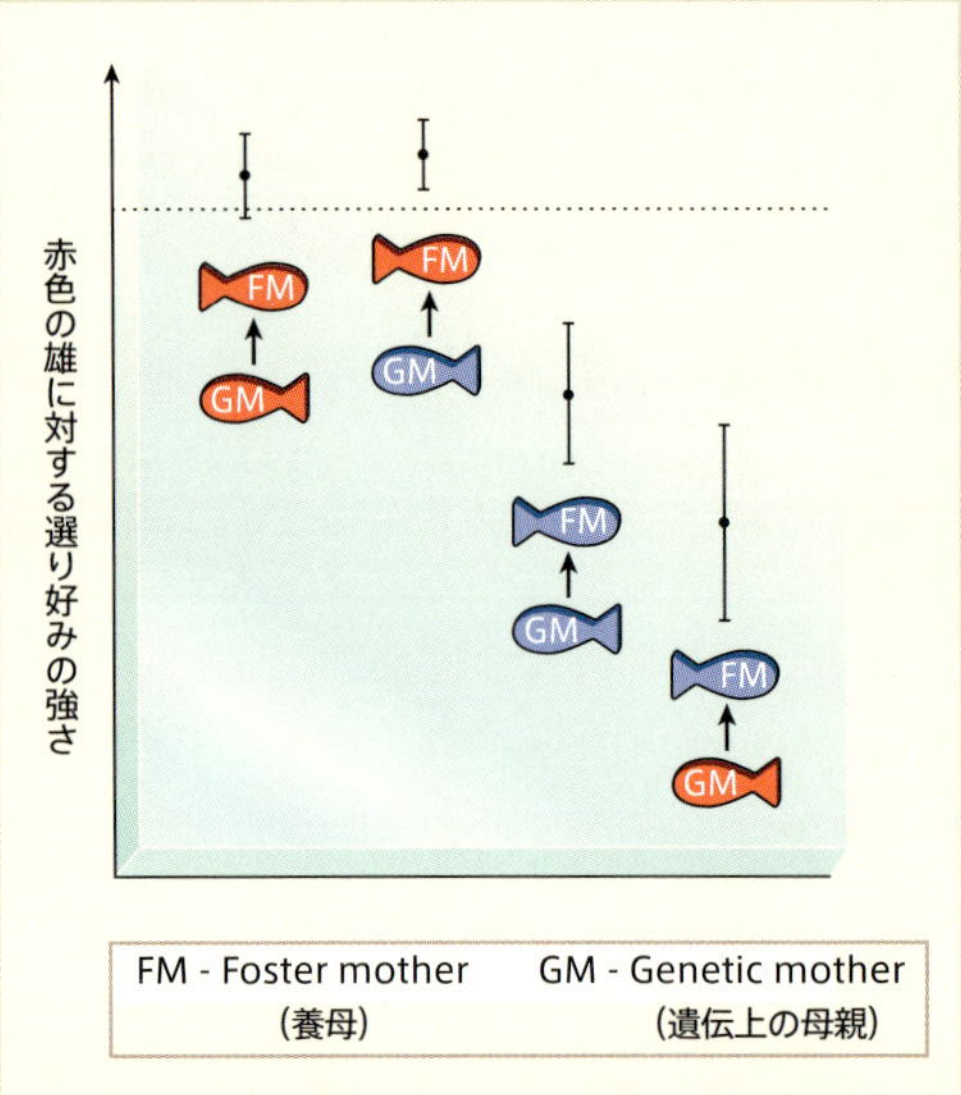

図2　配偶相手の選り好みは、育ての母によって決まる

雌が口のなかで子育てをするシクリッドを用いた配偶相手選択実験[7]では、異種の養母に育てられた雌は、養母と同じ種（自分にとっては異種）の雄を好んだ。図中の魚の体色は雄のものであり、実際には、どちらの雌もよく似たくすんだ体色をしている。配偶相手の選り好みの強さは、雌に2種の雄を見せたときの接近回数の違いで測った（標準誤差表示、点線はランダム選択を示す）。この知見から、シクリッドでは若齢期の学習が生殖的隔離に寄与していることが示唆される（図は参考文献7からの改変）。Seehausenたち[1]は今回、視覚に対する自然選択の作用も生殖的隔離に寄与していることを示した。

の個体と遭遇し、配偶相手としているに違いない。普通に考えれば、魚は眼がもっともよく見える環境で過ごすことを好むだろう。つまり、視覚の特性によって、生息環境に対するある種の選り好みが生まれ、配偶相手の選択に影響を及ぼすだけでなく、種分化の一因にもなると考えられるのである。

▼視覚の生殖的隔離を補完するさまざまな機構

7. *Verzijden, M. N. & ten Cate, C.* Biol. Lett. 3*, 134-136 (2007).*

しかし、これだけで十分なのだろうか。他の研究からは、視覚による生殖的隔離を補完するような機構が別に存在していることが指摘されている。シクリッドの雌は、産んだ卵を口の中に入れ、卵が孵化した後も幼魚を守り続ける。Verzijden と ten Cate の２００７年の報告によると[7]、雄の体色が赤色か青色かという点を除いて非常によく似ている2種のシクリッドの間で、母親の口内にある卵を交換してそれぞれ育てさせたところ、成長した雌たちは、自分と同じ種の雄よりも、養母と同じ種の雄を強く好んだという（図2）。2種の雌は非常によく似ているため、子の選り好みが体色に基づいているのか、あるいは匂いなど、関連する他の手がかりに基づいているのかは不明である。これとは別に、シクリッドでは鳥類などと同様に[8]、若齢時の学習（性的な刷り込み）が生殖的隔離に関係しているようである。つまり、環境の差異に応じて雄の形質が分岐するときには常に、自分と似た配偶相手を選ぼうとする「調和配偶」が生じうるのであり、そうした現象は、視物質のオプシンが分岐しないときにも起こりうるのである。地理的隔離がなくても、刷り込みや視覚やその他の仕組みにより新種が生じうるのかどうかは、まだあきらかでない。

Seehausen たち[1]は、赤色と青色に敏感なオプシン対立遺伝子の進化的起源は、今回の研究対象となった種よりも古いと報告している。これは興味深い発見である。赤色と青色の体色多型はシクリッド類の他の種でも見られるため[9]、体色多型の起源も古いと考えられる。アフリカ産シクリッド類が劇的な放散を遂げたことには、その遠い祖先から感覚系や雄の発する信号に関する遺伝的多型を数多く受け継いだことが大きく関係していると思われる。これにはおそらく、

8. *ten Cate, C. & Vos, D. R.* Adv. Study Behav. 28*, 1-31 (1999).*
9. *Seehausen, O. & Schluter, D.* Proc. R. Soc. Lond. B 271*, 1345-1353 (2004).*

2万年前に起きたと推定されている種間交雑が関係しているのだろう。こうした多型は、種分化が起こるたびに繰り返し取り込まれていく。系統分類学者の視点から見れば、種分化は進化系統樹の独立した「ノード（節点）」にあたる。しかし魚の視点から見れば、種分化とはおそらく、同じ顔ぶれの遺伝子が夜ごとに上演する進化の芝居のようなものなのだろう。

Mark Kirkpatrick はテキサス大学（米）統合生物学部門、Trevor Price はシカゴ大学（米）生態学・進化学部に所属している。

解明が進んだアブシジン酸シグナル伝達

Signal advance for abscisic acid
Laura B. Sheard & Ning Zheng　２００９年12月3日号　Vol.462 (575-576)

スタートでつまずき、長い間決め手に欠けていたアブシジン酸受容体の同定に、とうとう成功した。このほど、複数の研究チームから成果が一度に発表され、この植物ホルモンがシグナルを伝達する仕組みの詳細が、あきらかになった。

急激に変化する環境で生き延び繁栄していくため、植物はさまざまな種類のホルモンを利用し、生長と生殖を調節している。とりわけ植物ホルモンのアブシジン酸（ＡＢＡ）は、乾燥や極端な温度変化、高濃度の塩といったストレスに反応し、種子の成熟やつぼみの休眠など、ストレス以外への応答も調節している。ＡＢＡのシグナル伝達経路はそれゆえ、将来の農業への応用が期待されるため、研究が進んでいる。今回、ＡＢＡシグナル伝達に関する６論文が発表された。６組の研究チームは、新たに発見されたタンパク質受容体ＰＹＲ／ＰＹＬ／ＲＣＡＲが、ＡＢＡを感知する構造的・機能的メカニズムについて同時にあきらかにした。さまざまな機能状態のＰＹＲ／ＰＹＬ／ＲＣＡＲタンパク質群の構造が、原子レベルで解明されている。

▼植物ホルモン・アブシジン酸（ＡＢＡ）のストレス等さまざまな応答調節

急激に変化する環境条件を生き延びて繁栄していくために、植物はさまざまな種類のホルモンを利用して生長と生殖を調節している。なかでもアブシジン酸（ＡＢＡ）という植物ホルモンは、乾燥や極端な温度、高濃度の塩といったストレスに対する応答を調節するとともに、種子の成熟やつぼみの休眠など、ストレス以外の応答も調節している。ＡＢＡのシグナル伝達経路は、植物生理において重要な機能を果たすため、それを標的とすることは、将来の農業への応用が大いに期待されている。このほど、『Nature』２００９年12月３日号に４本[1〜4]、そのほかのジャーナルに２本[5,6]の論文が一挙に発表され、ＡＢＡシグナル伝達に関する構造的、機構的な見識がもたらされ、その期待が現実的なものとなってきた。

植物ホルモンの研究は、別の２種類のホルモン、ジベレリンおよびオーキシンの受容体が突き止められ、最近注目の研究テーマとなっている。これらは、現在のＡＢＡモデルと同様に、膜と結合していない可溶性の受容体である。しかしながら、ＡＢＡの受容体の発見は、困難を極めた。２００６年以降、いくつかのタンパク質がＡＢＡ受容体ではないかと言われてきたが、いずれもＡＢＡシグナル伝達で実際に担っている役割が明確ではなかった[7]。そんななか、２００９年５月、新種のタンパク質群がＡＢＡセンサーの候補として発表された[8,9]。そのうちのＰＹＲ／ＰＹＬ／ＲＣＡＲタンパク質は、ＡＢＡと結合し、すでにＡＢＡ応答への関与があきらかにされている２Ｃ型タンパク質脱リン酸化酵素（ＰＰ２Ｃ）の活性を阻害していることがわかった。そして今回、６組の研究チーム[1〜6]により、この新たに発見されたタンパク質受容体

1. *Melcher, K. et al.* Nature 462*, 602-608 (2009).*
2. *Miyazono, K. et al.* Nature 462*, 609-614 (2009).*
3. *Fujii, H. et al.* Nature 462*, 660-664 (2009).*
4. *Santiago, J. et al.* Nature 462*, 665-668 (2009).*
5. *Nishimura, N. et al.* Science 326*, 1373-1379 (2009).*

ＰＹＲ／ＰＹＬ／ＲＣＡＲがＡＢＡを感知する構造的・機能的メカニズムが、同時にあきらかにされた。

藤井たちは[3]鮮やかな再構成アッセイにより、植物のプロトプラスト（細胞壁を除去した細胞）と試験管内で、ＡＢＡのシグナル伝達の再現に必要な最小限の経路を突き止め、受容体、脱リン酸化酵素、および下流のリン酸化酵素シグナル伝達の構成要素を結びつけた。脱リン酸化酵素とリン酸化酵素は正反対の調節作用をもち、それぞれ基質タンパク質に対してリン酸基の除去、付加を行なう。図１に示すように、ＡＢＡの非存在下では、脱リン酸化酵素ＰＰ２Ｃは、ある一群のリン酸化酵素（ＳｎＲＫ２）を恒常的に抑制している。ＳｎＲＫ２の自己リン酸化は、下流の標的に対するリン酸化酵素の活性に必要とされている。ＰＹＲ／ＰＹＬ／ＲＣＡＲ受容体にＡＢＡが結合すると、ＰＰ２Ｃが捕捉され、脱リン酸化活性が抑制される。その結果、ＳｎＲＫ２は自己リン酸化により活性化し、下流の転写因子をリン酸化してＡＢＡ応答性の遺伝子の転写を促進する。この経路の魅力はその単純さにあり、ＡＢＡに関するこれまでの文献を矛盾なく補っている。

▼ＡＢＡ結合型の受容体と脱リン酸化酵素ＰＰ２Ｃとが形成する複合体

この経路で重要なのは、ＰＹＲ／ＰＹＬ／ＲＣＡＲが、リガンドであるＡＢＡを検知して結合し、ＰＰ２Ｃを阻害するステップである。『Nature』の３本の論文[1,2,4]を含む、５組のチームによる結晶学的研究では、そろってこの過程の全体像が描かれており、さまざまな機能的状態の

6. *Yin, P. et al.* Nature Struct. Mol. Biol. 16, *1230-1236 (2009).*
7. *McCourt, P. & Creelman, R.* Curr. Opin. Plant Biol. 11, *474-478 (2008).*
8. *Ma, Y. et al.* Science 324, *1064-1068 (2009).*
9. *Park, S. Y. et al.* Science 324, *1068-1071 (2009).*

図1　最小限のアブシジン酸（ABA）シグナル伝達経路
ａ：植物ホルモンABAの非存在下では、遊離している脱リン酸化酵素PP2Cが、SnRKリン酸化酵素群の自己リン酸化を阻害する。
ｂ：ABAが存在すると、PYR/PYL/RCARタンパク質群はPP2Cと結合し、それを捕捉することができるようになる（仕組みの詳細は、図2を参照）。これにより、SnRKは阻害の呪縛を解かれて自己活性化し、下流の転写因子（ABF）をリン酸化および活性化して、ABA応答性のプロモーター配列（ABRE）からの転写を開始させる。

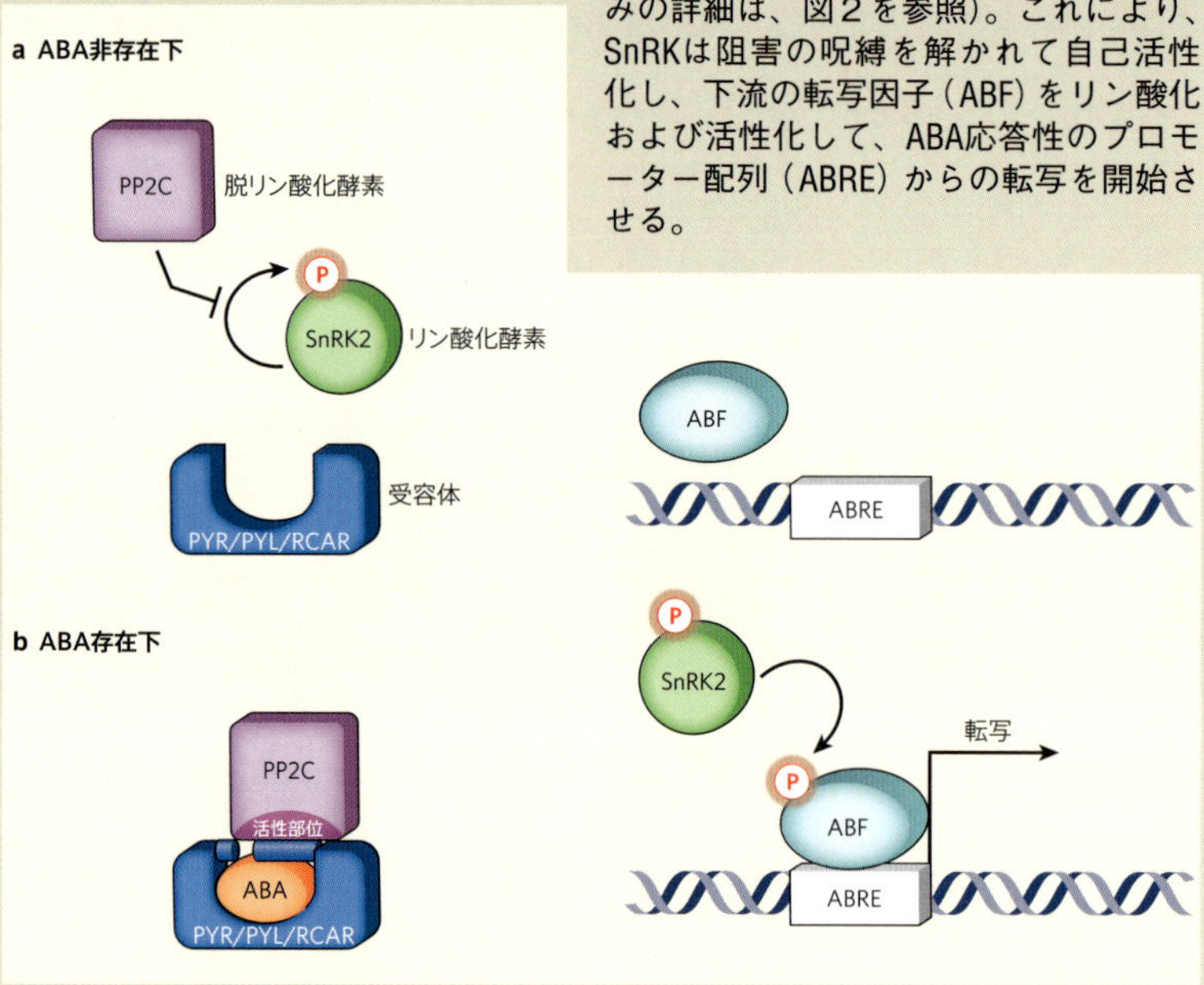

ＰＹＲ／ＰＹＬ／ＲＣＡＲタンパク質群の構造が、原子レベルであきらかにされている。特にMelcherらの研究[1]では、ＰＹＬ２について、決定的に重要な意味をもつすべての型（リガンド非結合型、リガンド結合型、およびリガンド／脱リン酸化酵素結合型）の構造が示されており、まずはＡＢＡ、続いて脱リン酸化酵素との結合でＰＹＬ２が示す立体配座の変化が詳細に分析された。

これらの研究の第一のポイントは、リガンド結合のメカニズムである。それはＡＢＡ結合ポケットのゲーティング・ループの開閉によって調節されている。ＡＢＡの非存在下、ＰＹＲ／ＰＹＬ／ＲＣＡＲには、開放された進入可能な穴が存在する。表面には柔軟なループが２本あり、付近にあるいくつかの構造要素とともに、穴への進入を監視している。水で満たされたこのポケットにＡＢＡが入ると、一方のループがゲートのように閉まり、もう一方のループに近づいてＡＢＡをポケットの中に閉じ込める（図２）。ＡＢＡと接触するアミノ酸残基の多くが、２本のエントランス・ループの配列とともに、全ＰＹＲ／ＰＹＬ／ＲＣＡＲタンパク質群で進化的に保存されていることから、ＡＢＡの結合とゲーティングの開閉メカニズムは、この受容体ファミリーのすべてに共通のものと考えられる。

これら５組の研究チームのうち３組[1,2,6]は、結晶学的研究を発展させ、ＡＢＡ結合型の受容体とＰＰ２Ｃとが形成する複合体の構造をあきらかにした。その構造から、ＡＢＡ結合型の受容体が大きな相補形の界面を介してＰＰ２Ｃと結合し、その界面にＰＰ２Ｃの活性部位と受容体のエントランス・ループ２本が含まれていることがあきらかにされた。ＰＰ２Ｃには保存されたトリプトファン残基があり、それが側鎖をゲーティング・ループの隣に差し込み、閉鎖状態で固定する。すると、ゲーティング・ループは、ＰＰ２Ｃの活性部位（基質と結合する）と接近して相互作用し、ＰＰ２Ｃが基質をとらえて脱リン酸化する能力を遮断する。こうした構造に

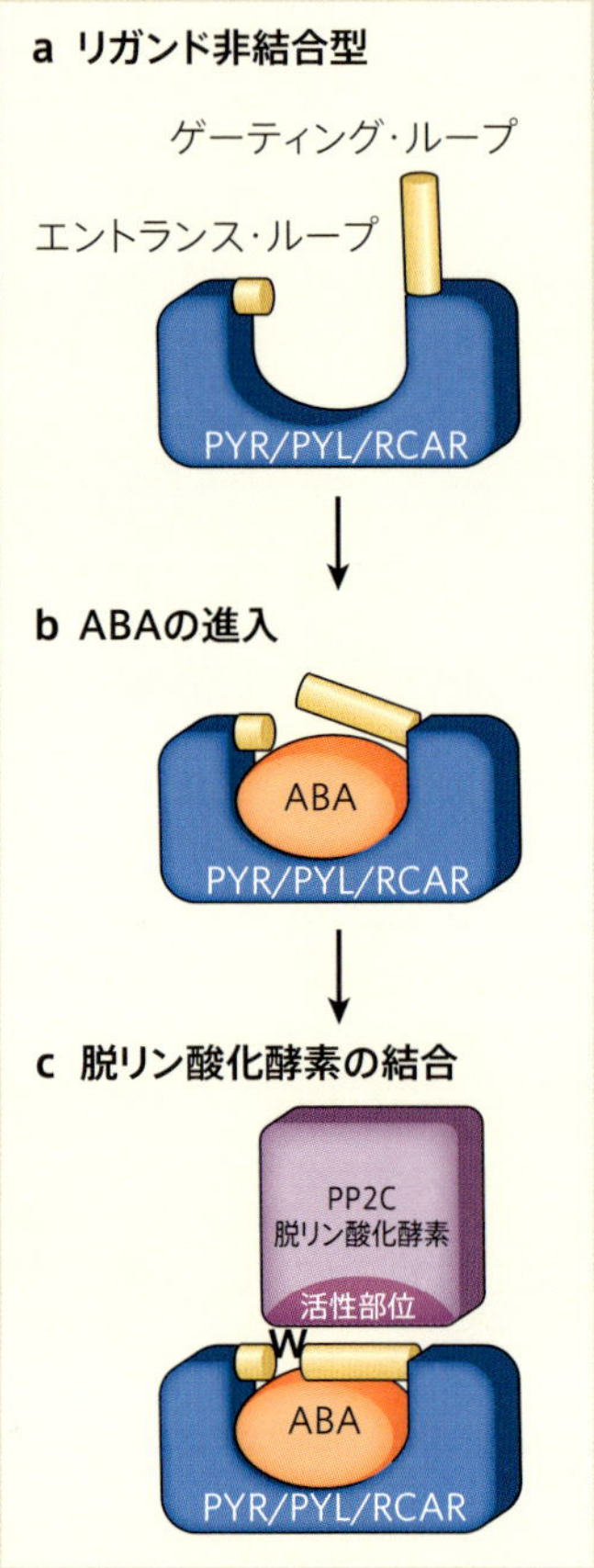

図２　ABAの作用に関する構造的メカニズム
ａ：リガンド非結合型では、ABA受容体PYR/PYL/RCARは、開放された進入可能な穴をもっている。穴には、進入を監視する柔軟な表面ループが２本存在する。
ｂ：ABAが穴に入り込むと、ゲーティング・ループがアロステリック的に閉じ始め、もう一方のエントランス・ループに接近してABAをポケットに閉じ込める。これにより、ゲーティング・ループ上に疎水性の結合部位が出現する。
ｃ：脱リン酸化酵素PP2Cは、ゲーティング・ループ上の疎水性の部位に結合し、保存されたトリプトファン（W）をゲーティング・ループの隣に挿入して閉鎖状態に固定する。すると、ゲーティング・ループは、PP2Cの活性部位と接近して相互作用し、PP2Cが基質と結合する能力を遮断する。

より、PYR／PYL／RCARがPP2C活性をどうやってABA依存的に阻害するのか、PP2Cがどうやって強力な補助受容体として作用し受容体に対するABAの親和性を高めているのかが、包括的に説明できる。

▼PP2C非存在下での受容体の二量体化という問題提起

これらの論文は、ABAのシグナル伝達に関する統一的な見方を提示しているが、同時に今後の研究に対する問題も提起している。構造を研究したチームのうち3組は[4〜6]、PP2Cの非存在下で受容体の二量体化を観察しており、残りの2組の研究[1,2]でも、本文中では言及されていないものの、構造モデルには二量体化が登場する。しかし、なぜ受容体が二量体化するのかは、まだあきらかにされていない。また、PYR1ホモ二量体の構造では、二量体1個につきABAが1分子しか結合できないのに対し、それと似たPYLホモ二量体の構造では、両方のサブユニットがABAに占有されている。どちらも、受容体のゲーティング・ループが二量体の界面に存在していることから、二量体化に機能的な意味がある可能性が示唆される。しかし、PP2Cとの複合体では単量体のABA結合型受容体しか見つかっておらず、受容体の二量体化は、ABAの最終的な作用にはあきらかに不要と思われる。

ホルモン依存的なPP2C結合部位をつくり出すPYR／PYL／RCARのゲーティング・ループの動きは、GID1受容体がジベレリンの感知に用いる「閉じ蓋」メカニズムを想起させる。ジベレリンの場合、ホルモンと結合するポケットを覆うGID1のパーツがホルモンの結合によって動かされ、ＧＩＤ１が基質タンパク質と結合する部位が形成されて、ユビキチン化が開始する。[10,11] オーキシンの「分子のり」メカニズムとは異なり、ＡＢＡもジベレリンも、受容体がアロステリック型の構造変化を示す。[12] 仕組みの細部は異なるかもしれないが、植物ホルモンの作用では可溶性の受容体に共通の特徴がある。リン酸化にせよユビキチン化にせよ、ホルモンのシグナルがタンパク質間相互作用を増強して重要な化学修飾を調節し、それが標的タンパク質の活性を変化させているのだ。そしていずれの場合も、ホルモンは、タンパク質間の界面そのもの、またはその付近にある部位に結合し、結合するタンパク質を補助受容体として働かせている。

Laura B. Sheard と Ning Zheng はハワード・ヒューズ医学研究所およびワシントン大学薬理学科（米）に所属している。

10. *Murase, K. et al.* Nature 456*, 459-463 (2008).*
11. *Shimada, A. et al.* Nature 456*, 520-523 (2008).*
12. *Tan, X. et al.* Nature 446*, 640-645 (2007).*

Nature Column 03

動いているミオシン

構造生物学の究極的な目標は、タンパク質が動いている姿をとらえることだ。金沢大学の安藤敏夫《あんどうとしお》らは、まさにそれを実現してみせた（N.Kodera et al. Nature **468**, 72-76; 2010）。細胞骨格モータータンパク質「ミオシンV」が、アクチンフィラメントに沿って「歩行」するところを直接可視化したのだ。

このチームが開発した高速原子間力顕微鏡（HS－AFM）法では、光学顕微鏡法をはるかに上回る分解能でタンパク質の像を迅速に得ることができる。安藤らは、この先進的技術を応用して、ミオシンVの逐次的な動きを可視化した。このタンパク質はV字形につながった2本の脚状構造をしており、それぞれの脚は、モータードメイン（ヘッド、先端部）と長いネック（レバーアーム）からなる。2つのヘッド（先端部）がアクチンフィラメントに沿って動くが、それに必要なエネルギーはATPからADPへの加水分解で供給される。

次ページ上段のHS－AFM像には、前脚の先端（L）と後脚の先端（T）がはっきりと見える。1コマ目で左からやってきたミオシンは、2コマ目と3コマ目でその全体像を見せる。4コマ目では1歩で場所を変えている。

研究チームの分析で、アクチンフィラメントに沿って36ナノメートル（nm）のステップで連続的に動くこと、その動きはハンドオーバーハンド運動（人が歩くような脚の交互前進運動）であることなど、既知の挙動が確認された。しかしそれだけでなく、「レバーアームのスイング仮説」の確かな証拠も得られた。これは、ミオシンのヘッド領域の微小な変

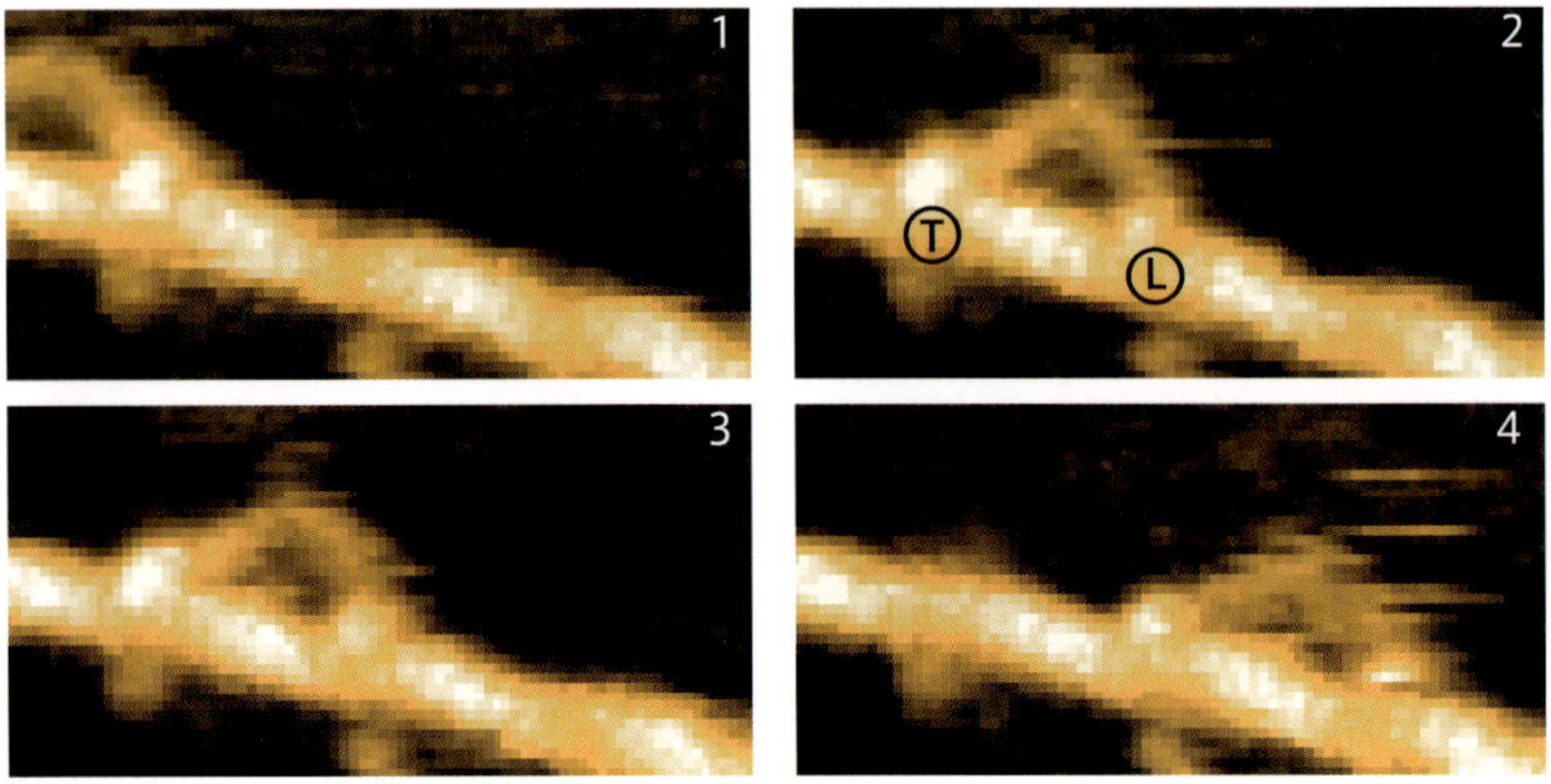

化がレバーアームによって増幅され、ネックの反対側で大きな変位が生じ、それがタンパク質全体のアクチンフィラメントに沿った動きに変換されるというものだ。

さらに、L、Tいずれかのヘッド（先端部）がアクチンから解離して再結合するという「足踏み」のような動きもあきらかになった。これはTヘッドよりLヘッドの方に多く見られるが、Tヘッドの足踏みはフィラメントに沿った前進運動につながる場合が多い。

安藤らがあきらかにしたミオシンVの動きは、生体分子モーターに関与するメカニズムの解明に大きな影響を与えるだろう。また、HS-AFM技術は、生体分子のイメージング分野でますます重要な位置を占めていくであろう。

Myosin in motion
Deepa Nath　２０１０年11月４日号　Vol.468 (43)

※参考インタビュー（動画あり）http://natureasia.com/ja-jp/nature/interview/contents/7

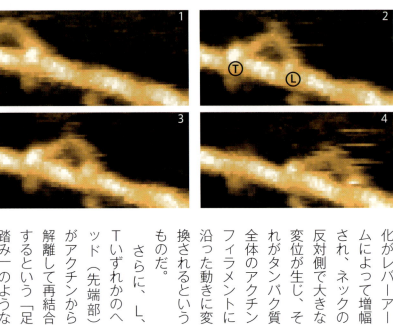

複雑な心臓はこうしてつくられる

Heart under construction

Deborah Yelon　２０１２年４月26日号　Vol.484 (459-460)

発生過程の臓器は、変わりゆく生命体のニーズを満たすためダイナミックに適応・変化する。そして、ゼブラフィッシュを用いた研究で、筋肉の意外な成長パターンによって心臓が再構築されている事実がわかった。

心臓は構造上単純な胚から、どのようにして複雑で強力な成体の心臓へと変わっていくのだろうか。どうやら、単純に多くの細胞が均等に増殖して、ゆっくり着実に大きくなっていくわけではないらしい。研究チームは、巧妙な手法でゼブラフィッシュの心臓の成長パターンを追跡し、ごく一部の細胞が心臓の形を大きく変化させることを見つけた。彼らは発生過程で、個々の細胞の子孫を追跡するため、さまざまな色の蛍光タンパク質で細胞に標識を付ける〝多色戦略〟により、ゼブラフィッシュの心臓の細胞増殖パターンを解明。ゼブラフィッシュ胚の心室の断面には、薄い外壁と内部の筋肉の網目構造が認められる。成魚の心室の表面は厚い皮質層に覆われている。その皮質層は、筋肉の網目構造に由来する少数の始祖細胞の増殖によって形成される。

▼特定の小規模細胞集団が多くの仕事を担っていた成体の心臓への変化

機能を止めずに発生中の臓器をつくり変えることは、住人を退去させずに建築物を建て替えるのと同じくらい難しい作業に違いない。しかし生命は、当然のごとくそれをやってのける。では、構造上単純な胚の心臓は、どのようにして複雑で強力な成体の心臓へと変わっていくのだろうか。簡単に思いつくのは、単純に多くの細胞が均等に増殖して、心臓がゆっくり着実に大きくなっていくというモデルであろう。しかし実態はもっと複雑で、特定の小規模な細胞集団が多くの仕事を担っているらしい。『Nature』２０１２年４月26日号４７９ページでは、GuptaとPoss[1]が、巧妙な方法を用いてゼブラフィッシュの心臓の成長パターンを追跡し、ごく一部の細胞が、心臓の形を大きく変化させることをあきらかにした。

心臓の機能は「心室」および「心房」という小部屋の大きさに依存しており、これらが連続的に動いて、全身に血液を送り出している。心臓の発生過程において、各小部屋は、生命体および循環器系の成長に伴う作業負荷の増大に、うまく対応しなければならない。つまり、時間とともに容積と筋肉量を増やし、機能を増強させる必要がある[2]。

GuptaとPoss[1]は、ゼブラフィッシュの心臓の発生過程において、多くの心臓細胞の成長を一つひとつ追跡した。この研究は旧式のクローン分析[3]で行なうこともできた。それは、単一細胞を早期段階で標識し、その標識をもつ子孫細胞の数と分布を後の段階で調べる方法だ。多くの個別細胞についてこの実験を繰り返せば、最終的には、初期の心臓の細胞がどんなふうに心臓の経時的成長に寄与するかがあきらかになる。ただ、この「1回1細胞」という方法は有効

1. *Gupta, V. & Poss, K. D.* Nature 484*, 479-484 (2012).*
2. *Christoffels, V. M., Burch, J. B. & Moorman, A. F.* Trends Cardiovasc. Med. 14*, 301-307 (2004).*
3. *Buckingham, M. E. & Meilhac, S. M.* Dev. Cell 21*, 394-409 (2011).*

だが効率が悪い。

▼個別の細胞20個以上を同時に追跡する「ブレインボウ」法により解明された心臓形成

そのじれったさを解決するため、GuptaとPoss[1]は、最近開発された「ブレインボウ」という技術を利用して、複数の細胞を同時に標識した。この方法は最初、脳の複雑なネットワークにある特定ニューロンの相互接続の分析に利用されたものだ。[4] ブレインボウ法では、蛍光タンパク質の遺伝子組み換えで得られるさまざまな色を使って、一つひとつの細胞に印をつける。GuptaとPoss[1]はこれを使い、鮮やかに彩られたモザイク状の心臓をつくり出した。それにより、ゼブラフィッシュの心室にある個別の細胞20個以上を、同時に追跡することができた。

最初、ゼブラフィッシュの胚の心室は、壁の薄い小さな筋肉の風船にすぎなかった。それが、肉柱形成という変化によって質量を増し始める。[5,6] 肉柱形成では、心室壁から一つひとつの細胞が脱落し、それが内部で筋肉の網目構造を成長させるもとになる（図1a）。次に、胚が仔魚期（成長期）に進むにつれて、心室は表面積を拡大させる。GuptaとPoss[1]は、その拡大が、胚の壁に由来する一部の細胞の増殖によって進展することをあきらかにした。そのとき、その細胞は、まだ厚くならない仔魚期の壁の中で組織片をつくっている（図1b）。その組織片は、形と大きさが意外に雑多な集団であるため、壁の拡張作業において競争関係にあることが示唆される。

仔魚が成魚へと成長するにつれて、心室壁はかなり厚みを増していくが、その際の驚くべき

4. *Livet, J. et al.* Nature 450*, 56-62 (2007).*

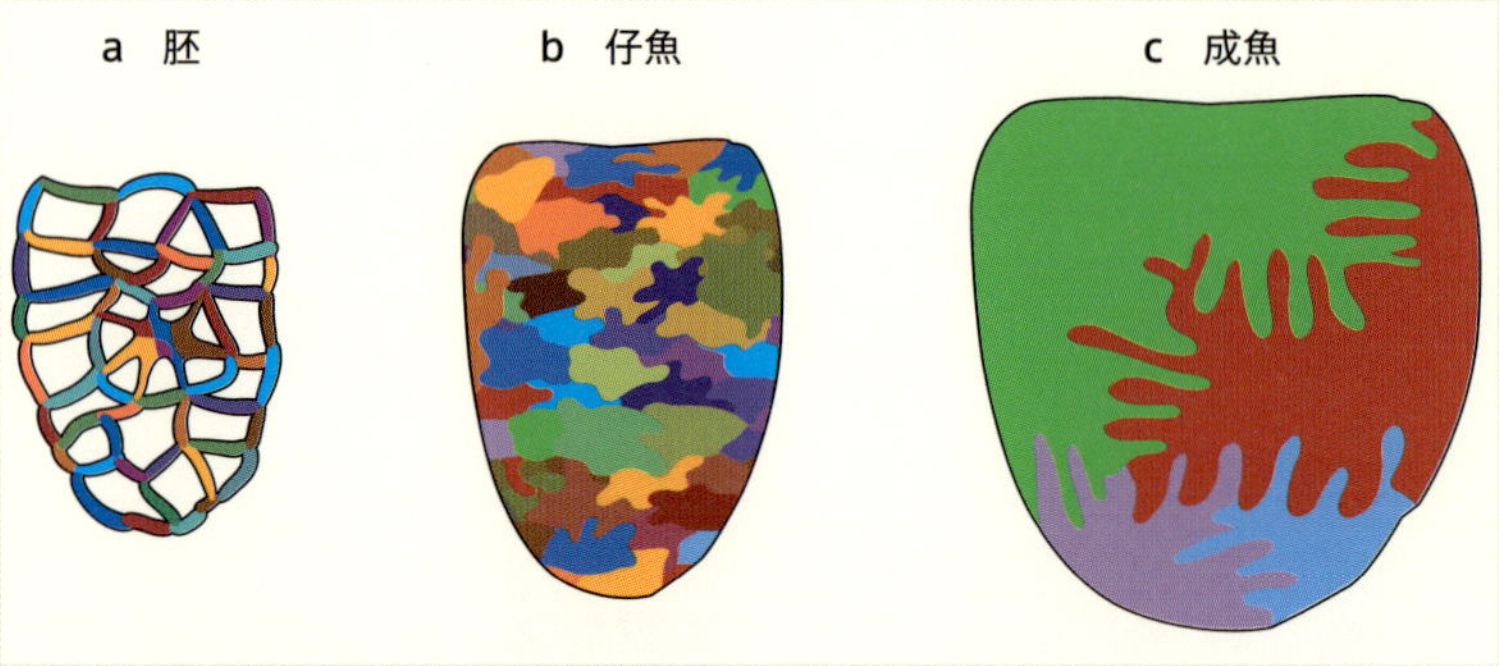

図1　成長する心臓の細胞系譜の追跡
さまざまな細胞の子孫を同時に追跡する多色戦略により、GuptaとPoss[1]は、ゼブラフィッシュの心臓の細胞増殖パターンをあきらかにした。
a：ゼブラフィッシュ胚の心室（心臓がもつ小部屋の1つ）の断面には、薄い外壁と内部の筋肉の網目構造が認められる。それぞれぞれの色は異なる細胞系譜を表わす。
b：仔魚（成長期の魚）の心室の表面は、さまざまな細胞系譜の不規則な寄せ集めになっている。
c：成魚の心室の表面は厚い皮質層に覆われている。その皮質層は、筋肉の網目構造に由来する少数の始祖細胞の増殖によって形成される。

仕組みが、今回あきらかになった。それは仔魚の心室壁の肥厚によるのではなく、少数の始祖細胞が新たな筋肉層を形成し、それが増殖することによって心室壁が厚くなっていくのだ。この始祖細胞は、内部の肉柱筋から由来しているようで、心室壁から突き出て、心室全体を包み込む大きく厚い筋肉の被覆を成長させているらしい（図1c）。

新しい外側の層である「皮質筋」と元の内層は、成魚になっても心室壁の2つの層として存続する。さらに、この2つの層は、心室損傷後の再生に関与することもわかった。まず皮質層が損傷部位で働いて外壁を修復し、それから内層が修復を開始して内壁を再建するのだ。

5. *Liu, J. et al.* Development 137, *3867-3875 (2010).*
6. *Peshkovsky, C., Totong, R. & Yelon, D.* Dev. Dyn. 240, *446-456 (2011).*

▼「クローン的に優勢な」少数の始祖細胞による内から外へという皮質筋の成り立ち

以上、心室壁が肥厚する経緯、「クローン的に優勢な」少数の始祖細胞、内から外へという皮質筋の成り立ちは、いずれも予想外の新知見であり、臓器の再構築に関して新たな視点を提供する。「ごく少数の的確な増殖性をもつ細胞が、新しい臓器構造の構築を推進する能力をもっていて、その一方で、残りの細胞がおそらく臓器機能の維持に専念している」という考え方には説得力がある。クローン的に優勢な細胞がほかの臓器でも構造を変える働きをもっているのかどうか、きわめて興味深い。

ただし、今回の研究[1]は、心室での皮質筋の形成を制御する正確なメカニズムを説明するところまでは至っていない。特定の肉柱細胞を皮質層の原点たらしめるものは何なのだろうか。それは心臓の作業負荷の変化で発生する機械的な合図を感知することによって引き起こされているのだろうか。始祖細胞はどうやってあの心室壁を突き破り、何が心室の外側を短時間で覆うようにしているのだろうか。

皮質筋の研究が心臓の成長に関する新しい見方をもたらすのは間違いなく、再生医療にとっても重要な意味をもつと考えられる。これまでの研究[7,8]では、心臓の再生が細胞周期の操作によって引き起こされる可能性があきらかにされている。そのため、細胞周期のどの部分が皮質層の増殖的挙動をもたらすのか、また、そうした特性は脊椎動物種の間で保存されているのかどうか、特に興味深い。いずれにせよ、今回、ゼブラフィッシュの心室の成長に関して、予想もしなかったメカニズムが発見され、臓器の構造の根底に横たわる複雑性について、斬新な見方

7. *Kikuchi, K. et al.* Nature 464*, 601-605 (2010).*
8. *Jopling, C. et al.* Nature 464*, 606-609 (2010).*

がもたらされたことは間違いない。

Deborah Yelon はカリフォルニア大学サンディエゴ校（米）生物科学部門に所属している。

脂肪代謝のメヌエット

A metabolic minuet

David D. Moore　２０１３年10月24日号　Vol.502 (454-455)

日周性の脂肪代謝は、筋肉と肝臓に存在する２つの核内受容体の間で、１つの脂質メッセンジャーをやりとりして受け渡しをすることで、調節されているらしい。このシグナル伝達経路から、代謝異常の諸疾患についての理解が進むかもしれない。

バロック時代の舞曲メヌエットは、踊るカップルは同じパターンの舞踊を繰り返しながらパートナーを交換していく。それとそっくり同じことが、脂肪代謝の仕組みで起きていた。２人のダンサーならぬ核内受容体ＰＰＡＲαとＰＰＡＲδが、もう１人のダンサーであるリン脂質を交換することで、適切な脂肪利用を促しているらしい。研究チームは、ＰＰＡＲδが肝臓で夜間の脂質生合成を促進することを示した。マウスは、夜間の摂食によって得た余分なカロリーを脂肪として蓄積し、肝臓で脂肪酸を合成する。その後、リン脂質ＰＣ（18：０／18：１）が筋肉などの末梢組織へ移動し、そこで近縁の核内受容体ＰＰＡＲαが脂肪酸の分解を仲介する。脂肪組織での脂肪の分解は、筋肉にエネルギーを供給することなのだ。

▼核内受容体PPARαとδのカップルとパートナー（脂質）のダンス（脂肪の利用）

メヌエットとは、バロック時代に人気のあった宮廷舞踊曲で、カップルは同じパターンの踊りを繰り返しながらパートナーを交換していく。今回の Sihao Liu たちの研究[1]であきらかになった脂肪代謝の仕組みは、まるで入念に振り付けされたメヌエットの踊りのようだ。というのも、2人のダンサーである核内受容体PPARαとPPARδが、もう1人のダンサーである脂質を交換することで、適切な脂肪利用を促進する働きをしていることがあきらかになったのだ。

PPARαは、筋肉と肝臓で脂肪の利用を促進し、フィブラート系脂質低下薬の標的としてよく知られている。PPARγはそれとは対照的で、脂肪の蓄積を仲介し、白色脂肪組織の発生に不可欠だ。PPARδは、前述の2つの兄弟受容体より広範囲に発現していて、機能もオーバーラップしているが、その働きには謎が多い。またPPARδは、筋肉では、脂肪酸の分解（酸化）を促進して筋持久性を高めるのに[2,3]対し、肝臓では、脂肪酸の生合成を促進することがLiuらによって2011年に示されている[4]。今回、PPARδによる肝臓での脂質生合成活動によって生じた脂質が、PPARαのダンス（脂肪の利用）のパートナーでもあることが示された。

この脂質の循環パターンは、肝臓のPPARδの日周性活動に由来している（図1）。肝臓での脂質の生合成は、日中は、日周性の活動パターンを持つ2つの核内受容体Rev-erbαおよびRev-erbβによって抑制されている[5]。マウスが余分なカロリーを脂肪として蓄

1. *Liu, S. et al.* Nature 502, *550-553 (2013).*
2. *Wang, Y.-X. et al.* Cell 113, *159-170 (2003).*
3. *Narkar, V. A. et al.* Cell 134, *405-415 (2008).*
4. *Liu, S. et al.* J. Biol. Chem. 286, *1237-1247 (2011).*
5. *Feng, D. et al.* Science 331, *1315-1319 (2011).*

えるために夜間に餌を食べるのは、理にかなっていると言えよう。Liuらによれば、肝臓の主要な脂質合成酵素のうち、少なくともその一部は、PPARδに依存して夜間に発現すると報告している。また、肝臓にPPARδがないマウスを調べると、筋肉での脂肪酸の取り込みに異常があるが、異常が見られるのは夜間のみであった。この意外な結果から、Liuらは、肝臓は夜間にシグナル伝達物質を生合成していて、それが分泌されると筋肉による脂肪酸の取り込みが促されるのではないかという仮説を立てた。

Liuらは仮説を確かめるため、実際に、1日のうちの暗期に、正常なマウスと肝臓にPPARδがないマウスから血清を採取して、それを培養筋細胞に加えた。すると、正常なマウスの

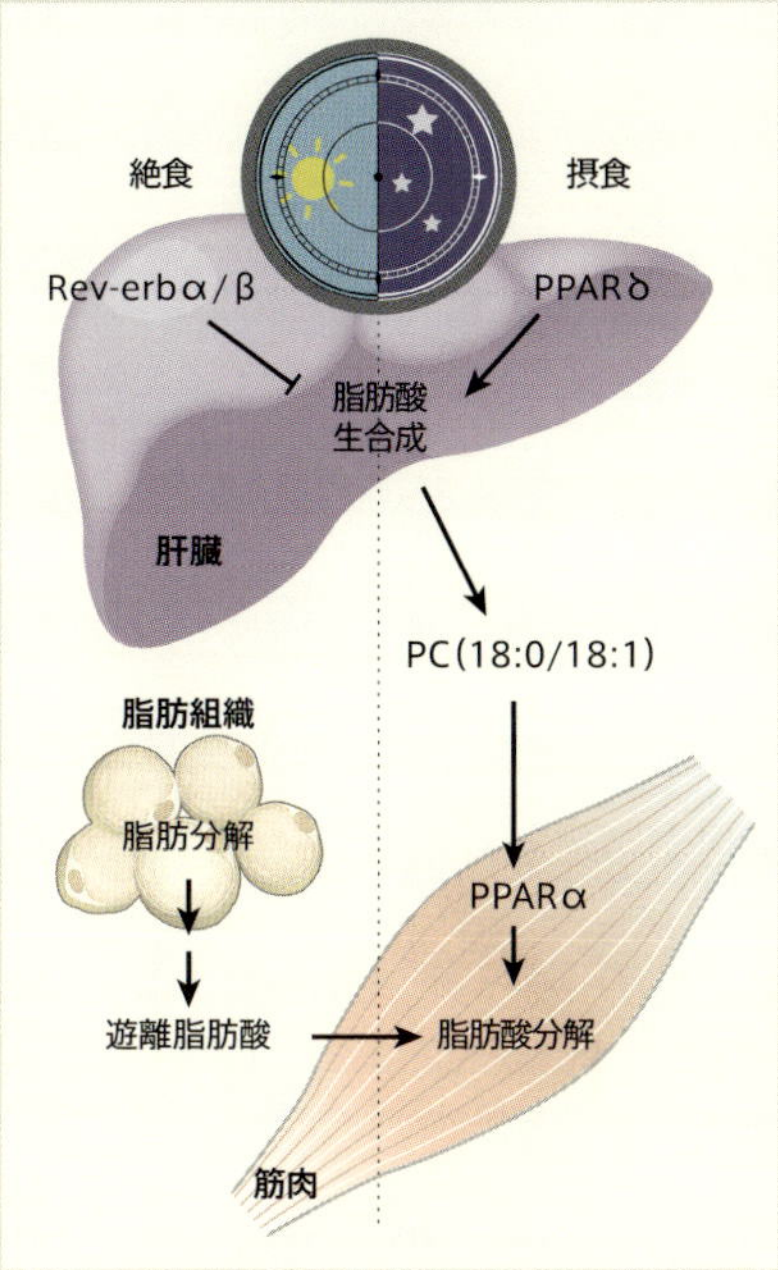

図1　組織をまたぐ脂肪代謝調節
マウスは、夜間の摂食によって得た余分なカロリーを脂肪として蓄積し、肝臓で脂肪酸を合成する。核内受容体Rev-erb α/βは日中この過程を抑制する。Liuら[1]は、PPARδが肝臓で夜間の脂質生合成を促進することを示している。その後リン脂質PC（18:0/18:1）が筋肉などの末梢（まっしょう）組織へ移動し、そこで近縁の核内受容体PPARαが脂肪酸の分解を仲介する。脂肪組織での脂肪分解は筋肉にエネルギーを供給する。

血清は筋細胞の脂肪酸の取り込みを促進できるが、肝臓にPPARδがないマウスの血清では促進できなかった。

次にLiuらは、血液を介してPPARδの作用を筋肉中のPPARαに伝達する因子を探すための大規模な分析を行ない、候補を少数の脂質に絞った。候補脂質のうち、PC（18：0／18：1）と呼ばれるホスファチジルコリン（リン脂質の一種）で筋肉細胞を処理すると、*in vivo* でも *in vitro* でも筋肉細胞への脂肪酸の取り込みが誘発されたが、その他の近縁なホスファチジルコリン種を用いた場合は誘発されなかった。この現象はPPARα活性化機構の顕著な特徴であり、それと一致して、PPARαが欠乏している筋肉細胞およびマウスでは、PC（18：0／18：1）が仲介する脂肪酸の取り込みは低下していた。

▼バロック時代に人気の宮廷舞踊曲メヌエットさながらのパターンを見る

Liuらの実験結果から、このダンスのパターンが見えてくる。夜間に肝臓のPPARδが活性化されることでPC（18：0／18：1）産生が増加する。次にパートナーの交換、すなわち肝臓でつくられたPC（18：0／18：1）は筋肉へと移動して、そこでPPARαとともに次のステップである脂肪の取り込みと脂肪酸の酸化を促進する。そして日中に、3つのパートナーすべてで濃度または活動が低下するとサイクルは完了し、次のラウンドの準備に入る。

まるでメヌエットの踊りのようなこの仕組みは、比較的単純に見えるかもしれないが、非常に重要な意味をもっている。Liuらの研究から、高脂肪食を食べているマウスでは、PC

（18：0／18：1）の日周性の産生が低下していること、また糖尿病マウスにPC（18：0／18：1）を投与すると代謝パラメータが改善され、トリグリセリドの血中濃度が軽度に減少し、グルコース恒常性が改善されることがはっきりと示されたのだ。これらの結果は、PPARαを活性化するフィブラート系薬剤により得られる有益な効果と整合している。またLiuらによれば、フィブラート系薬剤の投与には時刻が重要である可能性があり、PPARδのみを標的とする薬剤であっても、PPARαに関連した副作用が起こりうることを示唆している。

　また、今回の研究成果から、多くの興味深い疑問が浮かび上がった。たとえば、肝臓での脂肪酸の産生がなぜ、骨格筋における脂肪酸の酸化という反対の過程を促進するのだろうか？　また、もう少し取り組みやすい別の問題として、PC（18：0／18：1）が直接筋肉のPPARαを活性化するかどうか、という疑問がある。別の研究グループが以前に、他のホスファチジルコリンもPPARαを活性化することができ[6]、また、PC（18：0／18：1）とほぼ同一のPC（16：0／18：1）は肝臓のPPARαの非常に特異的なリガンドであること[7]を示しており、これらの研究結果を踏まえると、答えはたぶん「イエス」だろう。しかし、Liuらは、PC（16：0／18：1）は筋肉細胞のPPARαを活性化しないと報告している。一見矛盾している理由は明白になっていないし、また3つのPPARすべてにおいて、その内在性の機能的リガンドの性質すらわかっていない。この長年にわたる疑問を完全に解決するには、徹底的な機能的、生化学的、構造的研究が必要である。

　それに、PC（18：0／18：1）とPC（16：0／18：1）は、どちらも細胞膜に豊富に含

6. *Lee, H. et al.* Circ. Res. 87, *516-521 (2000).*
7. *Chakravarthy, M. V. et al.* Cell 138, *476-488 (2009).*

まれる成分である。となると、細胞に広く存在する分子が特異的な代謝シグナルとしてどのように機能できるかという、より広範な疑問が湧いてくる。これには、核でシグナルを出すリン脂質は細胞膜中の同じ分子種から分離されているという「細胞の区画化」がかかわっている可能性がある。

▼ダンスマスターが振り付けた脂肪代謝のさまざまなステップ

別の研究グループによるいくつかの研究から[7〜9]、肝臓での内在性PPARαリガンドの産生には、脂肪酸シンターゼ（脂肪酸合成酵素）にかかわる特異的な「細胞の区画化」経路が必要であると示唆されている。この経路は、栄養シグナルに応答して、特定の細胞内区画を介して脂質生合成を導き、核PC（16：0／18：1）を生成するとされる。この考え方では、新たにつくられたホスファチジルコリンだけが機能できる。

この説は、Liu らが今回示した「脂質合成にPC（18：0／18：1）がかかわる」という結果とよく一致する。しかし残念ながら、新たに産生された細胞内ホスファチジルコリンだけがリガンドとして機能するという考え方は、PC（16：0／18：1）を人為的に加えた別の実験での生物学的効果とも[7]、この研究におけるPC（18：0／18：1）の効果とも一致しない。

それに、PC（18：0／18：1）が骨格筋で効果を発揮する仕組みも、そして、PC（18：0／18：1）が肝臓のPPARαを活性化しないようにする仕組みも不明だ。後者は、PPARδが脂肪の生合成と酸化を同時に行なわないようにする逆の作用だ。

8. *Chakravarthy, M. V. et al.* Cell Metab. 1, *309-322 (2005).*
9. *Jensen-Urstad, A. P. L. et al.* J. Lipid Res. 54, *1848-1859 (2013).*

そして、最後の疑問は、一般論として、このPPARのダンスがメヌエットであるならば、より複雑なダンスであるガボットやリゴドン、スクエアダンスはどんなものか、ということだ。ジアシルグリセロールやセラミドなどの脂質シグナル伝達分子の細胞内調節作用はよく知られている。また、脂肪組織からの特異的脂質制御ホルモンである炭素16脂肪酸（パルミトレイン酸）の分泌は、筋肉でのインスリンの作用を促進して、肝臓での脂肪蓄積を抑制することもあきらかになっている。[10] さらに核内受容体のSF－1とLRH－1は、今回わかったPPARδ、PC（18：0／18：1）、PPARαによる相互交換とよく似ており、リン脂質リガンドに応答して、[11〜13] 直接的な代謝効果を発揮する。だが、これらは、脂肪代謝全体のごく一部にすぎず、どのようにかかわり合っているかもわかっていない。われわれはあきらかに、ダンスマスターが振り付けたステップのすべてを理解してはいないようだ。

David D. Moore はベイラー医科大学（米テキサス州ヒューストン）分子細胞生物学部に所属している。

10. *Cao, H. et al.* Cell 134, *933-944 (2008).*
11. *Urs, A. N., Dammer, E. & Sewer, M. B.* Endocrinology 147, *5249-5258 (2006).*
12. *Lee, J. M. et al.* Nature 474, *506-510 (2011).*
13. *Blind, R. D., Suzawa, M. & Ingraham, H. A.* Sci. Signal. 5, *ra44 (2012).*

進化（古生物）

Evolution [paleontology]

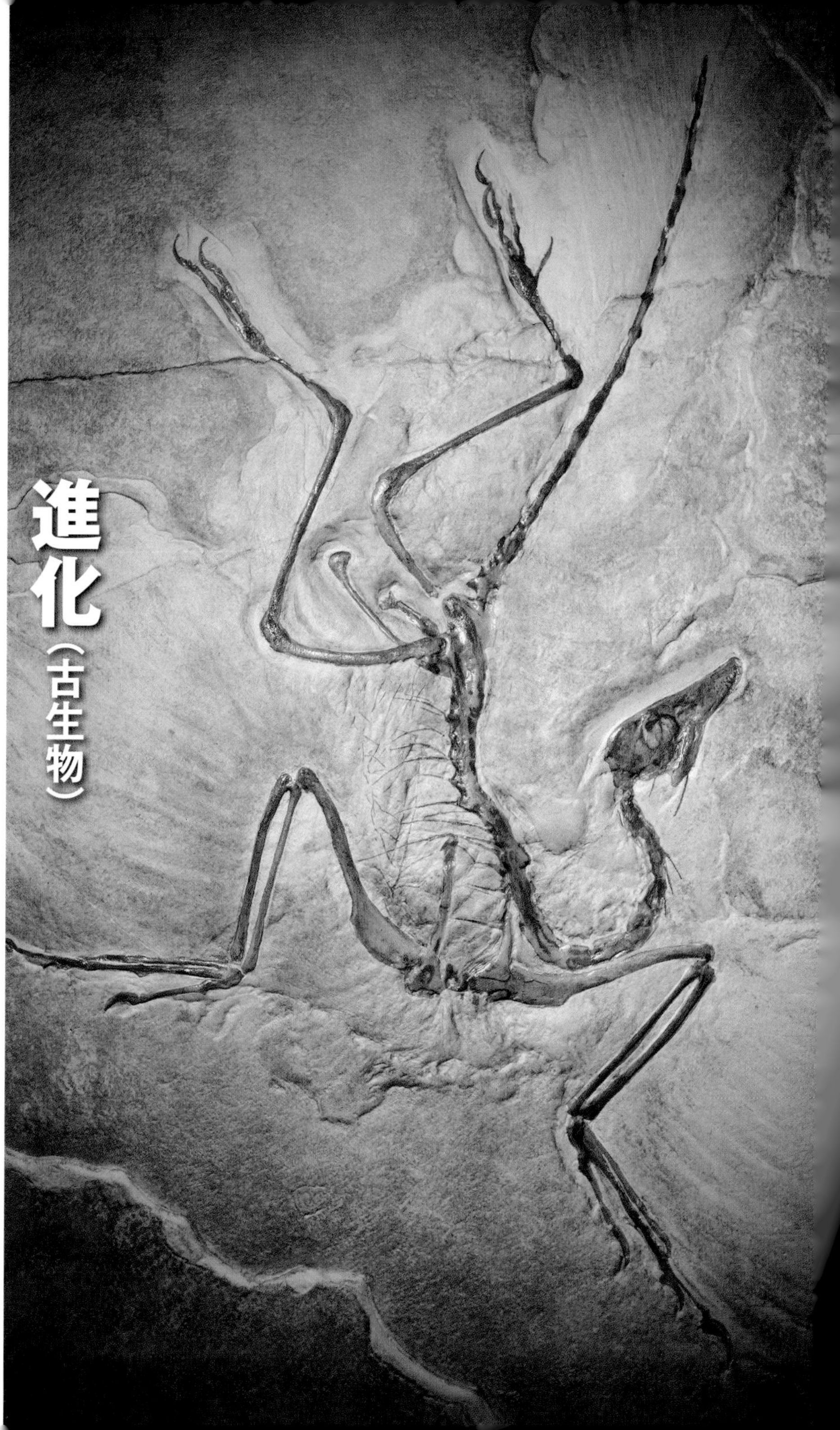

進化の速度と様式の不協和

Arrhythmia of tempo and mode

Paul B. Rainey　２００９年10月29日号　Vol. 461 (1219-1221)

細菌を使った進化の実験はこれまで20年以上、４万世代にわたって行なわれてきた。現在までの結果からは〝新世界〟の一端がうかがわれ、喜ばしいことではあるが、ゲノムレベルと生物レベルでの速度と様式の関係性が複雑なことは、１つの懸念材料だ。

古生物学で関心を寄せられていたのは、化石記録に見られる進化的変化の速度とその様式＝パターンの大規模変動だった。現在、分子進化の研究者たちは、特定の遺伝子座位におけるＤＮＡ塩基配列進化の速度を情報として用い、生物の進化様式を推論している。今回、４万世代にわたるゲノム変化と生物適応の速度について、進化を理解するうえで直接の手がかりとなる結果が得られた。研究チームは大腸菌の４万世代にわたる進化でのゲノムの変化（変異の数）と生物適応の速度をまとめた。適応度の上昇は時間がたつにつれ鈍ったが、ゲノム進化は一定の速度で進む。もしこうしたゲノム進化に関する知見がなければ、新しい有用な変異の出現率の低下か、各変異の平均的有用度の低下のために、ゲノム進化の速度は低下してきていると予測されただろう。

▼特定の遺伝子座位におけるＤＮＡ塩基配列進化の速度を情報に生物の進化様式を推論

古生物学者の George Gaylord Simpson は、独創性に富んだ著書『Tempo and Mode in Evolution（進化の速度と様式）』[1]のなかで、進化的変化の速度：tempo（rate）とその様式：mode（process）を区別することの重要性を唱えた。そしてさらに、速度は様式を推論するのに使えるのではないかとも論じた。Simpson が主に関心を寄せていたのは、化石記録に見られる速度とパターンの大規模変動であった。しかし速度と様式に関する理論のほうが広く波及し、生物進化を学ぶ学生や[2]、分子進化に関心をもつ研究者へも[3]影響を及ぼした。実際、分子進化の研究者たちは、不確実な点が多数あるにもかかわらず、特定の遺伝子座位におけるＤＮＡ塩基配列進化の速度を情報として用い、生物の進化様式を推論している。このほど Richard Lenski の率いる研究チーム（論文筆頭著者は Barrick）は、『Nature』２００９年10月29日号１２４３ページで、４万世代にわたるゲノム変化および生物適応の速度について、進化を理解するうえで直接の手がかりとなる研究結果を報告した。[4]

進化の過程を逆にたどって、進化する単一系統のゲノムの全記録を一定の時間間隔でとらえ、変異を生じたすべての出来事と、それらが与えた影響の大きさを記録したとイメージしてほしい。それをイメージできたら、さらに、身体的な形質（表現型）の変化だけでなく、その根底にあるゲノム進化の動態も思い描いてほしい。Barrick たちの[4]実験はまさしくこれである。１９８８年に Lenski は、保存していた大腸菌（*Escherichia coli*）Ｂ株のクローン（クローンＲＥＬ６０６、「祖先」と呼ばれる）を取り出し、グルコースを制限した単純な培地に植えた。

1. *Simpson, G. G.* Tempo and Mode in Evolution *(Columbia Univ. Press, 1944).*
2. *Gould, S. J.* The Structure of Evolutionary Theory *(Belknap, 2002).*
3. *Nei, M.* Molecular Evolutionary Genetics *(Columbia Univ. Press, 1987).*
4. *Barrick, J. E. et al.* Nature 461*, 1243-1247 (2009).*

その後、毎日その一部を新鮮な培地に植え継いで、持続的に増殖する状態を維持した。[5] そして、決まった一定の時間間隔で、増殖した菌体集団の一部を試料として採取し、試料の繁殖成功度（適応度）を「祖先」と比較して判定した。また、採取した菌体試料は将来の参照用に冷凍保存した。

今回Barrickたちは、継代培養してきた12系列ある集団のうちから1つを選び、20年にわたって進化実験の6つの時点で菌体を採取し、それらの単一染色体の全塩基配列を次世代ＤＮＡシーケンシング技術を用いて解読した。そしてそれらを祖先の塩基配列と比較し、4万世代にわたる期間に生じた変異をあきらかにした。

▼あきらかになったゲノム進化の速度と進化の事実の不整合性

一定の時間間隔で採取したクローンの塩基配列決定を行なったことで、ゲノム進化の速度があきらかになった。前半の2万世代では、１０００世代当たり約2個の割合で変異が蓄積していた。この時計のような規則正しさから、様式の存在が強くうかがわれる。実際、こうした規則正しさからは中立進化の様式が示唆される。つまり、自然選択によってではなく、選択的に中立な変異体の無作為抽出によって推進される進化である。[6] 中立進化説[6]では、変異は一定のペースで集団内で標準化される（固定される）と予測できる。このペースは、個々の細胞で新しい変異が自然発生的に生じる割合によって決まり、究極的には、ＤＮＡ代謝に関与する酵素のエラー率によって決まる。

5. *Lenski, R. E., Rose, M. R., Simpson, S. C. & Tadler, S. C.* Am. Nat. 138, *1315-1341 (1991).*
6. *Kimura, M.* The Neutral Theory of Molecular Evolution *(Cambridge Univ. Press, 1983).*

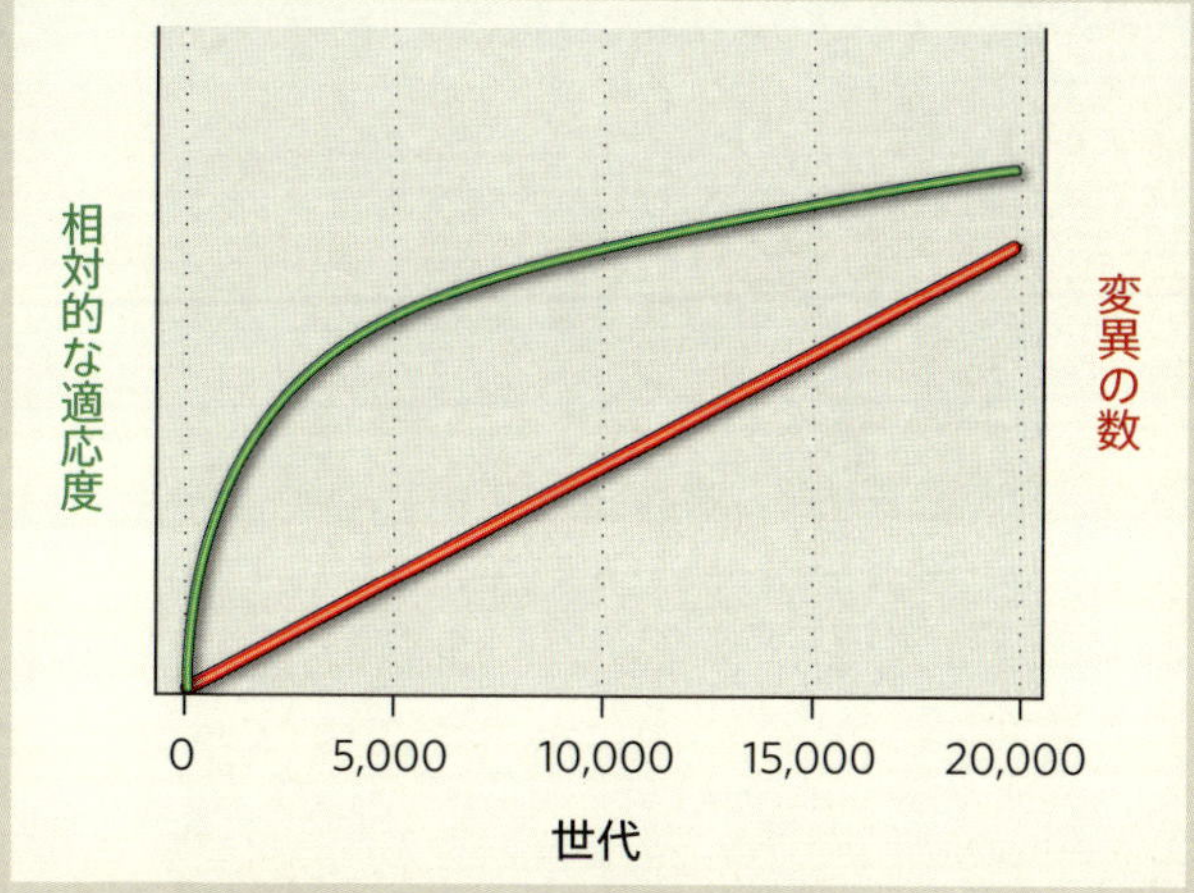

図１　ゲノム進化と適応進化を統合した際の不一致
このグラフは、大腸菌の２万世代にわたる進化でゲノムの変化（変異の数）と生物の適応（適応度）の速度をまとめたもの。適応度の上昇は時間が経つにつれて鈍っているが、Barrickたち[4]があきらかにしたようにゲノム進化は一定の速度で進んでいる。これはどうしてなのか、解釈は難しい。もしこうしたゲノム進化に関する知見がなければ、新しい有用な変異の出現率の低下、もしくは各変異の平均的有用度の低下（あるいはその両方）のために、ゲノム進化の速度は低下してきていると予測されただろう。

しかし、Barrickたちの得た生物適応の測定値[4]には、自然選択を受けたことが強力に示されており、中立進化はほとんど意味をなさない。事実、前半の２万世代を経る間に、REL606の子孫の繁殖成功度は劇的に向上し、しかも、その増加はあきらかに非線形となった。初めの２０００世代の間に、適応度は祖先の遺伝子型と比べて１・５倍に高まり、その後、増加速度は低下していたのだ（図１）。

こうした事実の不整合性は、どうもしっくりとしない。ゲノム進化の規則正しい進行は生物進化の中立的な様式を思わせるものだが、生物進化の速度には自然選択による進化に特有の性質が見られる。幸いなことに、微生物を用いる進化実験ではメカニズムを徹底的に詳しく調べることが可能であり、Barrickたちはまさにそれを行なった。彼らの提示した証拠には、前半の2万世代で生じた変異の大部分が有用なものであることや、そうした変異の固定が自然選択によるものであることが、説得力をもって示されている。

▼DNA修復タンパク質をコードする遺伝子mutT（ミューテータ）の変異

Barrickたちは、こうした変異を中立説で説明せず、数多くの疑問を浮き彫りにした。確かに、ゲノム進化と生物（適応）進化の間の関係性は直観とは相容《い》れないものである（図1）。経験的な見方からすると、この単一のクローン系列での進化がほかの11のクローン系列の代表例になるかどうかを知る必要性がある。もしこうした進化が典型的なものであれば、競合する有用な変異の生態的特性で説明できるのか、変異率のわずかな上昇で説明できるのか、もしくは遺伝子型－表現型の対応マップの根底にある詳細機構によって説明できるのか、という疑問を抱えることになる。それでもなお、事実は動かない。「新世界」を初めて垣間見た今回の成果に、高揚感を感じるが、満足感は決して得られない。

賢明な読者諸氏は、後半の2万世代の進化に関するコメントがここまでないことに気づいておられるだろう。これは意図的にそうしたのである。前半の2万世代を経過した後、遺伝子*mutT*（ミューテーター）に1つの変異が生じた。この遺伝子はDNA修復にかかわるタンパク質をコードしており、生じた変異は変異速度を上げるものだった。変異速度の上昇は、ゲノム進化の速度と様式を根本から変えてしまったが、生物進化には相対的に見てほとんど影響を及ぼさなかったようである。進化の前半に生じた変異は合計45個だった。続く2万世代の間に、およそ６００個の変異が加わり固定された。これらの変異が残した「足跡」には、中立進化の特徴が見られる。このことは主として、多くの変異が、コードされるタンパク質のアミノ酸配列に影響を及ぼさないことからあきらかである。

ゲノムレベルと生物レベルでの進化の速度と様式の関係性が複雑であることは、ちょっとした懸案事項になる。ＤＮＡに見られる進化の速度から生物進化の様式を推測することに、注意が必要なことを意味するからだ。しかし、Simpsonがもし生きていれば間違いなく、進化に関してこのスケールで直接情報を得られた喜びを味わっているだろう。*mutT*の変異によって生じたカオスをじかに観察するのは、実にすばらしく、楽しいことだ。そう考えると、今回のBarrickたちのように[4]、投げかけられている疑問が専門的な解析法でうまく解きあかされたとき、科学、なかでも実験進化という分野がどれだけ威力をもちうるかがよくわかる。

Paul B. Raineyはマッシー大学ニュージーランド先端科学研究所およびアラン・ウィルソン分子生態学・進化研究センター（ニュージーランド）に所属している。

生命の起源：協力する遺伝子が出現するまで

ORIGINS OF LIFE: The cooperative gene
James Attwater & Philipp Holliger　２０１２年11月1日号　Vol.491 (48-49)

地球上の生命の起源は、いまだに大きな未解明の謎の１つだ。今回、非生物的化学から生物学への変化のプロセスに、分子間協力の可能性が示された。これは協力するＲＮＡのはるかに大きなサイクルとネットワークの可能性を暗示している。

現在の生物では、ＤＮＡやＲＮＡという核酸が主として遺伝情報の保存と処理に用いられ、一方、タンパク質は代謝や構造的役割を果たしている。しかし原始的生物にはＤＮＡとタンパク質がなく、代わりに遺伝も代謝もＲＮＡに頼っていることを裏づける強力な証拠がある。この「ＲＮＡワールド」ではＲＮＡ分子による自己複製が根本であり、ＲＮＡ分子は変異することによって、さらに効率的な自己複製への進化も行なう。だが、自己複製するＲＮＡは、初期地球に存在した化学物質からどのように生じたのだろうか。今回、研究者たちのシナリオでは、自己複製するＲＮＡという実体が、単に自分のコピーを作るだけでなく、「ハイパーサイクル」と呼ばれる補強的ループの環状ネットワークを介して、別の複製子に作用することを示した。

▼生命そのものと同じ長さの歴史をもつ〝協力〟の可能性

〝協力〟は、群れで狩りを行なうオオカミのような生物そのものから、発生中または器官の機能中に協調して機能する個々の細胞まで、生命のあらゆるスケールで働いている。『Nature』２０１２年11月１日号72ページでは、互いに集合するＲＮＡ分子のネットワークについて、Vaidyaらが発表し[1]、協力が生命そのものと同じ長さの歴史をもつ可能性を示唆している。

現在の生物の分子的構造物は、根底に役割の分担があり、ＤＮＡおよびＲＮＡという核酸が主として遺伝情報の保存と処理に用いられる一方で、タンパク質が代謝および構造的役割を果たしている。しかし、ＤＮＡとタンパク質がなく、その代わりに遺伝も代謝もＲＮＡに頼っていた原始的生物を裏づける強力な証拠が存在する[2]。この「ＲＮＡワールド」はＲＮＡ分子による自己複製が根本であり、ＲＮＡ分子は変異することによってさらに効率的な自己複製への進化も行なう。

しかし、そうした自己複製するＲＮＡ――原初の「利己的な遺伝子」――は、初期の地球に存在した化学物質からどのように生じたのだろうか。前生物的化学（現在の生物に典型的な分子の形成につながったと考えられる化学反応に関する研究）の近年の進展は、ＲＮＡの構成要素がどのように蓄積され、どのように短い鎖へとポリマー化されていったのかについて、手がかりを与えてくれる[2]。実は、とても短いものでも、ＲＮＡのなかには化学反応を進めることができるものがある[3]（そのため、ＲＮＡ酵素、あるいは「リボザイム」と呼ばれている）。しかし、自己複製に必要となるさらに複雑な機能には、もっと長くて構造の複雑なリボザイムの集合が

1. *Vaidya, N. et al.* Nature 491, *72-77 (2012).*
2. *Atkins, J. F., Gesteland, R. F. & Cech, T. R. (eds)* RNA Worlds: From Lif's Origins to Diversity in Gene Regulation *(Cold Spring Harb. Lab. Press, 2011).*
3. *Turk, R. M., Chumachenko, N. V. & Yarus, M.* Proc. Natl Acad. Sci. USA 107, *4585-4589 (2010).*

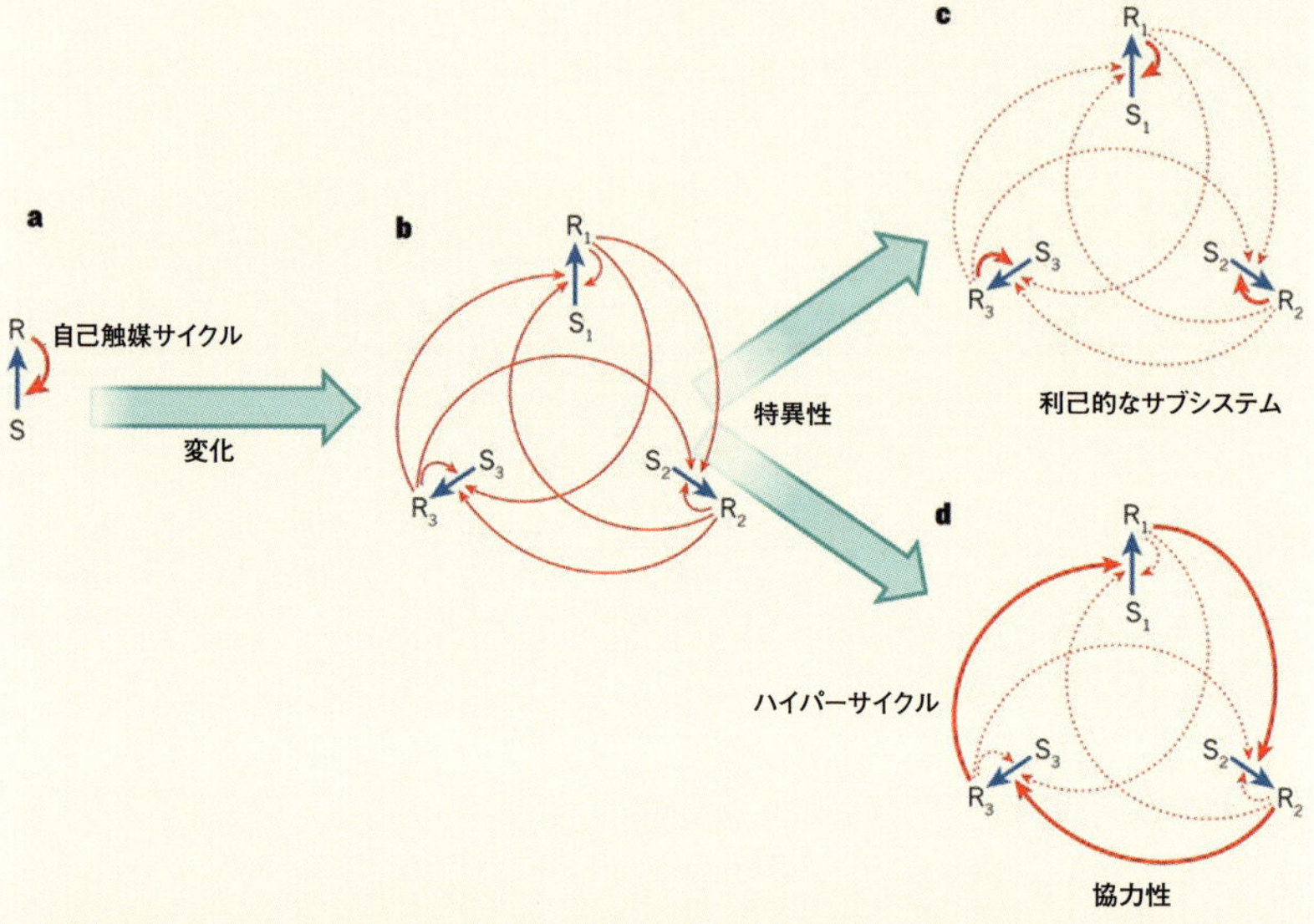

図1　ハイパーサイクルの出現
a：原始の複製子分子（R）が単純な自己触媒サイクルで基質分子（S）からの自己集合を促進する。
b：不完全な複製で関連する複製子のセットが生じ、各複製子がほかの全複製子の合成を促進する。
c，d：複製子の特異性に偏りを導入すると、ネットワークに構造が生まれ、利己的なサブシステム（c）ができたり、Vaidyaらが発表した系[1]に似た協力的な「ハイパーサイクル」（d）ができたりする。そうしたハイパーサイクルは全体として自己触媒性を維持するが、変異の蓄積に対する抵抗性が高まり、複製子の特殊化や新機能獲得が可能となる。赤い矢印は複製子集合の促進作用を表わし、太線は強化、点線は弱化を示す。

必要と考えられるが、それを生成する前生物的反応は知られていない。

Vaidyaらの優れた研究は、30年以上前に初めて提唱された自己組織化の原理[4]に基づき、そのギャップをつなぎ始める可能性のある戦略を示している。このシナリオでは、自己複製するRNAという実体が、単に自分のコピーを作るばかりでなく、「ハイパーサイクル」と呼ばれる補強的ループの環状ネットワークを介して別の複製子に作用する（図1）。Vaidyaらはかつて、切断されたときに自らを組み立てる能力をもつ（*Azoarcus* 属細菌の）リボザイムについて発表している。[5] 今回は、そのようなRNA断片の変異体が集合して互いに作用し合い、ちょうど提唱されたハイパーサイクルのように、協力的な自己集合サイクルを形成することをあきらかにした。ここでは、リボザイム1がリボザイム2の集合を助け、2が3を助け、3が1を助ける（図1）。

研究チームの知見で重要なのは、そのような協力的サイクルにより、それに参加するRNAが利益を得て、個々の断片が自らを組み立てる利己的な複製サイクルに打ち勝つことができるという点だ。全長リボザイムは、4つの異なるRNA断片のセットからでも協力によって組み立てられた。このように、小さなRNA分子どうしの協力は、長くて複雑なRNAを出現させることができる。

▼協力的なRNAのネットワークとその機能を追う

研究チームがきわめて詳細に示したのは、構成要素が3個の協力的なサイクルだが、その実

4. *Eigen, M. & Schuster, P.* Naturwissenschaften 65*, 341-369 (1978).*
5. *Hayden, E. J. & Lehman, N.* Chem. Biol. 13*, 909-918 (2006).*

験の1つから得られたデータは、協力するRNAのはるかに大きなサイクルとネットワークの可能性を暗示している。この観察は特に、分子の協力、そしてRNAワールドに対するその重要性に関する理解を深化させるさまざまな研究を示唆している。今後の研究の問題としては、そのようなネットワークが時をへてどのように発達したのか、ネットワークの複雑さは効率と対応するのか（大規模なネットワークや入り組んだネットワークの複製が、単純なネットワークよりも常に効率的なのかということ）という点が挙げられる。

そのようなネットワークは、初期の地球に生じたランダムなRNA鎖の集まりのなかで、どのように形成され（そして存続し）たのだろうか。今回の研究において、その集まりに属するRNAは、すべて*Azoarcus*リボザイムの「プレハブ」断片のセットに由来するものだった。無関係なRNAや障害になりかねないRNAが多数存在するなかで、協力的なRNAのネットワークがどのように機能するのかをあきらかにし、自己集合が行なわれなくなるまでに*Azoarcus*断片内にはどれだけの配列変化が許容されるのかを突き止めることは、重要と考えられる。この点で、今回の研究は期待をもたせるものだ。というのも、構成要素が3個の系は、限定的な配列多様性のほうが決まった断片よりも良好な集合を生じ、なんらかの配列変化が効率の利得に利用可能であることが示されたためだ。

2種類のリボザイムが4断片の混合物からの互いの合成を触媒した過去の二成分系[6]と比較するとわかりやすい。その系は、指数的な自己複製を示し、決まった配列変化の断片を加えると、多様な組換え分子の集まりが生じたが、そのなかには初めよりも効率的な複製子があった。こ

6. *Lincoln, T. A. & Joyce, G. F.* Science 323*, 1229-1232 (2009).*

れにより、そのような分子系は、組換えの強力な進化的潜在能力を利用して、自らをさらに能動的な複製子に再編成することができる。今回、集合相手の選択に関する自由度が高いリボザイム系をVaidyaらが利用したことで、ネットワークはその二成分系以上に発達することができた。

しかし、組換え体は所定の要素構造から離脱することができないため、決まったRNA要素への要求はそうした系の進化能を制約すると考えられる。自己複製と進化を行なう、さらに一般的な能力には、RNAやDNAの配列が単量体のユニットからポリメラーゼ酵素によって「逐語的」に複製される現在の生物学のように、遺伝情報をコピーすることができる別種の系が必要だろう。RNAのポリマー化を行なうリボザイムは発表されており、[7] 近年改良されてはいるものの、[8] その活性は自己複製には不十分だ。

Vaidyaらが発表した「分子生態学」への取り組みは、ポリマー化を行なうリボザイムによる短いRNAの合成と自己集合能を有するリボザイム系とを組み合わせることができれば、協力的なネットワークを設計して両方のタイプの系を最大限に利用することができる可能性を示唆している。[9] そのようなネットワークは独立系の複製子よりも優れており、有害な変異の段階的蓄積や、[10] それに伴うコードされた遺伝情報の劣化に対し、組換えを利用して抵抗することができるかもしれない。最後に、分子の同族識別やポリマー化活性のような高次機能にとって、完全な共有結合的集合は重要でないと考えられる。実際、複数のRNA鎖による機能的複合体への非共有結合的な集合は、現代生物学に先例がある。それは、複数のRNA鎖とタンパク質

7. *Johnston, W. K., Unrau, P. J., Lawrence, M. S., Glasner, M. E. & Bartel, D. P.* Science 292, *1319-1325 (2001).*
8. *Wochner, A., Attwater, J., Coulson, A. & Holliger, P.* Science 332, *209-212 (2011).*
9. *Meyer, A. J., Ellefson, J. W. & Ellington, A. D.* Acc. Chem. Res. *http://dx.doi.org/10.1021/ar200325v (2012).*

鎖の大きな複合体である「リボソーム」だ。リボソームはタンパク質合成を触媒しており、RNAワールドまでさかのぼる可能性がある。

地球上の生命誕生につながった分子的事象そのものは、いまや失われてしまったと考えられるが、科学は祖先的分子の分子的「ドッペルゲンガー」を構築して、前生物的物質から生物的物質への変化を起こした可能性があるさまざまな道のりの確からしさを調べることができる。Vaidyaらは、この生命発生期でも協力に利益があったことを強力に裏づけた。結局、最初の遺伝子はそれほど利己的ではなかったのかもしれない。

James AttwaterとPhilipp HolligerはNRC分子生物学研究所（英国ケンブリッジ）に所属している。

10. *Muller, H. J.* Genetics 48, *903 (1963).*

進化の空白を埋める昆虫化石

An insect to fill the gap

William A. Shear　２０１２年８月２日号　Vol.488 (34-35)

デボン紀の完全な昆虫化石と思われる化石が発見された。
これにより、有翅昆虫がいつ進化したのかについて、
断片的だったさまざまな知識や情報が有機的につながるかもしれない。

昆虫は種数の多さから、史上もっとも繁栄した動物群だ。けれどもその進化的起源は、昆虫の始まりを裏づける化石が見つからず、いまもってわからない。今回、まさにその化石を発見したという報告が、研究チームによって発表された。ベルギーの採石場で発掘された岩の板から発見された長さ８㎜のその化石は*Strudiella devonica*と命名され、約３億７０００万年前のデボン紀後期のものと特定された。３億２５００万年前ごろの有翅昆虫は、石炭紀のムカシアミバネムシに代表される化石が多い。しかしそれ以前は、「六脚類《ろっきゃくるい》の空白」という長い空白期があり、トビムシ類の現生節足動物と外見が似ている４億２００万年前の*Rhyniella praecursor*など、発見されている化石はごくわずかだ。今回の発見は、空白域を埋めるものだ。

▼約3億7000万年前・デボン紀後期のものと特定された昆虫化石の発見

種数の面から言えば、昆虫は史上もっとも繁栄した動物群だ。しかし、その進化的起源は議論の種となっており、昆虫の始まりを裏づける明白な証拠が化石によって最終的に示されないかぎり、その議論が終わることはない。『Nature』8月2日号82ページでは、まさにその化石を発見したとする研究成果が、Garrouste たちによって発表された。[1] 保存状態が良好とは言いがたいが、その化石には、脚が6本生えた胸部、長くて枝分かれしていない触角、三角形の顎、そして10個の節からなる腹部が認められる。解剖学的にこの組み合わせを有することが知られている節足動物（脚に関節をもつ無脊椎動物）は昆虫しかないことから、研究チームは、その化石が昆虫のものであることを強く主張している。

Strudiella devonica と命名された長さ8㎜のその化石は、ベルギーの採石場で発掘された小さな岩の板の中から発見された。*Strudiella* は約3億7000万年前、デボン紀後期のものと特定された（図1）。それは、水中の祖先をもとにして陸上の生態系が最初に形づくられていった年代で[2]、最初の森林が形成され、最古の四足脊椎動物が淡水の湖沼から陸上にはい出してきていた。これまでこの年代の岩石からは、昆虫だと思われる痕跡はあるものの、明確な証拠は見つかっていない。4億2000万年前の堆積層である有名なライニーチャート（英国スコットランド）には、粘管目《ねんかんもく》の化石が含まれている。[3] 粘管目というのは、現在どこにでも生息しているトビムシ類を含む動物で、昆虫にきわめて近いとされている。ライニーチャートからは1対の顎の化石も発見されている。それは *Rhyniognatha* と呼ばれ、先進的な有翅昆虫のものだ

1. *Garrouste, R. et al.* Nature 488, *82-85 (2012).*
2. *Shear, W. A. & Selden, P. A. in* Plants Invade the Land. Evolutionary & Environmental Perspectives *(eds Gensel, P. G. & Edwards, D.) 29-51 (Columbia Univ. Press, 2001).*

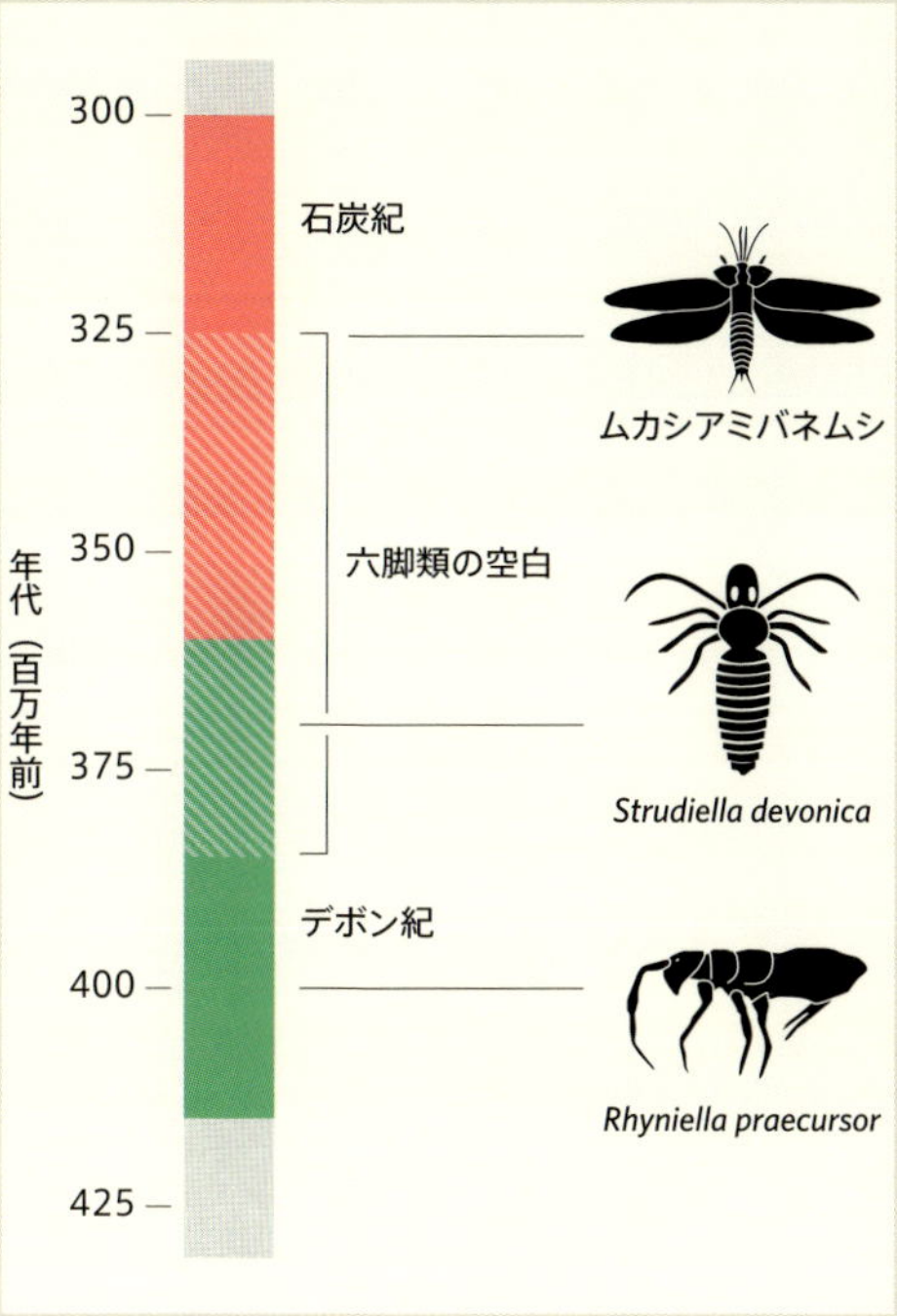

図１　有翅昆虫の起源
３億2500万年前ごろの有翅昆虫については、たくさんの発見例がある。石炭紀のムカシアミバネムシ目はその代表例だ。しかし、それ以前の年代の昆虫進化を示す証拠はほとんど存在せず、トビムシ類の現生節足動物と外見が似ている４億200万年前の*Rhyniella praecursor*など、発見されている化石はごくわずかだ。しかし、そのわずかな例のなかに、３億8500万〜３億2500万年前のものはない。その年代は、昆虫の証拠がないことから六脚類の空白（斜線部分）と呼ばれている。しかし今回、Garrousteらが、*Strudiella devonica*の化石を発見したと発表した[1]。その年代は３億7000万年前であり、また、その標本には昆虫に特徴的な複数の解剖学的特徴が認められる。

った可能性がある。[4] そのほか、米国ニューヨーク州では、特徴的なクチクラ（体表を覆う細胞が外表面に分泌する固い膜構造。昆虫などで見られる）の化石片がいくつかと、複眼の基本構造の化石片が１つ発見されている。それはおそらく原始的な無翅昆虫のもので、３億８５００万年前の岩石の中から出てきた。[5] しかし、地球の歴史上できわめて重要なこの年代の昆虫に関しては、このような断片しか知られていなかったのだ。

誤報もあった。たとえば、そのニューヨークの堆積層よりもいくぶん古いカナダの地層で発見された無翅昆虫の頭部の化石[6,7]

3. *Greenslade, P. J. & Whalley, P. E. S. in* Proc. 2nd Int. Semin. Apterygota *(ed. Dallai, R.) 319-323 (Univ. Siena, 1986).*
4. *Engel, M. S. & Grimaldi, D. A.* Nature 427*, 627-630 (2004).*

は、夾雑物《きょうざつぶつ》と考えてほぼ間違いなく、岩石の割れ目に閉じ込められていたその昆虫は、もっと新しい年代、または現代のものと考えられた。ライニーに近いスコットランドのチャートから出た *Leverhulmia mariae* は、昆虫か、その近縁生物か、はたまたそのどちらでもない可能性もある。脚が多すぎて、分類が困難なのである。[8]

▼*Strudiella devonica*と命名された化石虫が「六脚類の空白」を埋める!?

今回発見された *Strudiella* は、昆虫の祖先と考えるには新しすぎるような年代のものでもあり、ちょうど最古の昆虫と考えられるような年代のものでもある。それでも、最古の完全な昆虫化石である可能性が高く、実物の化石資料として大きな意味をもっている。これが、第一の、かつもっとも重要なポイントだ。

化石記録が語りかけてくれることしか、私たちは知ることができない。現在の見方としては、昆虫と陸上脊椎動物の祖先の多様化は、2回の爆発的進化で生じたと考えられている。[9] 昆虫と陸上脊椎動物は、共に4億2500万〜3億8500万年前の間に発生し、新たに利用可能となった地表の領域を占め始めたときに、最初の進化的放散が進展したと考えられる。それに続き、脊椎動物には「ローマーの空白」(3億6000万〜3億4500万年前)、昆虫にはさらに長い「六脚類の空白」(3億8500万〜3億2500万年前)という長い空白期間があり、それぞれの年代にはほとんど化石が発見されていない(図1)。その後、唐突なように感じるものの、2回目の多様化が起こり、多くの新しい形態が爆発的に出現した。昆虫では、大型有

5. *Shear, W. A. et al.* Science 224, *492-494 (1984).*
6. *Labandeira, C. C., Beall, B. S. & Hueber, F. M.* Science 242, *913-916 (1988).*
7. *Jeram, A. J., Selden, P. A. & Edwards, D.* Science 250, *658-661 (1990).*
8. *Fayers, S. R. & Trewin, N. H.* Palaeontology 48, *1117-1130 (2005).*
9. *Labandeira, C. C. & Sepkoski, J. J.* Science 261, *310-315 (1993).*

翅種の大きな群（絶滅したものも含め、カゲロウや原始的なトンボなど）が、祖先が確認されないまま出現した。昆虫たちは、世界の支配に向けて一斉に飛び立った。

そのような空白、そしてそれが演出した2回の爆発的進化は、実際にあったのかどうかわからない。大気中の酸素濃度が低かった時期がそれらの空白の年代と一致する証拠があるため、そのような環境が空白期間中の新しい解剖学的構造の出現速度を低下させた可能性はある。[10] しかし、もっと素直な説明は、空白を埋める化石が出てくるような岩石層が単に未発見なだけ、というものだ。たとえば、ヨーロッパと北米では、この年代の発掘された地層の多くが、陸地ではなく海洋のものなのである。

このことが、*Strudiella* の第二の重要性を示している。*Strudiella* の年代は、六脚類の空白のど真ん中なのだ（図1）。Garrouste らによれば、この化石によって空白はかなり狭められるという。そしてもし、研究チームが示唆するように、その化石が、成長して翅をもつようになる動物の幼形のものだとすれば、有翅昆虫はこれまで化石から知られていたよりもはるかに古い年代に出現していたことになる。これまで、多くの有翅昆虫は約3億2500万年前に突然出現したとされてきたが、今回の発見で、それが単なる見かけ上のことにすぎないことになるからだ。それだけでなく、*Rhyniognatha* の化石が本当に有翅昆虫の大顎だった可能性が高くなり、有翅種の多様化が約4500万年にわたってきわめてゆっくりと進展したことにもなりうるのだ。

現代の生態学において昆虫が果たしている重要な役割を考えたとき、その化石の研究者がい

10. *Ward, P., Labandeira, C. C., Laurin, M. & Berner, R. A.* Proc. Natl Acad. Sci. USA 103, *16818-16822 (2006).*

かに少ないか、愕然《がくぜん》とする。そのうえ、現在の昆虫化石の研究者が注目しているのは、最古の有翅昆虫化石の年代から7000万年後に端を発する中生代、すなわち「恐竜の時代」の出来事か、現生昆虫とほとんど瓜二つで、より新しい年代の「虫入り琥珀」の昆虫ばかりなのだ。[11]

昆虫の始まりの化石が見つかるとすれば、*Strudiella* が見つかったよりもはるかに古い岩石の中であろうが、それを探している人はほとんどいない。*Strudiella* と同年代のちっぽけでわずかな昆虫化石は、そして *Strudiella* 自体も、意図せず幸運に発見されたものである。この事実からもわかるように、六脚類の空白は、依然として私たちの前に大きく立ちはだかっているのだ。

William A. Shear はハンプデン・シドニー大学（米）生物学科に所属している。

11. *Grimaldi, D. A. & Engel, M. S.* Evolution of the Insects *(Cambridge Univ. Press, 2005).*

最古の鳥類の脳が語る

Inside the oldest bird brain

Lawrence M. Witmer　２００４年8月5日号　Vol.430 (619-620)

最古の鳥類とされている始祖鳥は、飛ぶための「正しい資質」を備えていたのだろうか。現代の進歩したデジタル画像でその頭蓋構造を調べたところ、恐竜から鳥類への移行と飛翔の進化について手がかりが得られた。

始祖鳥は鳥類のように、羽毛のある翼と叉骨《さこつ》をもち、そのうえ爬虫類のように歯のある顎と骨からなる長い尾ももっており、ほぼ完璧な〝移行〟途中の形態をしている。ジュラ紀石灰岩から掘り出された始祖鳥の骨格化石（1億４７００万年前のもの）は、いまもって最古かつもっとも原始的な鳥類化石だ。今回、研究者たちはＣＴスキャンを使って、始祖鳥の脳頭蓋と脳の３次元復元像を作製。脳と内耳の解析から、始祖鳥には飛ぶための装備が整っていた可能性が高いという結論に至った。この復元像は長さ20㎜で、内部を調べるためX線で脳頭蓋を〝スライス〟（1枚の切片は印刷用紙1枚の半分未満という薄さ）し、次に頭蓋腔や内耳をデジタル画像で復元した。研究チームは、始祖鳥は「現生鳥類のパターンにさらに近い段階」にあるという。

図1　始祖鳥の模型　［Ballista&Rajoch］

▼始祖鳥の脳頭蓋分析から判明した俊敏な動きや頭部と目の間の協調性

始祖鳥（*Archaeopteryx*）は、たとえば恐竜ティラノサウルス・レックスほどの人気スターではないかもしれないが、象徴的な立場にあることには間違いない。始祖鳥は、鳥類のように羽毛のある翼と叉骨《さこつ》をもち、なおかつ、爬虫類のように歯のある顎と骨からなる長い尾ももっており（図1）、ほぼ完璧な移行途中の形態である。化石が見つかったのは1859年にダーウィンが『種の起源』を出版してまもなくのことで、それ以降、始祖鳥は進化の強力な例証とされてきた。

鳥類とその飛翔能力の起源に関する議論でも、始祖鳥は主役となってきた。羽毛のある恐竜や太古の化石鳥類が中国で発見されて鳥類への移行について解明が進んだものの[1,2]、ドイツ南部のジュラ紀石灰岩から掘り出された

1. *Xu, X. et al.* Nature 421, *335-340 (2003).*
2. *Zhou, Z., Barrett, P. M. & Hilton, J.* Nature 421, *807-814 (2003).*

始祖鳥の骨格化石（1億4700万年前のもの）は、いまもって最古の鳥類化石、そしてもっとも原始的な鳥類化石であることに変わりはない。[3] 始祖鳥化石は過去140年の間に実に多くの研究者によって精査されており、新たな知見はもう出てこないように思える。しかし、『Nature』8月5日号666ページでP. Domínguez Alonsoたちが報告した記念碑的な研究成果[4]は、最初に発見された骨格標本を材料に、始祖鳥の脳と感覚器官について興奮を呼ぶようなデータを示している。この成果は、始祖鳥の、生物学にとっても進化における鳥類への移行問題にとっても大きな意味合いをもつ。

ロンドンにある自然史博物館の研究者たちは、始祖鳥が生きていたころに脳を納めていた頭蓋の部分を外に持ち出した。この脳頭蓋はヒトの小指の先端分節よりも小さいので、研究チームのリーダーであるA. Milnerは、これを入れた箱を安全のためブラウスのポケットにしまい、ロンドンから、高解像度のX線CTで解析できるテキサス大学オースチン校まで運んだ。そして研究チームは、脳の入っている頭蓋腔や内耳（平衡感覚や聴覚を担う器官）の薄い骨の内部をのぞき見るため、X線で脳頭蓋を薄く「スライス」し（1枚の切片は印刷版『Nature』の用紙1枚の半分未満という薄さ）、次に頭蓋腔や内耳をデジタル画像で復元した。

脳や感覚器官に関する情報収集は古生物学研究の最優先事項の1つである。こうした知識から、骨格そのものからではわからない絶滅した生物の行動を知る手がかりが得られるからだ。始祖鳥の場合、発見当初から「知られるうちで最古のこの鳥類は本当に飛べたのか」という疑問がもたれていた。これまで、その答え探しは空力学の面から行なわれ、当然のことながら翼

3. *Elzanowski, A. in* Mesozoic Birds *(eds Chiappe, L. M. & Witmer, L. M.) 129-159 (Univ. California Press, Berkeley, 2002).*
4. *Domínguez Alonso, P., Milner, A. C., Ketcham, R. A., Cookson, M. J. & Rowe, T. B.* Nature 430*, 666-669 (2004).*

や羽毛の構造に焦点が当てられてきた。[3,5] しかし、たとえば飛行機が飛ぶのに関係するのは翼や方向舵やフラップだけではなく、操縦士や搭載コンピュータもかかわっている。今回の研究[4]では、始祖鳥についていままで欠けていたこの種の頭脳情報が報告されている。

始祖鳥の脳は、原始的ではあるが現在の鳥類の脳によく似ている。体サイズが同じくらいで平均的な爬虫類の脳よりも大きいが、同じくらいの体サイズの現生鳥類の脳と比べるとおしなべて小さい。脳のつくりも基本的には鳥類のもので、運動にかかわる領域が大きい。しかも、視覚中枢が大きくなっていることから、始祖鳥は視覚偏重型の動物だったと考えられる。特に重要なのが、繊細なつくりの内耳蝸牛管について得られた新たな知見である。というのも、最近の研究によって行動や生活様式と蝸牛管の構造が関係づけられたからである。[6,7] 始祖鳥の蝸牛管もやはり、現在の爬虫類より鳥類のものに似ており、これか

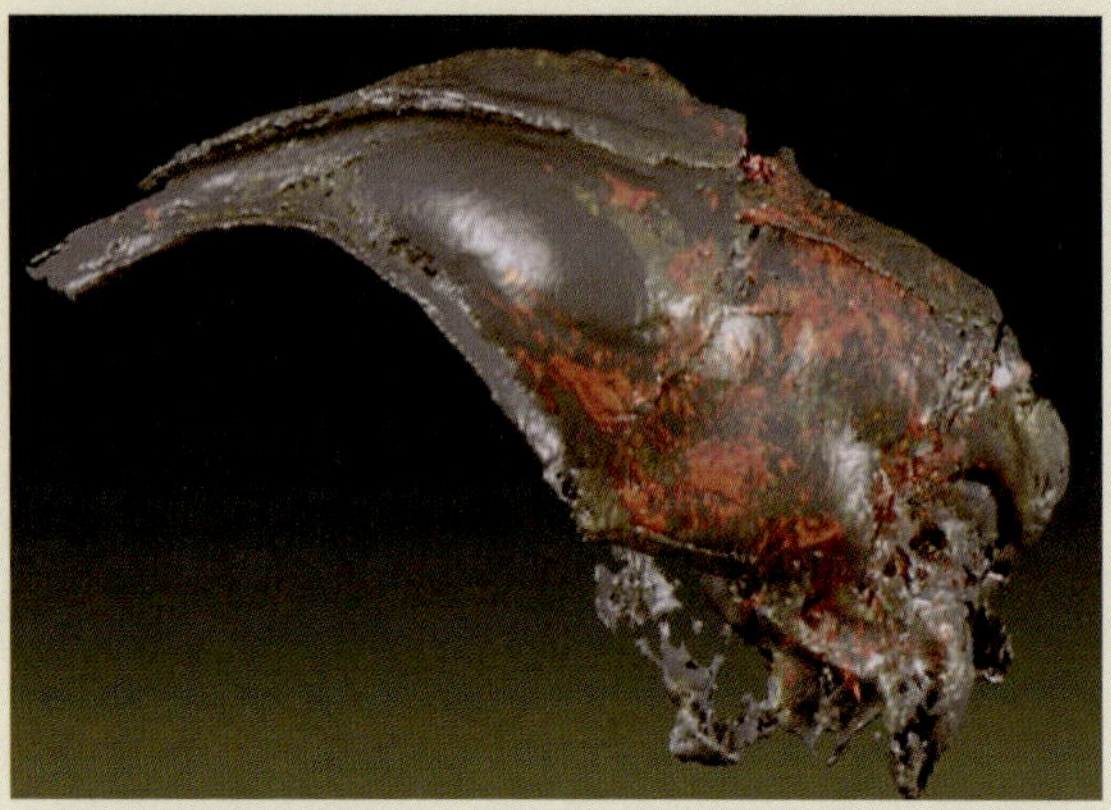

図２　鳥並みの頭脳？
Domínguez AlonsoたちがCTスキャンを使って作製した始祖鳥の脳頭蓋と脳の３次元復元像。脳と内耳の解析から、始祖鳥には飛ぶための装備が整っていた可能性が高いという結論に至った。この復元像は長さ約20mmで、赤い部分は化石化する間に沈澱した二酸化マンガンの結晶。
[P.DOMINGUEZ ALONSO]

5. *Rayner, J. M. V. in* Biomechanics in Evolution *(eds Rayner, J. M. V. & Wootton, R. J.) 183-212 (Cambridge Univ. Press, 1991).*
6. *Witmer, L. M., Chatterjee, S., Franzosa, J. & Rowe, T.* Nature 425, *950-953 (2003).*
7. *Spoor, F. et al.* Nature 417, *163-166 (2002).*

らみて俊敏な動きや頭部と目の間の協調性は相当高かったとみられる。

▼「現生鳥類のパターンにさらに近い段階」の始祖鳥の飛翔能力を確認

では、これは飛翔能力のある動物の脳や耳なのだろうか。翼竜ではまったく別個に飛翔能力が進化しており、ここからある程度の手がかりが得られる。翼竜は、２億３０００万～６５００万年前の空を飛び回っていた飛翔能力のある絶滅爬虫類群である。同僚たちと私が行なったＣＴスキャン研究[6]で、翼竜の脳や内耳蝸牛管の拡大や構造の様子が、始祖鳥で見られるものと酷似していることがわかっている。しかも、脳／体のサイズ比は両者ほぼ同じである。互いに独立に進化してもこうした類似性が見られることから、飛ぶためには神経の面でなんらかの基本的必要条件があるのかもしれない。実際 Domínguez Alonso たち[4]の主張によると、神経学上の見地からみて、始祖鳥には飛ぶための「正しい資質」が本質的に備わっていたという。しかしその一方で、捕食型の（獣脚類）恐竜の一部（始祖鳥と他のすべての鳥類を含む分類群）は鳥類と似た脳の特徴をいくつかもっていたとも述べている。Domínguez Alonso たちの考えでは、始祖鳥は「現生鳥類のパターンにさらに近い段階」だという。この仮説はおそらく、この研究のもっとも興味をそそる成果だ。我々はついに、知られるうちでもっとも原始的な鳥類の脳と内耳について信頼できるデータを手に入れたのであり、これで鳥類への神経上の移行を証明できる。

こうなれば研究者たちは先を争って、始祖鳥で特定された特徴を他の初期鳥類や鳥類様獣脚類の化石で探し出そうとするだろう。鳥類への移行の詳しい状況はどんなふうだったのだろうか。「鳥類」の神経の構成部分は足並みそろえて進化したのか、それとも、てんでばらばらに進化したのだろうか。まだ飛べなかった鳥類の先祖たちが、こうした神経構成部分の多くを発達させていたことがあきらかになる可能性もある。もしそうだとすれば、翼竜があきらかにゼロから神経の飛翔制御系をつくり上げたのに対して[6]、鳥類は遺伝的に受け継いだ高度の神経装置を進化の過程で飛翔のために流用し、それが結果的に飛翔の向上につれて磨き上げられたのかもしれない。一番の議論を呼ぶ種はおそらく、もっとも鳥類に似た白亜紀獣脚類（ベロキラプトルなど）の一部が実は始祖鳥様の初期鳥類の二次的に飛べなくなった子孫だった、とする異端の説だが[8]、「飛ぶための脳」や「飛ぶための耳」の特徴が把握できれば、こうした説を検証する手だてにもなりうるのではないだろうか。

始祖鳥の論文は多々あるが、今回の最新の論文によって始祖鳥化石の象徴としての存在の大きさが保たれた。改めてよくわかったのは、始祖鳥で始まった議論は始祖鳥で終わるということだ。

Lawrence M. Witmer はオハイオ大学（米）整骨療法医学校生物医科学科に所属している。

8. *Paul, G. S.* Dinosaurs of the Air: The Evolution and Loss of Flight in Dinosaurs and Birds *(Johns Hopkins Univ. Press, Baltimore, 2002).*

始祖の地位から墜ちた始祖鳥

An icon knocked from its perch

Lawrence M. Witmer
２０１１年７月28日号　Vol.475 (458-459)

進化の歴史的なシンボルであり、最古のジュラ紀化石鳥類としてよく知られた始祖鳥に対し、発見１５０周年が祝われているなか、新しい研究の成果が、恐竜の系統樹、そしてこの象徴的な生物に対する認識を根本から揺るがしている。

始祖鳥は古くからもっとも原始的な鳥類だとされてきた。だが、近縁の*Xiaotingia*が発見されたことで、研究者らは始祖鳥類を鳥群（鳥類）から外し、鳥類様恐竜であるトロオドン類やドロマエオサウルス類と同じ、肉食性のデイノニコサウルス群に組み込んだ。この新しい分類では、鳥類様恐竜の摂餌戦略の進化がよく説明される。オビラプトロサウルスや*Epidexipteryx*などの原始的鳥類群の、高さがある箱形の頭蓋には、草食が一般的だったという特徴がよく表われている。一方、始祖鳥のような三角形で口が鋭い頭蓋は、原始的鳥群にそぐわず、肉食性のトロオドン類やドロマエオサウルス類のほうが当てはまる。デイノニコサウルスと鳥群を併せたものが原鳥類という群であり、オビラプトロサウルスはそこから少し遠縁となる。

図1　始祖鳥
ジュラ紀の始祖鳥の化石は、150年にわたって進化的変化の典型例だった。［ドイツ・ユラミュージアム蔵］

▼中国遼寧省での発見化石が始祖鳥の位置に一石

始祖鳥の独擅場だった。過去150年の間、ドイツ・バイエルン州で発見されたその羽毛をもつ有名な化石種は、進化のシンボルであり、移行的化石の典型例であり、なかんずく、最古にしてもっとも原始的な鳥類だった。しかし『Nature』2011年7月28日号465ページでは、Xuら[1]が始祖鳥に似た新発見の *Xiaotingia zhengi* という種を発表している。それが、鳥類に似た獣脚類恐竜の系統樹の枝を並べ替えるとともに、始祖鳥（図1）をその栄えある地位から追い落とし、近縁生物と一緒に「非鳥類」恐竜という大きく雑多な位置づけに移動させたのだ。この知見は、おそらくかなりの議論（明白な憎悪とは言わないまでも）と向き合うことになるだろう。それは、始祖鳥が担ってきた歴史的・社会学的な重要性による部分もあるが、鳥類の起源と初期進化について我々が知っていると考えていたものの大部分に見

1. *Xu, X., You, H., Du, K. & Han, F.* Nature 475, *465-470 (2011).*

直しが必要となりかねないことも理由の1つだ。

Xiaotingia の化石は中国遼寧《りょうねい》省で発見された。[2] 現地では、羽毛恐竜や初期鳥類の見事な標本がほかにも数多く発見されている。今回の標本の正確な出どころは、それが業者から購入されたものであるためやや不確かだが、すべての状況を勘案すると、それが出土したのはジュラ紀後期（約1億5500万年前）の髫髻山（Tiaojishan）累層だ。頁岩《けつがん》の板に広がり羽毛の痕跡に縁取られたそのニワトリ大の骨格は、始祖鳥の標本ほど目を引くものではないが、微妙な骨の凹凸の配置は *Xiaotingia* に流れを大きく変えさせた。

ここでの主役は鳥類様恐竜——オビラプトロサウルスおよびデイノニコサウルス（トロオドン類およびドロマエオサウルス類を含む）——、そして鳥群に属する恐竜様鳥類の群集だ。デイノニコサウルスと鳥群を合わせたものが原鳥類という群であり、オビラプトロサウルスはそこから少し遠縁となる（図2）。そうした各群の原始的生物の化石がさらに収集されているなか、群どうしの違いは予想どおり不鮮明になり、群から群へと移動させられた種もある。たとえば、色彩鮮やかな羽衣で最近大ニュースになった *Anchiornis*[3] は、当初は原始的な鳥群とみなされていたが、[4] その後で原始的なトロオドン類とされ、[5] 現在は始祖鳥類と考えられている。[1]

Xiaotingia の話に入ろう。Xu ら[1]が *Xiaotingia* の特性を始祖鳥、それ以外の原始的鳥群、デイノニコサウルス、およびオビラプトロサウルスと合わせて系統分析を行なうと、*Xiaotingia* と *Anchiornis* が始祖鳥とクラスターを形成したばかりでなく、始祖鳥類は鳥群から引き抜かれてデイノニコサウルス類となった（図2）。つまり、始祖鳥はもはや鳥ではなくなったのだ。

2. *Norell, M. A. & Xu, X.* Annu. Rev. Earth Planet. Sci. 33*, 277-299 (2005).*
3. *Li, Q. et al.* Science 327*, 1369-1372 (2010).*
4. *Xu, X. et al.* Chinese Sci. Bull. 54*, 430-435 (2009).*
5. *Hu, D., Hou, L., Zhang, L. & Xu, X.* Nature 461*, 640-643 (2009).*

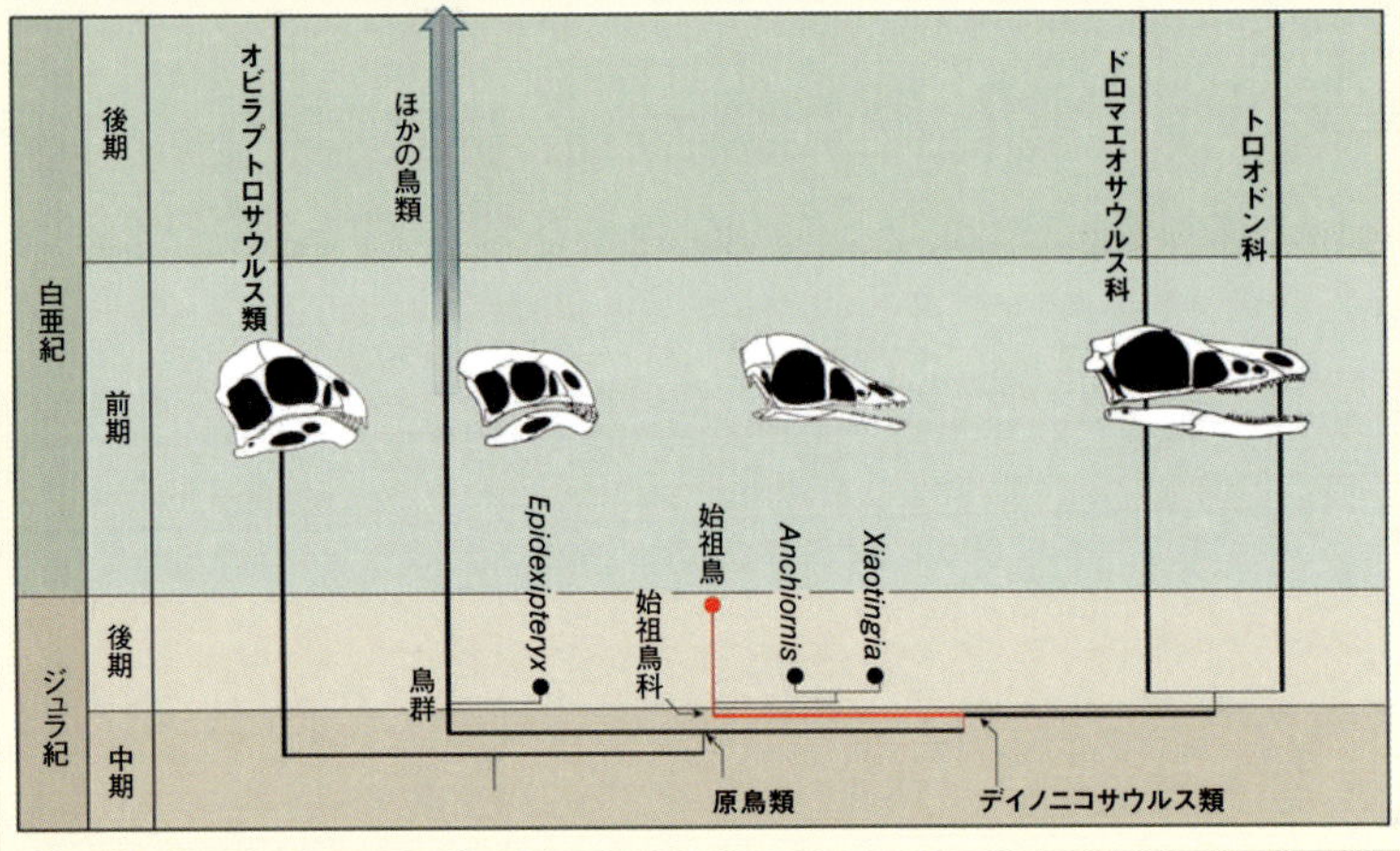

図2　羽毛恐竜のクラスター
始祖鳥は古くから最も原始的な鳥類（鳥群）と考えられてきたが、近縁の*Xiaotingia*が発見されたことで、Xuら[1]は始祖鳥類を鳥群（鳥類）から除外し、ドロマエオサウルス類およびトロオドン類と同じデイノニコサウルスに組み込んだ。この新しい分類では、鳥類様恐竜の摂餌戦略の進化がよく説明される。過去の研究[10]は、この生物群の間で草食が一般的だったことを示唆しており、それはオビラプトロサウルスや、*Epidexipteryx*などの原始的鳥群の高さがある箱形の頭蓋に表われている。三角形で口が鋭い始祖鳥の頭蓋は原始的鳥群にそぐわず、肉食性のドロマエオサウルス類やトロオドン類のほうが当てはまる。

この結果に驚いた研究チームは、今度は *Xiaotingia* を除外して、同じパラメーターで再分析を行なった。すると、始祖鳥はもっとも原始的な鳥として鳥群に復帰する結果となった。この実験は、高等な獣脚類の進化を理解するうえで *Xiaotingia* がいかに重要であるかを明確にしている。

▼鳥でない始祖〝鳥〟議論に拍車

始祖鳥が鳥でないというと異端のように響くかもしれないが、この説は、古く1940年代からたびたび唱えられていた。[6] もっとも声高に主張したのはG. S. Paulで、ドロマエオサウルスを始祖鳥科の亜科とさえ位置づけており、[7] 始祖鳥を鳥類の埒外としていた。さらに、始祖鳥の「鳥類的」特性（羽毛、叉骨、3本指の手）が次々と非鳥類恐竜に見い出され始め、鳥類としての始祖鳥の地位は次第に揺らいできた。おそらく、始祖鳥が鳥ではなく、ジュラ紀に飛び回っていた小型の羽毛をもつ鳥に似た獣脚類にすぎないことを、ついに受け入れなければならないときが来たのだろう。

しかし、これはなぜそれほど大きな問題なのだろうか。始祖鳥はこれまで、常に一種の特別な存在であり、記念碑的、歴史的、社会学的、そして政治的にも重要性をもっていた。発見されたのは1861年の半ばで、ダーウィンの『種の起源』が上梓されてから2年足らずというこれ以上ないタイミングだった。[8] 鳥類と爬虫類の特徴（化石そのもののカリスマ的な美しさは言うに及ばず）を併有する始祖鳥は、一見して理想的な進化の中間体であり、瞬く間にビクトリア朝英国などの各国で進化に関する議論の対象になり、教科書中の重要事項となった。

この象徴的な役割のため、始祖鳥は特殊創造説論者から目をつけられ、学校での進化教育に関する政治的議論や訴訟手続きで標的にされている。もちろん、Xuらの知見は、始祖鳥も含まれる豊かな進化的連結関係を強調することによって始祖鳥の影響を強化しているだけだが、常に如才のない特殊創造説論者のコミュニティーがそれをどう「困らせる」かは、見通すことができない。

駆け引きは別にして、いまある証拠がもはや始祖鳥を最古の鳥とはみなさないという脚注を

6. *Witmer, L. M. in* Mesozoic Birds *(eds Chiappe, L. M. & Witmer, L. M.) 3-30 (Univ. California Press, 2002).*
7. *Paul, G. S.* Predatory Dinosaurs of the World *(Simon & Schuster, 1988).*
8. *Wellnhofer, P.* Archaeopteryx: the Icon of Evolution *(Verlag Dr. Friedrich Pfeil, 2009).*

付ける必要があるとしても、始祖鳥の歴史的重要性は揺るがない。しかし、鳥類の仲間から始祖鳥が失われた衝撃は、この先何年かにわたって古生物学界を揺さぶり続けると考えられる。それはひとえに、このおなじみの化石が鳥類の始まりに関する科学的思考のほぼすべてを過去150年にわたって支配してきたためだ。

鳥類の起源に関する現代のもっとも影響力ある研究者、故John Ostromは、『Archaeopteryx and the origin of birds（始祖鳥と鳥類の起源）』という表題で発表した1976年の重要な論文を[9]、「鳥類の起源という問題は、既知最古の鳥類である始祖鳥の起源と同義と考えることができる」という記述で書き起こしている。実際、初期鳥類の進化に関するほぼすべての概念は、始祖鳥というレンズを通して考えられている。数百編の著作（筆者自身の数編も含めて）では、始祖鳥の構造を利用して鳥類に関する仮説の構築と評価が行なわれている。発表されている系統分析のなかには、始祖鳥を唯一の鳥類代表として利用しているものもある。初期鳥類を正しく理解するには、どの種に目を向ければよいのだろうか。

▼それでも始祖鳥は進化の象徴であり続ける

Xuらの分析によれば[1]、もっとも原始的な化石鳥類は、*Epidexipteryx*や*Jeholornis*、*Sapeornis*などのたぐいだという。いずれもこの10年で命名されたものであり、専門家にとっても新しい領域になっている。間違いなく、鳥類の土台には古き良き始祖鳥のセーフティーネットがなくなり、新しい課題ができた。

9. *Ostrom, J. H.* Biol. J. Linn. Soc. 8, *91-182 (1976).*

当然ながら、泣き言を言うのをやめれば、このすばらしい知見が実際に一部の矛盾を解決するところを見ることができる。たとえば、最近の研究[10]は、高等な鳥類様恐竜の間では草食が一般的だったのであり、肉食はデイノニコサウルスで二次的に進化したのではないかと示唆している。始祖鳥類とその肉食的な頭蓋を鳥類から除外して肉食性のデイノニコサウルス群に移すことで、原始的鳥類の草食性オビラプトロサウルス様の頭蓋は、全般的草食性というこの新しい仮説とよく合うようになる（図2）。

実のところ、科学的物語のこの章は始まったばかりだ。ちょうど *Xiaotingia* が始祖鳥を鳥類から追い出したように、次の発見はまたそれを元に戻すかもしれない。あるいはその行き先は、鳥類と鳥類様恐竜の起源を構成するこの不明瞭なもつれた結び目のなかで、どこかまた別のところになるかもしれない。そうは言っても、始祖鳥が展示会や記念コインで持ち上げられているこの150周年の年に、ずっと鳥だと思われていた始祖鳥が鳥ではなかったかもしれないというのは、辛辣な皮肉と言える。しかし始祖鳥は、これからおそらくこれまで以上に進化の象徴であり続け、我々が思い描くように、進化の起源がかなり複雑な問題であることを示す強力な証拠をもたらすだろう。

Lawrence M. Witmer はオハイオ大学（米国アセンズ）整骨医学ヘリテージカレッジ生物医科学科に所属している。

---

10. *Zanno, L. E. & Makovicky, P. J.* Proc. Natl Acad. Sci. USA 108*, 232-237 (2011).*
11. *Owen, R.* Phil. Trans. R. Soc. Lond. 53*, 33-47 (1863).*

大きかった白亜紀の哺乳類

Living large in the Cretaceous

Anne Weil　２００５年１月13日号　Vol.433 (116-117)

肉食性の大型哺乳類が白亜紀の地層から化石で見つかったことは、原始的な哺乳類は小型で面白味に欠けるという従来の考え方を根底から揺さぶるものだ。いままでの古生物学の考え方は、くつがえされるのだろうか。

中生代の哺乳類はラットほどの大きさで、夜行性の捕食される側の動物とみなされ、白亜紀末の生物大量絶滅によって非鳥類型の巨竜が姿を消すまで片隅に追いやられ、多様な体型やサイズに進化できなかったとされる。今回の研究チームの報告によれば、見つかった２体の骨格化石は、どちらも小型の哺乳類とは言えない。１つは体長が１m超、もう１つは胃のあたりにバラバラになった巨竜の子どもの骨があるようだ。中国東北部で見つかったこの化石は、白亜紀前期の１億２８００万年前のもの。恐竜を食べた哺乳類はレペノマムス・ロブストゥスという種で、食べたのはプシッタコサウルスの幼体だ。近縁種のレペノマムス・ギガンティクスはさらに大きく、体はずんぐりとして骨太なつくりをしていて、体重７kg未満の恐竜を捕食していた。

▼恐竜の幼体を常食にしていた中生代の哺乳類レペノマムス・ロブストゥス

哺乳類の進化の3分の2以上はおよそ1億8000万年前から6500万年前までの間に起こったが、こうした時期の初期哺乳類はかなり地味な存在だったというのが通説である。中生代の哺乳類はラットほどの大きさの夜行性で、捕食される側の動物として描かれ、白亜紀末の生物大量絶滅によって非鳥類型の恐竜が姿を消すまでは、生態環境の片隅に追いやられて、多様な体型や体サイズに進化することができなかったとみられてきた。Hu たちの報告による2体のほぼ完全な骨格化石の発見[1]は刮目に値し、中生代哺乳類に対する旧来の見方をくつがえすものだ（原著論文は『Nature』1月13日号を参照のこと）。今回見つかった2対はどちらも小型の哺乳類とはいえない。1つは体長が1mを超えており、もう1つは胃のあたりに、ばらばらになった恐竜の子どもの骨がおさまっているように見える。

どちらの骨格化石も、中国東北部にある義県累層の最下層にあたる陸家屯（Lijuatun）層で見つかった。これらの化石は少なくとも白亜紀前期にあたる1億2800万年前のものである。義県累層で出土する化石の多様性と、驚嘆するほどの良好な保存状態には定評がある。この地層からは羽毛のある恐竜から昆虫まで、科学的に貴重な化石が続々と産出しているのだ。[2] これらの最新の知見を踏み台にして新たな疑問や推測が今後、古生物学者たちの間から次々と浮上してくるに違いない。

恐竜を食べたこの哺乳類はレペノマムス・ロブストゥス（*Repenomamus robustus*）という大きめの種で、この種が最初に記載報告されたのは1個の頭骨からだった。[3] 今回の新しい化石

1. *Hu, Y., Meng, J.,Wang, Y. & Li, C.* Nature 433*, 149-152 (2005).*
2. *Zhou, Z., Barrett, P. M. & Hilton, J.* Nature 421*, 807-814 (2003).*
3. *Li, J., Wang, Y., Wang, Y. & Li, C.* Chin. Sci. Bull. 46*, 782-785 (2001).*

標本はそれより完全なもので、哺乳類の胃があったと思われる左側の肋骨の下には、関節がはずれてばらばらの状態になったプシッタコサウルスの子どもの骨があり、その体長は推定14cmほどである。子どもの恐竜を飲み込んだ哺乳類の体長は0・5mを超え、おそらく体重は4〜6kgとされる。[1]

▼より大型のレペノマムス・ギガンティクスは恐竜の成体を追っていた⁉

しかしレペノマムス・ロブストゥスは、大きさの点では今回新たに発見された近縁種のレペノマムス・ギガンティクス（*Repenomamus giganticus*）にかなわない。この中生代哺乳類については、Huたち[1]が今回初めて記載報告をした。その骨格は片側を向いて丸まっており、ちょうどイヌが寝るときの姿にそっくりである。R・ギガンティクスは丸まっていなければ、体長に尾まで含めると約105cm、著者たちの見積もりでは体重は約12〜14kgだという。どちらのレペノマムス属種も現生哺乳類に比べると脚が短めだが、姿勢は同サイズの現生四足獣の姿勢と似通っている。体はずんぐりとして立派な歯があり、骨太なつくりをしていて、タスマニアデビル（*Sarcophilus*）やラーテル（*Mellivora*）を連想させるような点がいくつかある。レペノマムス属はあくまで初期哺乳類の系統であって、現生につながる子孫はいない。レペノマムスは分類上の類縁関係からみると、陸家屯層で見つかった別種の哺乳類ゴビコノドン[4]（*Gobiconodon*）に非常に近く、義県累層の上方で見つかったずっと小型のジェホロデンス[1,5]（*Jeholodens*）とはおそらく遠縁にあたる。

4. *Li, C.,Wang, Y., Hu, Y. & Meng, J.* Chin. Sci. Bull. 48, *1129-1134 (2003).*
5. *Ji, Q., Luo, Z.-X. & Ji, S.-A.* Nature 398, *326-330 (1999).*

図1　レペノマムス・ロブストゥスの骨格（IVPP V14155、正基準標本）
左下は、比較用の現生コモンツパイ（*Tupaia glis*）の骨格。
［中国科学院古脊椎動物古人類研究所蔵］

R・ロブストゥスが恐竜の子どもを常食にしていたとすれば、R・ギガンティクスは恐竜の成体を追いかけていたのだろうか。これまで陸家屯層で見つかって報告された恐竜[2]はどれもさほど大きくなく、報告記載された化石標本の多くは頭骨の長さが10㎝前後である。R・ギガンティクスは、たとえば同じ堆積層で見つかった恐竜種シノヴェナトル・チャンギイ[6]（*Sinovenator changii*）の成体よりも体長も体重も大きかった。しかし現存する体重21・5kg未満の肉食哺乳類は多くの場合、自分の体重の半分未満の動物を獲物にしている。[7]もしR・ギガンティクスが現生哺乳類と同じような行動様式だったなら、体重7kg未満の恐竜を捕食していたことになる。

6. *Xu, X., Norell, M. A., Wang, X.-L., Makovicky, P. J. & Wu, X.-C.* Nature 415, *780-784 (2002).*
7. *Carbone, C., Mace, G. M., Roberts, S. C. & Macdonald, D.W.* Nature 402, *286-288 (1999).*

図2　恐竜を食べるレペノマムス・ギガンティクス。（想像図）［Nobu tamura画］

実際に今回の新しいR・ロブストゥス標本は、恐竜の子どもを食べていたことを示す証拠となるが、食餌のどれくらいを恐竜（あるいは肉）が占めていたのかは憶測するしかない。多くの現生肉食哺乳類、とりわけ体重が21・5kgの境界値を下回る哺乳類は無脊椎動物や植物も食べていて、[7]そうした動物の食餌内容は季節によってかなり変動する。ジェホロデンスなどのレペノマムスに近縁な小型哺乳類は、食虫動物だったとみられている。[5]

▼中生代の小型恐竜は哺乳類から捕食圧を受けたとみられる

中生代の哺乳類はラットほどの大きさだったという通説が流布してはいたが、これが真実ではないことに古生物学者たちは少し前から気づいていた。オーストラリアの白亜紀前期層で出土したコリコドン[8]（*Kollikodon*）や、北米の白亜紀後期層で出土したスコワルテリア[9]（*Schowalteria*）およ

8. *Flannery, T. F., Archer, M., Rich, T. H. & Jones, R.* Nature 377, *418-420 (1995).*
9. *Fox, R. C. & Naylor, B. G.* Neues Jb. Geol. Paläontol.-Abhandlung. 229, *393-420 (2003).*

びブボデンス[10]（*Bubodens*）といった大型哺乳類が見つかったからだ。とはいうものの、これらの動物の正確な大きさは把握できていない。スコワルテリアは砕けた頭骨の前端部分しか見つかっておらず、コリコドンは3本の歯のついた下顎の一部、ブボデンスは歯が1本だけしか見つかっていないからである。これらの哺乳類は少なくともR・ロブストゥスと同じ大きさであり、R・ギガンティクスくらい大型だった可能性もあるが、いかんせん化石標本があまりに乏しくて話が先に進まないのだ。しかしR・ギガンティクスの今回の化石はほぼ完全であり、体高や体長のデータは確実である。

哺乳類の体サイズの進化を説明するために考え出された仮説は、恐竜との関係に注目したものが多い。もっともよく耳にする推測は、中生代哺乳類は恐竜からの強い捕食圧を受け、なおかつ生態的ニッチが大型爬虫類によって飽和状態となっていたために、小型のままでいることを余儀なくされたとするものだ。陸家屯層で見つかった今回の哺乳類が大型なのは、同時期に生存していた恐竜たちが小型だったためなのだろうか。その問いは時期尚早かもしれない。この化石堆積層は今も発掘が精力的に進められており、この動物相の全体像がまだつかめていないからだ。だが、今回のレペノマムス属の2つの化石によって、推測の域を出ないとはいえ、疑問文の主語と述語が入れ替わることになる。つまり、「哺乳類は、恐竜の進化にどんな影響を及ぼした可能性があるだろうか」と。小型の恐竜は哺乳類から捕食圧を受けたとみていいだろう。

実際のところXuたちは、小さなシノヴェナトル・チャンギイ（鳥類とごく近い系統の根元

10. *Wilson, R. W.* Dakoterra 3*, 118-132 (1987).*

部分に位置する）の記載報告[6]にあたって、鳥類系統は小型化する方向へと進化し続けたが、これにごく近縁な恐竜系統は再び大型化した可能性を披露、意外な結果だと結論している。こうした小型恐竜が大型化したり空中を飛ぶようになったりしたのは、もしかすると肉食のどう猛な哺乳類から逃れるためだったのかもしれない。

Anne Weil はデューク大学（米）生物人類学・解剖学科に所属している。

トランスジェニック霊長類の誕生

Transgenic primate offspring

Gerald Schatten & Shoukhrat Mitalipov　２００９年5月28日号　Vol.459 (515-516)

世界で初めて、導入された外来遺伝子を子孫に継承できる〝トランスジェニック（遺伝子改変）ザル〟が作り出された。この成果は、これまでのマウスでは限界があったヒト疾患治療の研究にとって、大きな一歩となるだろう。

ヒト遺伝子の機能に関する研究は、ゲノムに外来ＤＮＡを組み込んだトランスジェニックマウスの開発により、培養細胞を用いず、生きた動物個体で厳密に調べることが可能になった。遺伝子導入技術の開発で、ラットやウサギ、ネコやイヌなどの哺乳類でも遺伝子の解析が進められている。今回、佐々木えりからの研究チームは、導入した外来遺伝子が子孫へ受け継がれるトランスジェニックザルを作り出すという、霊長類研究における画期的な成果を発表した。この手法を使えば、ヒト疾患を研究するための霊長類の系統を確立することができるだろう。彼らはアカゲザルではなく、コモンマーモセットという小型のサルを研究対象にした。それは、性的に成熟するまで１年しかかからず、世代交代がかなり短く、双子が生まれることも多いからだ。

▼新世界ザルのコモンマーモセットのトランスジェニック（遺伝子改変）に成功

ヒト遺伝子の機能に関する研究は、ゲノムに外来ＤＮＡを組み込んだトランスジェニックマウスの開発によって、培養細胞ではなく生きた動物個体で厳密に調べることができるようになり、大きく進歩した。遺伝子導入技術の開発は、生殖目的のクローン作製技術の進歩にも助けられ、ラットやウサギ、ブタ、さらにはネコやイヌといった哺乳類でも次々と進められている。こうした流れのなか、『Nature』２００９年５月28日号５２３ページで佐々木えりかたちは、導入した外来遺伝子が子孫へ受け継がれるトランスジェニックザルをつくり出すという、霊長類研究における画期的な成果を報告した。[1]これを使えば、ヒト疾患を研究するための霊長類の系統を確立することができるだろう。

マウスモデルは、貧血や喘息から自閉症や統合失調症に至るさまざまな疾患や障害の研究で用いられている。しかし、すべてのヒト疾患について忠実なモデルをつくり出せるわけではない。たとえば、嚢胞性《のうほうせい》繊維症の遺伝子を発現するよう遺伝子改変したマウスでは、この疾患に典型的な肺の障害が見られない（嚢胞性繊維症のブタモデル[2]のほうが有用である）。特に、アルツハイマー病など脳の高次機能障害は、齧歯類でモデルをつくり出すことが難しく、限界がある。そこで、ほかの多くの疾患も含め、貴重な生物モデルと期待されるのが、ヒトにごく近縁な動物、つまりヒト以外の霊長類である。米国では、霊長類を用いた研究は、地方および連邦当局の厳しい監視の下で行なわれている。その結果、この10年でつくり出されたのは、緑色蛍光タンパク質（ＧＦＰ）の遺伝子を導入したアカゲザルが１匹[3]と、ヒトのハンチントン病の

1. *Sasaki, E. et al.* Nature 459, *523-527 (2009).*
2. *Rogers, C. S. et al.* Science 321, *1837-1844 (2008).*
3. *Chan, A. W. S., Chong, K. Y., Martinovich, C., Simerly, C. & Schatten, G.* Science 291, *309-312 (2001).*

原因遺伝子をもつ初めての霊長類モデルとしてのアカゲザル[4]だけである。もう1つ別の研究では、遺伝子改変したアカゲザル胚の着床により、導入遺伝子を発現する胎盤が得られた[5]。しかし、導入した外来DNAが配偶子（精子や卵）へ伝達された例はなかった。改変された遺伝子をもつ子どもが生まれるためには、導入遺伝子が配偶子にも継承されなければならない。そして、生まれた子孫を繁殖させることで、トランスジェニック霊長類の系統を確立できるのだ。

佐々木たち[1]は、こうした研究をさらに推し進め、いくつかの斬新なアイデアを取り入れた。まず注目すべきは、アカゲザルではなく、コモンマーモセット（*Callithrix jacchus*）を研究対象にしたことである。コモンマーモセットは小型のサルで、性的に成熟するまで1年しかからない。また、世代交代がかなり短く、双子が生まれることも多い。

実験の過程で研究チームは、体外受精（IVF）による胚よりも、交尾した雌の輸卵管から洗い出した体内受精の胚のほうが、導入遺伝子の担体として優れていることに気がついた。遺伝子発現の目印となるレポーター分子として、GFPをコードする遺伝子を注入したところ、体外受精した胚ではおよそ70パーセントしか発現が見られなかったが、体内受精の場合ほぼ100パーセントの胚で発現していたのである。無事に誕生した5匹の遺伝子改変マーモセットのうち4匹は、体内受精した胚から生まれたものだった。

▼緑色蛍光タンパク質（GFP）導入遺伝子が配偶子にも存在していることを確認

佐々木たちはまた、遺伝子の導入効率を高めるため、受精卵を糖溶液中に入れて収縮させ、

4. *Yang, S.-H. et al.* Nature 453, *921-924 (2008).*
5. *Wolfgang, M. J. et al.* Proc. Natl Acad. Sci. USA 98, *10728-10732 (2001).*

外側の膜（透明帯）と受精卵の間にすき間をつくり出して、導入遺伝子を含むウイルスベクターをより多く注入できるようにした。そして、80個の胚を50匹の代理母の子宮内に移植すると、7匹が妊娠し、最終的に5匹の子どもが生まれた。ＧＦＰ遺伝子は、子どものゲノム内の数カ所に組み込まれており、緑色蛍光タンパク質の発光によって、さまざまな組織で発現していることが確認できた。さらに、これらのマーモセットを性的に成熟するまでずっと追跡したところ、導入遺伝子が配偶子にも存在していることが確認された。佐々木たちは、導入遺伝子の生殖系列細胞への継承がわかり、遺伝子改変した子どもの誕生が期待できると考えた。そして、期待は現実のものとなった。ＧＦＰ遺伝子を導入したマーモセットを親にもつ最初の赤ん坊も、皮膚にＧＦＰを発現していたのである。

　このトランスジェニックマーモセットの子どもの誕生は、間違いなく画期的な成果である。トランスジェニック動物を一からつくるのはやっかいで、なかなかうまくいかないことが多いプロセスだが、これからは最初の遺伝子導入個体を作製するだけでよいのである。その後の世代は、自然繁殖によってつくり出すことができ、特異的な導入遺伝子をもつサルの小集団（コロニー）が最終的に確立される。このコロニーは、ヒトの難治性疾患を研究するための貴重なモデルになるだろう。それればかりでなく、絶滅が危惧される霊長類種の保存にも役立つと考えられる。またトランスジェニック霊長類の研究は、幹細胞生物学に関するさまざまな基本的な疑問を解明するうえでも役立つ可能性がある。霊長類の幹細胞は、近年では、核移植クローニング[6]によって成体細胞からつくり出されており、これらの細胞を、患者特異的な人工多能性幹細胞（iPS細胞、同じく成体細胞に由来）と比較解析することで、新たな情報が得られることだろう。

▼今後のトランスジェニックマーモセットへの期待と懸念

今後、トランスジェニックマーモセットは、感染症や免疫学、神経疾患などの研究に役立つモデルになると期待される。たとえば筋ジストロフィーの原因遺伝子のような、変異をもつ単一遺伝子を発現するよう操作したマーモセットができれば、これまでのマウス研究で得られた知見を[7]、現在有効な治療法がほとんどない患者へ適用できる日が近づくかもしれない。ただし、研究用モデルとしてのマーモセットにも限界がある。マーモセットは新世界ザルであり、アカゲザルやヒヒなどの旧世界ザルよりも、ヒトとの類縁関係は遠い。さらに、生物学的な差異のため、エイズや黄斑変性症、結核といった疾患は旧世界ザルでしか研究できない。

トランスジェニックマーモセットの作出効率もまだまだ低い。佐々木たちが達成したトランスジェニックマーモセットの作出効率はかなりよいものだが[1]、マウスの作出効率には及ばない。また佐々木たちは、ほかの霊長類研究と同様、胚へ遺伝子を導入するためにウイルスベクターを使っており、結果的に、導入遺伝子はゲノム中のランダムな部位に入り込んでしまうことになる。このことが、作出効率が低く、また一部は誕生まで至れなかった理由の1つだと考えられる。現在のトランスジェニックマウス作製では、通常、胚性幹細胞が使用される。この場合、相同組み換えと呼ばれる自然のゲノム修復過程を利用することで、胚性幹細胞ゲノムの特定部

6. *Byrne, J. A. et al.* Nature 450, *497-502 (2007).*
7. *Lim, L. E. & Rando, T. A.* Nature Clin. Pract. Neurol. 3, *149-158 (2008).*

位に、導入遺伝子を直接的に組み込ませ、変異させる。[8] 今回のようなウイルスベクターによる導入遺伝子のランダムな組み込みは、理論的には、不活性状態にある癌原因遺伝子や、ホストゲノムの一部となっている内在性ウイルス性配列を活性化することも考えられ、その後の世代で、導入遺伝子の継承状態を監視することが必要になる。

あらゆる動物実験と同様、霊長類の遺伝子改変は、「動物の幸福」に関する社会的な懸念を引き起こす。疾患の霊長類モデルのコロニーが確立される前に、さまざまな方面からの検討がなされるべきだろう（336ページのコラム4参照）。実際、今回の研究に伴って、いくつかの生命倫理的な問題が再び湧き起こった。特に懸念されるのは、生殖目的でヒトの配偶子や胚に、不当かつ無分別に遺伝子改変技術が使われる可能性があることだ。遺伝子改変技術はまだ完成度が低く、非効率的であり、ヒトはもちろん、動物に与えるリスクは計り知れない。そこで、ヒトの生殖系列細胞の遺伝子改変を防ぐために、専門の学会や規制当局が作成した既存のガイドライン（たとえば英国の「ヒトの受精および胚研究認可局（ＨＦＥＡ）」によるもの）[9]が、絶対に必要となる。ヒトの遺伝子組み換えを含むいかなる危険な研究も進めないためには、子宮に着床しないよう遺伝子を改変して生殖不能にした胚性幹細胞をヒト胚からつくり出す技術[10]の使用を、まじめに検討することも必要かもしれない。

幹細胞研究における近年の飛躍的な進歩や、霊長類の発生生物学における今回のような最新の成果によって、当然のことながら、ヒトの生殖補助医療技術への応用にますます関心が高まるだろう。それゆえ、今後考慮すべきは、ヒト胚を用いた研究を統括する現実的な政策の確立

8. *Nagy, A., Gertsenstein, M., Vintersten, K. & Behringer, R.* Manipulating the Mouse Embryo: A Laboratory Manual *3rd edn (Cold Spring Harbor Lab. Press, 2003).*

を求めていくことである。[11, 12] トランスジェニック霊長類は、医学研究やトランスレーショナルリサーチ（基礎と応用を橋渡しする研究）への利用が将来的に大いに期待できるが、研究者は、遺伝子改変や生殖生物学の新技術に伴う生命倫理問題について、議論の場を設け、一般市民と対話していくことが必要である。

Gerald Schatten はピッツバーグ大学医学系大学院（米）に、Shoukhrat Mitalipov はオレゴン健康科学大学（米）に所属している。

9. *www.hfea.gov.uk/docs/SCAAC_Genetic_ModificationJan09.pdf.pdf*
10. *Hurlbut, W. B.* Stem Cell Rev. 1, *293-300 (2005).*
11. *Schatten, G.* Nature Cell Biol. 4, *s19-s22 (2002).*
12. *Berg, P.* Nature 455, *290-291 (2008).*

疾患の霊長類モデルのコロニーを確立する前に検討すべき課題

●疾患モデル作製の初期プロトコルを最適化する。

●研究は主として、前臨床試験の予定があり効果が期待できる治療法が提示されているような、難治性疾患を対象とする。

●研究対象の疾患について、トランスジェニックマウス、もしくは霊長類以外の哺乳類でモデル動物が作製できないことを確認する。

●迅速かつ有益な研究成果が得られるようなトランスジェニック動物の開発に努める。[13,14] たとえば以下のものを利用する。

・誘導可能なプロモーターをもち、遺伝子のスイッチを入れたり切ったりできる導入遺伝子。

・特定の代謝状態を検出できるレポーター導入遺伝子。

・マウスの遺伝子座 *Rosa26* と同じような作用をもつ、標的ゲノム内の遺伝子トラップ部位。これを利用すれば、高効率の組み込みや、挿入されたDNA配列の強い発現が可能になる。

・Cre-*lox* 技術。ゲノムから導入遺伝子を切り出すのに使える。

・相同組み換えによる遺伝子ターゲティング法。特定遺伝子の機能を喪失した動物を作製できる。

・磁気共鳴画像法（MRI）や陽電子放射断層撮影法（PET）、蛍光法、その他、全身の画像化技術によって非侵襲的なイメージングが可能な導入遺伝子レポーター分子。

●霊長類コロニーを隔離して、ほかの研究用コロニーからの混入を防ぐ。

ワシントン条約に基づき、環境省が指定した『レッドリスト』中の「絶滅のおそれのある地域個体群」の“下北半島のホンドザル”。ニホンザルとして北限に棲む、こうした霊長類の分子レベルおよび細胞レベルの研究が求められている。

●ワシントン条約（絶滅のおそれのある野生動植物の種の国際取引に関する条約）その他の規制を明確化し、絶滅危惧種がまだ保護されているうちに、分子レベルおよび細胞レベルの研究対象として共有できるようにする。

●これらの技術の長所と限界について、公の論議の場を設ける。[11,12]

13. Raymond, C. S. & Soriano, P. Dev. Dyn. 235, 2424-2436 (2006).

14. Rochefort, N. L., Jia, H. & Konnerth, A. Trends Mol. Med. *14, 389-399 (2008).*

ホモ・フロレシエンシスの徹底検証

Homo floresiensis from head to toe
Daniel E. Lieberman　２００９年5月7日号　Vol.459 (41-42)

インドネシアのフローレス島で見つかった人類化石は、大きな論争を巻き起こした。足の構造解析から、この化石が本物の人類の「種」に属することが示されたが、その論拠となったのは、小型化したカバに関する解析だった。

フローレス島で小型人類種であるホモ・フロレシエンシスが見つかったという論文については、さまざまな意見が飛び出した。複数の論文は、ホモ・フロレシエンシスが、チンパンジーやその他の類人猿よりもヒトに近い種であることを文字どおり「頭からつま先まで」裏づけるのに十分な証拠を示した。人類の系統樹でいえば、ホモ・フロレシエンシスは初期のホモ・エレクトゥスにもっとも近縁だとされるが、ホモ・ハビリスとの潜在的な類似性も見られるという。脳のサイズはチンパンジーと同じく小型だが、それはフローレス島などでよく見られる「島嶼矮化《とうしょわいか》」という過程によると思われる。これは大型の種が強い選択を受けて小型化する現象で、マダガスカル島で見つかった小型化した数種のカバの化石についての解析でも、同じ傾向が見られた。

▼ホモ・フロレシエンシスが人類種であることが「頭からつま先まで」裏づけられる

健全な科学では、懐疑主義がほどよく機能することが必要であり、本質的に、新しく提案された仮説の否定が試みられるものである。そう考えれば、インドネシアのフローレス島で小型人類種であるホモ・フロレシエンシス（*Homo floresiensis*）が見つかったという2004年の発表論文[1,2]について、さまざまな意見が飛び出したのは無理からぬことだった。多くの意見は、これらの化石は新種であって何か病的状態で小柄になったのではないとする見解に、懐疑的であった。今回、『Nature』2009年5月7日号に掲載されたJungersらの論文[3]およびWeston と Lister の論文[4]と、『Journal of Human Evolution』の特別オンライン号の掲載論文により、こうした疑惑は解明に向けて大きく進展するだろう。これらの論文では、ホモ・フロレシエンシスが本当に人類の種であること、つまりチンパンジーやその他の類人猿よりもヒトに近い種であることを、完全に、文字どおり「頭からつま先まで」裏づけるのに十分な証拠が提示されている。さらに重要なのは、こうした解析から人類系統樹に関する新しい仮説が生まれることだ。ただし、そうした仮説の検証には、またさらに化石証拠が必要であるが。

これまでのところ、ホモ・フロレシエンシスの化石はリアンブア洞窟でしか出土していない（図1）。出土した化石には、1個体分の部分骨格（LB1）のほかに、少なくとも十数個体分の人骨断片が含まれており、9万5000〜1万7000年前のものとされている[5,6]。身長はおよそ1m、体重は約30kgと推定され、かなり小柄である。特に注目すべきは、脳のサイズである。LB1の頭蓋骨から推定される脳のサイズは417㎤で、チンパンジーと同じくらいであ

1. *Brown, P. et al.* Nature 431, *1055-1061 (2004).*
2. *Morwood, M. J. et al.* Nature 431, *1087-1091 (2004).*
3. *Jungers, W. L. et al.* Nature 459, *81-84 (2009).*
4. *Weston, E. M. & Lister, A. M.* Nature 459, *85-88 (2009).*
5. *Morwood, M. J. et al.* Nature 437, *1012-1017 (2005).*

図1　フローレス島にあるリアンブア洞窟の化石発掘現場。[Rosino]

る。一部の古人類学者は、ホモ・フロレシエンシスが、おそらくホモ・エレクトゥス（*H. erectus*）と思われる非現代型の人類種から、島嶼矮化と呼ばれる過程を経て進化したのだろうと考えた。島嶼矮化とは、フローレス島などの島々によく見られる、大型の種が強い選択を受けて小型化する現象である。古生物学データからは、ホモ・フロレシエンシスが石器をつくったり、同じ島に生息していた小型化したゾウ類（ステゴドン）や巨大なオオトカゲ類（コモドオオトカゲ）を狩ったりしていたことがあきらかになっている。

石器も製作するほどの人類種でこれほど脳が小さいというのは、非常に信じがたいことだった。研究者のなかには、これらの人骨は小頭症のような発育異常のために小柄になった、病的なヒト集団のものだ、と主張するものもいた。[7〜9] しかし、こうした分析はすべて確実性に欠けていた。ホモ・フロレシエンシスに見られる脳や頭骨のサイズや形状、[10〜12] 肩[13]や手首[14]の解剖学的構造といったさまざまな特徴の組み合わせを、誰ひとりとして説明できなかったのである。もっとも重大な批判は、LB1の脳が、既知の脳サイズと体サイズのスケーリング関係で説明するにはあま

6. *Roberts, R. G. et al.* J. Hum. Evol. *doi:10.1016/j.jhevol.2009.01.003 (2009).*
7. *Jacob, T. et al.* Proc. Natl Acad. Sci. USA 103, *13421-13426 (2006).*
8. *Hershkovitz, I., Kornreich, L. & Laron, Z.* Am. J. Phys. Anthropol. 134, *198-208 (2007).*
9. *Obendorf, P. J., Oxnard, C. E. & Kefford, B.* J. Proc. Biol. Sci. 275, *1287-1296 (2008).*
10. *Falk, D. et al.* Proc. Natl Acad. Sci. USA 104, *2513-2518 (2007).*

りにも小さすぎるというものだった。哺乳類全体を通じて、脳重量は体重の0・75乗に比例するのが普通だが、近縁種どうしでは、このスケーリング指数は通常0・2〜0・4となり、1つの種内では0・25以下となる。[15] したがって、LB1が体重30kgの小型化した人類だとすると、予測される脳容量はおよそ1100cm³となる。あるいは小型化したホモ・エレクトゥスだとすると、脳容量は約500〜650cm³と予測される。そこで結局、多くの研究者（私も含めて）は判断を保留し、ホモ・フロレシエンシスの特性や形状について新たな証拠が出てくるのを待っていたのである。

▼ホモ・フロレシエンシスの「足」のエネルギー効率のよい歩行

そして今回、ようやくその証拠がいくつか入手できたのだ。注目の1つ（『Nature』2009年5月7日号81ページ）は、ホモ・フロレシエンシスの興味深い足（ここでの「足」は、くるぶし以下の部分を指す）に関するJungersたちの記述である。[3] ホモ・フロレシエンシスの足は、いくつかの点でヒトの足によく似ている。親指はほかの指と並んで配置しており、足の中央部分は見たところ、一種の施錠装置になっていて、かかとが地面から離れたあとのアーチ構造をしっかり固められるようにサポートしている。また、中足骨も、たとえば、末端にある関節が上向きになっていて、立脚期（歩行周期中の足が接地する時期）の最後に足指が広げられるようになっている点など、ヒトによく似ている。しかしこれら以外では、ヒトの足とは似ても似つかない。大きさはおよそ20cmで、同じ身長のヒトの足に比べはるかに大きく、比率か

11. *Argue, D., Donlon, D., Groves, C. & Wright, R.* J. Hum. Evol. 51, *360-374 (2006).*
12. *Gordon, A. D., Nevell, L. & Wood, B.* Proc. Natl Acad. Sci. USA 105, *4650-4655 (2008).*
13. *Larson, S. G. et al.* J. Hum. Evol. 53, *718-731 (2007).*
14. *Torcheri, M. W. et al.* Science 317, *1743-1745 (2007).*
15. *Martin, R. D., Maclarnon, A. M., Phillips, J. L. & Dobyns, W. B.* Anat. Rec. A 288, *1123-1145 (2006).*

らするとチンパンジーかアウストラロピテクス属（初期人類の属の１つ）の足の大きさになる。その他の原始的な特徴としては、外側の足指が長くて湾曲し、堅固であることや、親指が短いこと、また、舟状骨に体重のかかる突起があることなどが挙げられる。舟状骨は、ヒトの足のアーチ構造の内側頂上部にあって、要石のような役割をしている重要な骨である。

これらの特徴を総合すると、ホモ・フロレシエンシスの足は効率のよい歩行が可能だったと考えられる。なぜなら、ふくらはぎの筋肉がかかとを地面から持ち上げたときに、足の中央部分がしっかり硬くなるからである。このメカニズムによって、立脚期の最後に足指の屈筋で体を上方および前方へと進めることができる。しかし、ＬＢ１の足のアーチ構造の内側はアーチが弱い（低い）か平坦で、ヒトが走るときにエネルギーを蓄積したり放出したりするのに使う、バネのような仕組みが欠けているように見える。[16] また、長く、わずかに湾曲した足指は、おそらく歩行の妨げにはならなかっただろうが、走っている最中の足指関節の周囲に、不都合な高い回転力を生じさせたと考えられる。[17] ヒトに見られるような短い足指と高いアーチ構造のある足は、歩行のために進化したと考えられることが多い。しかし、ホモ・フロレシエンシスの原始的な足からは、非現代型人類の足に関する非常に興味深いモデルが考えられる。つまり、人類の進化過程で長時間走ることに対する選択が起こる前に、エネルギー効率のよい歩き方が進化したとするモデルである。[16]

ケニアで最近見つかった足跡の化石から、現代型の足は１５０万年前までに、おそらくホモ・エレクトゥスで進化したことが示唆されている。[18] フローレス島の人類化石は、原始的な足を再

16. *Bramble, D. M. & Lieberman, D. E.* Nature 432, *345-352 (2004).*
17. *Rolian, C. P. et al.* J. Exp. Biol. 212, *713-721 (2009).*
18. *Bennett, M. R. et al.* Science 322, *1089-1092 (2009).*

進化させたのでなければ、現代型の足が進化するより前に人類系統から分岐したものであるに違いない。ホモ・フロレシエンシスでは、足と同様に他の骨格でも、原始的特徴とヒトによく似た派生的特徴の混在が見られる。すでにいくつかの証拠が公表されているが、『Journal of Human Evolution』の特別号に掲載された論文では、さらに証拠を重ねている。肩甲骨など解剖学的構造の多くは、小型ではあるもののヒトにきわめてよく似ているが、一方で、アウストラロピテクス属もしくは初期のヒト（*Homo*）属に似た原始的な特徴も数多く存在する。上肢の原始的特徴としては、鎖骨が相対的に短くてかなり湾曲していることや、上腕がまっすぐで、肩から肘の間のねじれの角度が少ないこと、手根骨が類人猿に似ていることなどがある。[13,14,19] 腰部や下肢については、腸骨が張り出していることや、関節が相対的に小さいこと、下肢骨が相対的に短いことなどが原始的な特徴として挙げられる。[1,20]

▼ホモ・フロレシエンシスの小さな脳の謎を解明した、島嶼矮化で小型化したカバ化石分析

これらの特徴から、ホモ・フロレシエンシスは、アジアの標準的な古人類であるホモ・エレクトゥスよりも解剖学的に原始的な種から進化したことがうかがわれる。1つの可能性として、ホモ・フロレシエンシスがホモ・ハビリス（*H. habilis*）から進化したことが考えられる（図2）。ホモ・ハビリスの骨格についてはほとんど知られていないが、多くの点でアウストラロピテクスに似ている。もう1つの可能性は、ホモ・フロレシエンシスが、初期型のホモ・エレクトゥスから派生したというものだ。この初期型は、現在一般に認められているものよりも原始的で、

19. *Larson, S. G. et al.* J. Hum. Evol. *doi:10.1016/j.jhevol.2008.06.007 (2009).*
20. *Jungers, W. L. et al.* J. Hum. Evol. *doi:10.1016/j.jhevol.2008.08.014 (2009).*

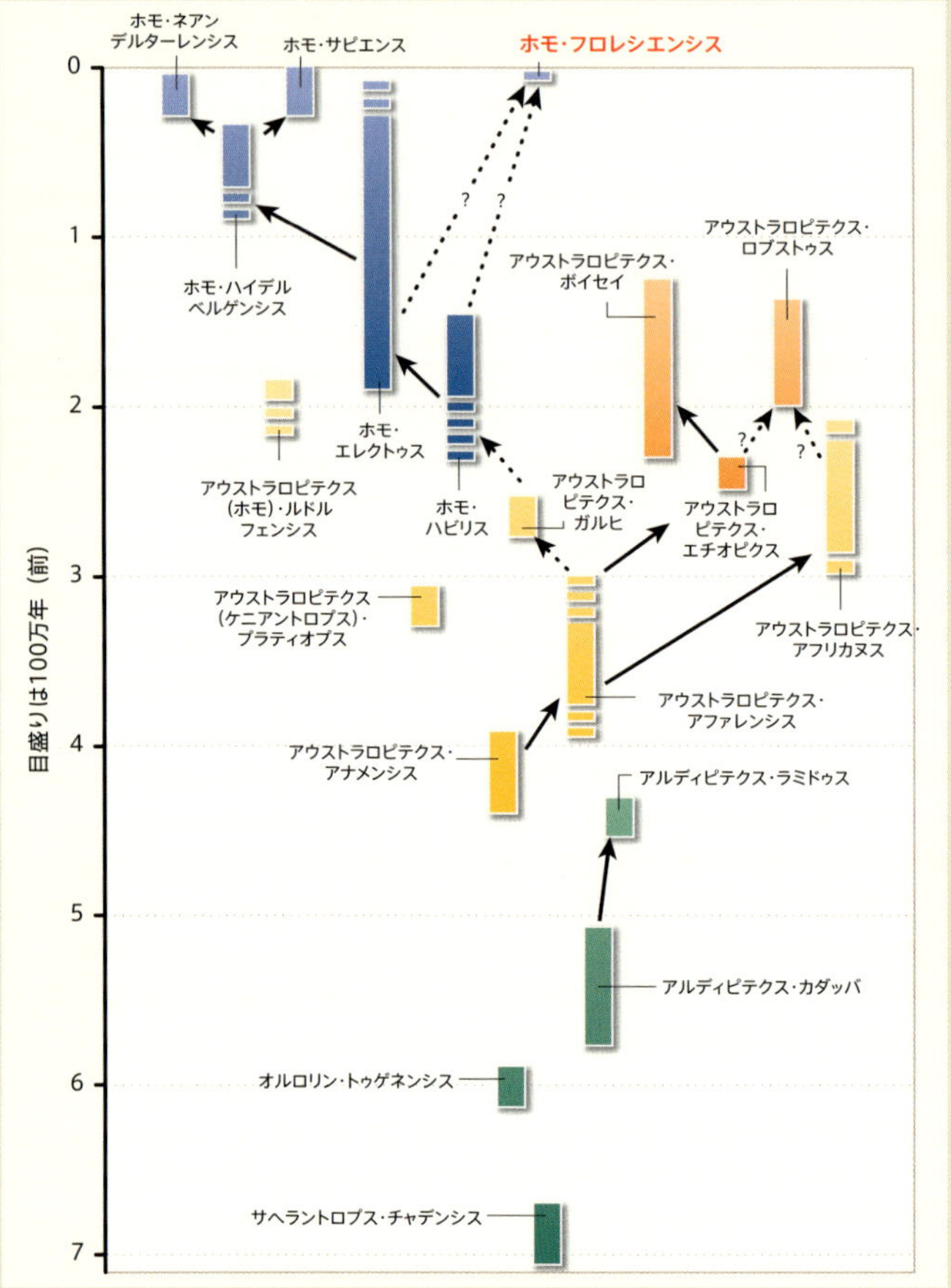

図2　人類の系統樹
ホモ・フロレシエンシスは初期のホモ・エレクトゥスにもっとも近縁だと考えられるが、ホモ・ハビリスとの潜在的な類似性も見られる。どちらの場合にしても、ホモ・フロレシエンシスを種と認めるには、ヒト属の定義や、これら3種が互いにどういう類縁関係にあるかを再検討する必要があるだろう。かなりよくわかっている類縁関係は実線の矢印で、あまりはっきりしない類縁関係は点線の矢印で示してある。種の生息年代を示す縦長の長方形の端に切れ目が入っているのは、その種の進化もしくは絶滅した時期が不確定なことを意味する。

ひょっとすると別の種（ホモ・エルガステル：*H. ergaster*）に相当するのかもしれない。

では、ホモ・フロレシエンシスの頭部についてはどうだろうか。ＬＢ１の顔面は垂直で、鼻は突き出しておらず、歯の大半はホモ・エレクトゥスとだいたい似ている。最先端技術を駆使した形状解析[21]によると、ＬＢ１の頭蓋骨は、ホモ・エレクトゥスもしくはホモ・ハビリスの頭蓋骨を縮小して予想される形状と一致する。しかしここでも、ホモ・フロレシエンシスがこれほど小さい脳を備えるようになった経緯については、説明がつかない。

そこで救いの神として現われたのが、カバである。Weston と Lister（『Nature』２００９年5月7日号85ページ）[4]は、マダガスカルで島嶼矮化作用により小型化した数種の化石カバ類について解析した。これらの種では、幼少期に成長が鈍化した後では、脳重量は体重の0・35乗に比例し、出生時からの成長を考慮すると0・47乗に比例する。しかも、小型化した種のなかには、自然選択によって、脳容量がこうした相関関係で予測されるサイズよりもあきらかにずっと小さくなっているものがあった。こうした過度の縮小が起こったのは、おそらく脳組織の代謝的なコストがかかりすぎるため、島のように資源が限られて乏しい場合には相対的に小さい脳をもつ動物のほうが消費エネルギーを抑えられるからだろう。

もしホモ・フロレシエンシスが、グルジアのドマニシで出土した小型の初期ホモ・エレクトゥスの女性の小型化種だったとすれば、こうした矮化現象を説明できる。ドマニシのホモ・エレクトゥスの女性（複数個体）は脳容量が６００〜６５０㎤、体重は40㎏であり[22]、ＬＢ１の脳容量は４１７㎤で体重が30㎏である。一方、ホモ・フロレシエンシスがホモ・ハビリスから派

21. *Baab, K. L. & McNulty, K. P.* J. Hum. Evol. *doi:10.1016/j.jhevol.2008.08.011 (2009).*
22. *Lordkipanidze, D. et al.* Nature 449*, 305-310 (2007).*

生した可能性もある。ホモ・ハビリスの女性は、体サイズがおそらくホモ・フロレシエンシスとちょうど同じくらいで、体重およそ30kgと推定される。しかしこの仮説も、脳の25パーセント程度が縮小しなければならない。知られるうちで最小のホモ・ハビリス頭骨（標本番号KNM-ER 1813）でも、脳容量は509㎤だからである。

結局のところ、ホモ・フロレシエンシスはいまもって魅力的な謎の1つである。いくつかの興味深い仮説が立てられたが、新たな化石証拠が出てこないかぎり、そうした仮説を確認することはできないだろう。第一に考えられるのは、この種はおそらくドマニシで発見された化石に似た初期型ホモ・エレクトゥスから進化したという仮説だ。この場合、当時の初期型ホモ・エレクトゥス種（もしくは種群）は従来考えられていたよりも多様化していて、解剖学的に多くの点（たとえば手や足）でより原始的だったと考えられる。さらに大胆な仮説は、ホモ・フロレシエンシスがホモ・エレクトゥスよりも原始的な人類種（おそらくホモ・ハビリス）から進化したというものだ。もしそうなら、ホモ・フロレシエンシスはアフリカから出て移住したものの、その後の足取りがフローレス島でしか見つかっていないことになる。私は、第一の仮説のほうに賭けたい。しかし、ここで挙げたものを含めすべての仮説を検証するには、さらに新しい化石、特にアジアで化石を見つけるほかない。さあ、シャベルを手に化石を探そう！

Daniel E. Lieberman はハーバード大学（米）に所属している。

デニソワ人が語る人類祖先のクロニクル

Shadows of early migrations

Carlos D. Bustamante & Brenna M. Henn　２０１０年12月23／30日号　Vol.468 (1044-1045)

デニソワ洞穴（シベリア）で発見された４万年前のヒトの指の骨から古代の核ＤＮＡが回収され、分析された。その結果、アフリカを離れた現生人類集団が多方面で別のホモ属と接触をもっていたことが解明された。

「古遺伝学」という分子遺伝学的手法を用いて古代のＤＮＡを分析する新しい学問分野から、次々と成果がもたらされている。シベリア南部のデニソワ洞穴で発見された人間の指の骨について、研究者たちは核ＤＮＡの分析を行なった。その結果、解剖学的に「現生」に属する人類（ホモ・サピエンス）が約６万〜５万年前にアフリカを離れたのち、どのように移動してどこに定住したかについて、複雑なモデルが浮かび上がってきた。分析結果から、２つの短い経路において、他のホモ属から現生人類への限定的な遺伝子流動（異なる地域の集団間での遺伝子交換）が生じたという仮説が立てられた。最初の遺伝子流動はアフリカを離れて間もない現生人類とネアンデルタール人との間で起こり、その後、デニソワ人との間で起こったという。

▼古代のＤＮＡを分析する「古遺伝学」のヒト「置換プラス限定的な遺伝子流動」モデル

分子遺伝学的手法を用いて古代のＤＮＡを分析する「古遺伝学」という新しい学問分野から、いま、次々と成果がもたらされている。そうしたなか、Reich、Pääboらの研究チームが、シベリア南部のデニソワ洞穴で発見された人間のものと思われる指の骨について核ＤＮＡの分析を行ない、『Nature』２０１０年12月23／30日号１０５３ページで発表した。[1] この結果から、解剖学的に「現生」に属する人類（ホモ・サピエンス）が約６万〜５万年前にアフリカを離れたあとに、どのように移動してどこに定住したのかについて、複雑なモデルが浮かび上がってきた。

１９２５年のRaymond Dartの発表は、人類の起源に対するヴィクトリア朝時代の考え方をひっくり返した。彼がアフリカ南部で発掘したアウストラロピテクス（猿人）の頭蓋骨は、ヒトとサルとを結びつける最初の発見だったからだ。それ以来、ホモ・サピエンスの祖先はただ１系統の種が出現しただけで、それが世界中に広がって当時存在していたすべてのホモ属の種と入れ替わったのか（単一起源説）、それとも、さまざまな地域の他のホモ属人類集団やその亜種との混血なのか（多地域進化説）、という論争が続いている。後者については、もっとも極端な「枝付き燭台《しょくだい》」モデル（ホモ・エルガステルを祖先に、地域ごとに並行的に進化してホモ・サピエンスになった）というものがあったが、その後の発見により、現在はほとんど顧みられなくなっている。しかし、さらに微妙なモデル、つまり、現生人類と絶滅した他のホモ属集団（ネアンデルタール人、それにおそらくデニソワ人も含まれる）の間で遺伝子が交換さ

---

1. *Reich, D. et al.* Nature 468, *1053-1060 (2010).*

れた可能性については、これまで評価することが困難だった。

前者の単一起源説は、全現生人類種の遺伝学的系統のすべては、さかのぼれば、「20万年ほど前にアフリカで生まれた1つ以上の中規模な集団」にたどり着く、というものだ。[2〜5] 近年まで、遺伝学的データや化石記録の解釈は、この説の「混血のない完全置換」を支持しているように思われていた。しかし、今回ReichとPääboらの研究チームが報告したデニソワ人の核ゲノム配列の分析結果は、[1] 彼らが以前に報告したホモ・ネアンデルターレンシス（ネアンデルタール人）の核ゲノム配列[6]とともに、ホモ・サピエンス集団がアフリカを離れた後の歴史は、従来考えられていたよりもはるかに複雑に絡み合っていることを示唆しているのである。また、一部の地域では特に複雑だったことが示されている。

そして、これらの分析結果に基づいて彼らが立てた仮説は、2つの短い経路（図1）において他のホモ属から現生人類への限定的な遺伝子流動（異なる地域の集団間で遺伝子が交換されること）が生じたというものだ。1つは、現生人類の集団がアフリカを離れた直後の経路であり、もう1つはオセアニアのメラネシア人集団の祖先となった現生人類のみがたどった経路である。

研究チームが推測する「遺伝子の混合」は、数十万年の間にさまざまな地域のホモ属種間で大規模な遺伝子流動が生じて現生人類になったという旧来の多地域進化説[7]を蒸し返すものではない。だが、彼らの提案する「置換プラス限定的な遺伝子流動」モデルを裏づけるには、まだ研究が十分とは言えないだろう。とはいえ、古代のDNA配列を解読して得られた概略は、人

---

2. *Cann, R., Stoneking, M. & Wilson, A.* Nature 325*, 31-36 (1987).*
3. *Ramachandran, S. et al.* Proc. Natl Acad. Sci. USA 102*, 15942-15947 (2005).*
4. *Underhill, P. et al.* Ann. Hum. Genet. 65*, 43-62 (2001).*
5. *Klein, R.* The Human Career 3rd edn *(Univ. Chicago Press,2009).*
6. *Green, R. E. et al.* Science 328*, 710-722 (2010).*

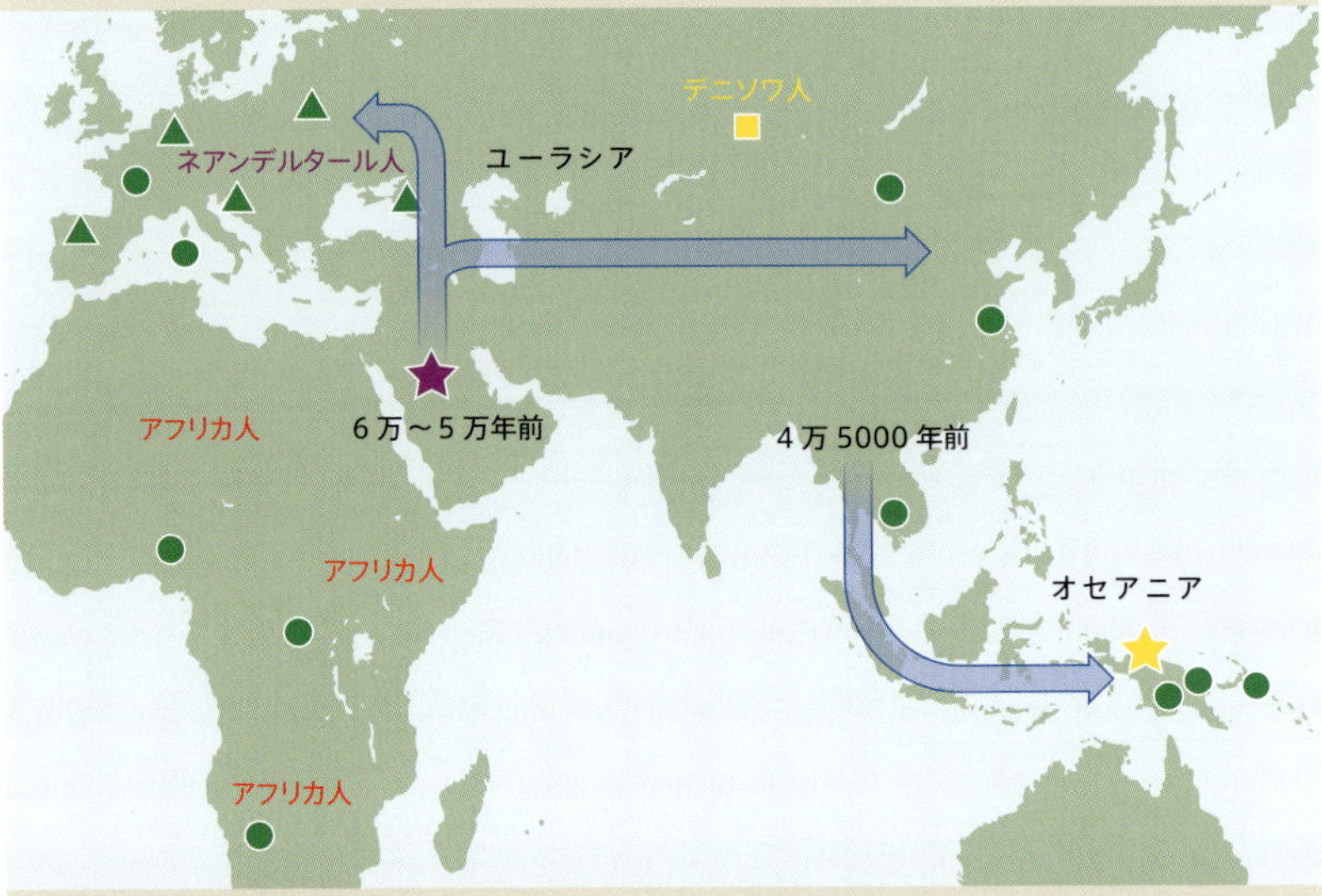

図1　新たな仮説が現生人類の歴史に関する定説を進化させる
▲がネアンデルタール人の遺骨発見地、●が現代人ゲノムの試料採取地[1,6]。青色の矢印は、定説となっているホモ・サピエンスの移動経路[11]。6万～5万年前、ユーラシアにはおもにネアンデルタール人およびホモ・エレクトスの2種のホモ属が存在していたが、研究チーム[1]は、デニソワ人のような第三のグループの存在を示唆している。彼らの推測によると、最初の遺伝子流動は、アフリカを離れてまもない現生人類とネアンデルタール人との間で起こり、その後、デニソワ洞穴で発見された別のホモ属集団との間で起こった。後者は、4万5000年ほど前にパプアニューギニアに定着した現代のメラネシア人の祖先のみに影響したと考えられる。

7. *Wolpoff, M., Hawks, J. & Caspari, R.* Am. J. Phys. Anthropol. 112*, 129-136 (2000).*
11. *Cavalli-Sforza, L. & Feldman, M.* Nature Genet. 33*, 266-275 (2003).*

類のゲノムの流動に関する興味深い考察をもたらすものであり、今後さらに多様なヒトのゲノムを多く得ることができれば、仮説は検証できるものと言える。

▼現生人類から深く分岐した新しい系統の人類の考察

Pääboを中心とするグループは以前、同じ指の断片から回収されたミトコンドリアゲノムDNA（mtDNA）に関して、現生人類から深く分岐した新しい系統の人類であるという研究成果[8]を『Nature』に発表しており、今回の研究成果[1]はその続報である。彼らは今回、この骨の核ゲノム配列を約2倍のカバー率で解読した。それは、ゲノム上のある塩基をカバーするDNA断片が平均して2つあり、それらから解読配列を得たということである。研究チームは、このDNA断片について、現生人類ゲノムから得た低いカバー率（1〜5倍）のデータ12セット、およびネアンデルタール人ゲノム[6]から得たカバー率1・5倍のデータと比較した。

核DNAは、遺伝子流動の分析に適しているが、それは遺伝情報の大多数を含むためだけではない。遺伝子組み換えが生じているので、現代と古代の遺伝的な関係を比較するための半独立的な差異を収集できるポイントが、数万カ所も得られるからなのだ。洞穴で見つかった古代の骨から得られた情報は、まるで、プラトンの比喩でいう「洞窟に映し出される影」のようである。我々の前に現われた祖先の移動の概略は、「影」のように、真実と言うにはまだ不十分なものであるが、人類の起源に関する我々の理解を深めるのに役立つはずだ。

この分析結果からわかったストーリーは、非常に興味深いものだった。デニソワ人は、遺伝

8. *Krause, J. et al.* Nature 464, *894-897 (2010).*

学的にはきわめてネアンデルタール人に近いが、かといって同一集団から採取したと言えるほど近くはないらしい。ゲノム分析によると、両者が現生人類の試料と形成するクラスターよりも、両者どうしが形成するクラスターのほうがわずかに多かった。これは、デニソワ人とネアンデルタール人が姉妹分類群であることを示している。またデニソワ人の試料は、現生人類のなかではアフリカのヨルバ族、ムブティ族、およびサン族よりも、現代の欧州や東アジアの人と形成するクラスターのほうがわずかに多かった（約1〜3パーセント）。もしデニソワ人とネアンデルタール人が近縁の姉妹分類群であるならば、この結果は、ネアンデルタール人集団から現代のユーラシア人への遺伝子流動に関する報告[6]とも整合している。

しかし何より予想外だったのは、デニソワ人の試料が、欧州やアジアの人を通り越して、現代のメラネシア島民と特別な遺伝的類縁関係をもつとみられることだ。オセアニアのパプアニューギニアに初めて現生人類が現われたのが高々4万5000年ほど前にすぎないこと[9,10]から、デニソワ人の移動はかなり複雑なものだったと予想される。

古代の分子的多様性に関する研究には、落とし穴がつきものだ。分子から得られる情報は全体のシルエットでしかなく、目に見えないもっと複雑な事実が潜んでいることがある。Reich、Pääboらの研究チーム[1]は、データにバイアスをかけると考えられる多くの要素を排除するため、論文の補足情報として、汚染の可能性、古代の研究材料の取り扱い方、ゲノム間のカバー深度の差などについても詳細を明示している。

9. *O'Connell, J. & Allen, J.* J. Archaeol. Sci. 31, *835-853 (2004).*
10. *Summerhayes, G. et al.* Science 330, *78-81 (2010).*

▼同時並行で処理された古代ゲノムと現代ゲノムの比較で人類誕生の謎があきらかに

こうした問題の多くは確かに排除されているが、技術的な障害は残されている。シーケンシング技術とＤＮＡの保存は、古代ゲノムのクラスター分析の統計の解釈に影響する可能性がある。たとえば、ユーラシア人とネアンデルタール人に共通な派生対立遺伝子（対立遺伝子に変異が生じ、新しく派生したもの）のほうが、ユーラシア人とデニソワ人に共通な派生対立遺伝子よりも多いという知見は、シーケンシング技術の違いによる可能性もあるのだ。しかし、古代ゲノムと現代ゲノムの比較は同時並行で処理されている。よって、デニソワ人と現代のメラネシア人、そしてデニソワ人とネアンデルタール人が特別に共有する対立遺伝子に関する構図は揺るがないと考えられる。

こうした古代のＤＮＡ配列を解読する技術がもっとも威力を発揮するのは、おそらく仮説を立てる段階だろう。たとえば、デニソワ人やネアンデルタール人のＤＮＡから得られた情報は、配列未解読の現生人類のゲノムに存在する遺伝学的変異のパターンについて、それがどういった由来なのか明確に予測するのに役立つと思われる。具体的には、メラネシア人のゲノムと絶滅した他のホモ属集団のゲノムの間で対立遺伝子が５～７パーセント多く共有されているならば、現在メラネシアに住む個人の配列を解読することで、メラネシア住民の一部できわめて異質なゲノム領域が発見できるかもしれない。もしそのゲノムがアフリカ人由来のものでないならば、古代の集団から受け継がれている領域の可能性がある。

ヒトゲノムの変異に関する研究の活用法を、医学的関心の領域だけにとどめていてはいけない。古代、現代を問わず、多様なヒトゲノムを扱う研究は、今回の研究成果[1]が示すように、人類共通の起源と歴史を解明するもっとも強力なツールとして利用できるからだ。もちろん、この研究を成功させるためには、祖先の大移動の痕跡をゲノムに有すると思われる多様な人々（隔離された人類集団も含む）に対して、共同体のレベルでも個人のレベルでも協力要請が不可欠である。古代人と現代人のＤＮＡを古人類学的な記録とあわせて分析することで、われわれ人類の誕生の謎はさらにあきらかになり、洞穴で見つかった「影」の真実の姿に近づくことができるだろう。

Carlos D. Bustamante と Brenna M. Henn はスタンフォード大学医学系大学院（米）遺伝学科に所属している。

Nature Column 05

人類は、三つ子のときから共同的

人類には、誇るべき特徴が少なくとも2つある。ほかの大型類人猿よりも、共同的であることと、気前がいいことだ。『Nature』8月18日号328ページでは、Katharina Hamannらがこの2つの特徴の関係を調べている。

人間が分かち合いの性向を示し始める年齢については、多くの研究がなされてきた。3~5歳児は、思いがけず手に入ったものは公平には分配せず、労せずして得たものをだいたい独り占めしようとする。しかし成長すると、そうした「たなぼた」は平等に分かち合うようになっていく。

Hamannらは、共同作業による成果物になった場合、幼児たちの振る舞いが変化するのかどうか知りたいと考えた。そこで研究チームは、2~3歳児のペアを対象として、一方の子どもがお目当てのもの(4つのおもちゃのうち3つ)を手にしやすい状況をつくり、相棒とそれを分かち合うかどうか決められる場面を設定して、実験を行なった。おもちゃを手にするまでの経過には3通りある。2人の共同作業による場合、どちらも労せずして自由に手に取れる場合、単独での作業による場合だ。

実験の結果、3歳児(2歳児ではダメだった)が選択権をもった場合、分かち合いの頻度は、並行的な作業(約25パーセント)よりも共同作業(約75パーセント)のほうが高かった。つまり、幼児は「労働の対価としての報酬」の感覚を獲得していなくても、資源は獲得の経緯に応じて分配するべきだということを理解していたのだ。

協力と公平性とのこうした関係は、人間に特有のものなのだろうか。ほかの霊長類がヒトほど協力に

幼児たちは共同的に振る舞った

価値を見いださないとすれば、「どうやって自分のものにしたかによってモノを配分する」という考え方には興味を示さないはずだ。この仮説の検証に取り組んだHamannらは、有利な立場にあるチンパンジーが分かち合いを行なう場合はあるものの、それは、餌が共同作業によって得られたのか、それともたまたま手に入ったのか、ということとは無関係であることを発見した。

こうしたチンパンジーの行動については、ヒトと違って食物の調達を共同作業に依存していないためだ、という説明が成り立つと思われる。言い換えれば、人間は、生存のために共同作業が重要であることを認識しているため、獲得済みの資源を共有することによって、将来の共同作業の仲間に入れてもらうための投資をしているのだ。幸運にも我々は、このことをごく幼いうちから身につけるらしい。

When it's fair to share

Sadaf Shadan　２０１１年８月18日号　Vol.476 (289)

クジラはなぜ大きいのか？

Why are whales big?

Graeme D. Ruxton　２０１１年1月27日号　Vol.469 (481)

潜水する脊椎動物の体の大きさは実にさまざまで、なかでもクジラは圧倒的に大きい。動物が泳ぐ速さと体の大きさと代謝との関連の種間比較から、その理由を解明するための手がかりが得られるだろう。

空気を呼吸しながら、水に潜って餌を探す動物は、この厳しい生活様式に高度に適応している。水面で取り入れた酸素を水中で節約して使わなければ、餌を最大限、効率的に探せない。こうした潜水動物は、エネルギーコストが最小になる（酸素を使う好気的代謝によってエネルギーを発生させる）ような速さで、浮上したり潜水したりすることで長距離を移動する。国立極地研究所のチームは、適応を裏づける絶妙な仕組みをあきらかにした。確立された生体力学原理とエネルギー原理に基づき、体の大きい潜水動物ほど速く泳ぐはずだと予想した。動物が泳ぐ速さは体重の０・０５乗に比例して速くなるという。体重５００ｇのウトウから90ｔのシロナガスクジラなどを調べた結果、大きい動物ほど速く潜水し、その速さは体重の累乗に比例したという。

▼潜水動物の体の大きさと代謝が泳ぐ速さに及ぼす影響

空気を呼吸するが、水に潜って餌を探す動物は、その厳しい生活様式に高度に適応している。餌を探す効率を最大限にするためには、水面で取り入れた酸素を、水中で節約して使わなければならない。動物が泳ぐ際のエネルギーコストは速く泳ぐほど急激に増大するため、以前から、こうした潜水動物はエネルギーコストが最小になる（すなわち、酸素を使う好気的代謝によってエネルギーを発生させる）ような速さで、浮上したり潜水したりすることで長距離を移動すると予想されていた。

国立極地研究所（東京都立川市）の渡辺佑基たちは、『Journal of Animal Ecology』で発表した論文[1]で、こうした絶妙な適応を裏づける強力な証拠を提出した。彼らの研究の鍵となるのは、潜水動物の体の大きさと代謝が泳ぐ速さに及ぼす影響についての考察だ。著者らは、確立された生体力学原理とエネルギー原理に基づき[2]、体の大きい潜水動物ほど速く泳ぐはずだと予想した。具体的には、動物が泳ぐ速さは体重の０・０５乗に比例して速くなるという。彼らはまた、同じ大きさの動物どうしを比較すると、代謝の低い外温動物（カメのように体温が環境に強く影響される動物）は、代謝の高い内温動物（鳥類や哺乳類のように体温が一定に保たれている動物）よりもゆっくり泳ぐはずだとも予想した。

遠隔測定法を用いた野生動物の研究は近年ますます盛んになってきていて、渡辺らは今回、37種の動物の潜水速度のデータを収集することができた[1]。調べた動物は哺乳類、鳥類、カメで、体重５００ｇのウトウ（*Cerorhinca monocerata*：ウミスズメ科の海鳥）から90ｔのシロナガ

1. *Watanabe, Y. Y. et al.* J. Anim. Ecol. 80*, 57-68 (2011).*
2. *Hansen, E. S. & Ricklefs, R. E.* Am. Nat. 163, *358-374 (2004).*

スクジラ（*Balaenoptera musculus*）まで広い範囲にわたっている。調査の結果、事前の予想どおり体の大きい動物ほど速く潜水し、その速さは体重の冪《べき》に比例していることがわかった（冪指数の平均値は0・09、95パーセント信頼区間は0・04〜0・14）。これは理論予想とよく一致している。また、データが得られた3種のカメのすべてについて、その泳ぐ速さが、体重から予想される速さよりも遅いことがわかった。これは、著者らが外温動物について予想したとおりの結果である。

▼内温動物ほど強く働く大型化への選択圧

潜水する生物のなかでは、魚類はもっとも古く、もっとも多くの分類群があるが、海に潜る他の生物のいくつかのような巨体にはならない。これまでに知られている最大の現生魚類は体長6mのジンベエザメ（*Rhincodon typus*）で、最大の絶滅魚類は体長9mのリードシクティス（*Leedsichthys*）だ。[3] この2つの種を、ヒゲクジラ亜目とハクジラ亜目のクジラと比較してみよう。現存するヒゲクジラ亜目15種のうち、ジンベエザメ程度の小ささのものはコセミクジラ（*Capera marginata*）だけで、リードシクティスよりも小さいものはこのコセミクジラとミンククジラ（*Balaenoptera acutorostrata*）だけである。また、ハククジラ亜目にはどの現生魚類よりも大きいものが少なくとも5種ある。絶滅した海生爬虫類に目を向けると、[4] モササウルスの体長は17m、プリオサウルスは15m以上、プレシオサウルスは20m以上、イクチオサウルスはおそらく21mもあった。

3. *Friedman, M. et al.* Science 327, *990-993 (2010).*
4. *Nichollos, E. L. & Manabe, M.* J. Vert. Paleontol. 24, *838-849 (2004).*

こうした数字を見ると、水から酸素を取り入れる外温動物（魚類）、空気を呼吸し、潜水する内温動物（クジラ）、空気を呼吸し、潜水する現生および絶滅外温動物（カメやモサウルスなど）という3つのグループの動物の最大サイズに差がある理由を説明する必要が出てくる。説明としては以下のようなものが考えられる。説明の1つは、体が大きくなると、代謝速度や泳ぎのコストよりも速いペースで酸素の貯蔵量が大きくなるため、大型の潜水動物ほど長時間潜水していられるというものだ。[5] もう1つの説明は、今回渡辺らが示したように、大型の潜水動物ほど速く泳げるというものだ。[1]

これらを考えあわせると、息をこらえて水に潜る大型の潜水動物は、より深く潜り、より効率よく餌を探せることになる。けれども、このような選択圧は魚類の大きさには作用しない。今日のカメでは、体の大きさが泳ぐ速さに及ぼす影響はあまり強くない。これはおそらく、外温動物であるカメの代謝が、泳ぎの速さを制限しているからだ。そう考えると、息をこらえて潜水する外温動物は、大型化への選択圧を受けてはいるが、この選択圧はクジラのような内温動物ほどは強く働いていないと予想される。実際、絶滅した最大の海生爬虫類はどの魚類よりも大きかったが、最大のクジラほどは大きくはなかった。

渡辺らのこの研究は示唆に富んでいて、[1] 今後の研究の方向性を明確に示している。潜水する外温動物に関するさらなるデータと、代謝の影響を定量的に予測できる理論があれば有用だろう。特に、各種のカメにつき、異なる水温での安静時の代謝速度と潜水速度（つまり、さまざまな代謝速度での機能）の変化を評価できるようなデータがあれば大いに役に立つはずだ。

5. *Halsey, L. G., Butler, P. J. & Blackburn, T. M.* Am. Nat. 167, *276-287 (2006).*

同じ体重の潜水動物を比較すると、哺乳類よりも鳥類のほうが速く泳ぐことが経験的に知られている。現在の理論ではこの傾向を説明できないことが、おそらくもっとも不満な点である。渡辺ら[1]は、水中での体温調節のために代謝が増大することはないとする自分たちの仮定は、鳥類には哺乳類ほど当てはまらないのかもしれないと示唆している。比較分析できる生物種がもっと増えれば、こうした理論の評価に役立つだろう。今回の研究の対象となった最大の鳥類は体重25kgのコウテイペンギン（*Aptenodytes forsteri*）で、最小の哺乳類は33kgのナンキョクオットセイ（*Arctocephalus gazella*）だった。カワウソなどの小型の潜水哺乳類の測定ができれば、同じ大きさの鳥類と比較するのに便利だろう。

最後の謎は、潜水する現生脊椎動物の2つのグループ（鳥類とカメ）で巨大な種が進化してこなかったのはなぜかというものだ。鳥類とカメは、繁殖のために陸に帰る必要がある点で、他の潜水する脊椎動物と違っている。水による浮力なしに体重の大部分を支えなければならない時期があることが、彼らの体の大きさを制限しているのかもしれない。

潜水動物をめぐる魅力的な疑問は、まだまだたくさん残っている。けれども渡辺らが示したように[1]、現代のデータ収集技術が生体力学モデルや種間比較のアプローチと結びつくことで、その答えをわれわれの手の届くところまで引き寄せるはずだ。

Graeme D. Ruxton はグラスゴー大学医学・獣医学・生命科学カレッジ（英）に所属している。

トカゲの尻尾の役割

Leaping lizards and dinosaurs

R. McNeill Alexander　２０１２年１月12日号　Vol.481 (148-149)

綱渡りでは、バランスをとるため長い棒を使う。ジャンプするアガマトカゲも、空中で尾をバランス棒と同じように使っているらしい。それだけではない。恐竜のなかにも、同じ振る舞いをするものがいた可能性があるという。

アガマトカゲはジャンプが得意で、安全に着地する能力もきわめて高い。研究チームは、水平な台から垂直な壁に向かってジャンプするアガマトカゲを撮影し、その秘密を探り当てた。アガマトカゲは壁に接近するとき、空中で尾を動作させて、壁に取りつくのに適切な角度に体を傾けていたのだ。その動作は、角運動量保存則に従っていた。綱渡りでバランス棒を時計回りに回転させると、角運動量保存則の原理に従い、体は反時計回りに傾く。ジャンプしたアガマトカゲも、空中で同じように尾を時計回りに振り上げて、体を反時計回りにのけぞらせる。尾の慣性モーメントを利用する動物ではアガマトカゲ以外にも、キツネザル、カンガルーネズミ、ネコなどのほか、同じ振る舞いをする、あまり大きくない恐竜もいたはずだと考えている。

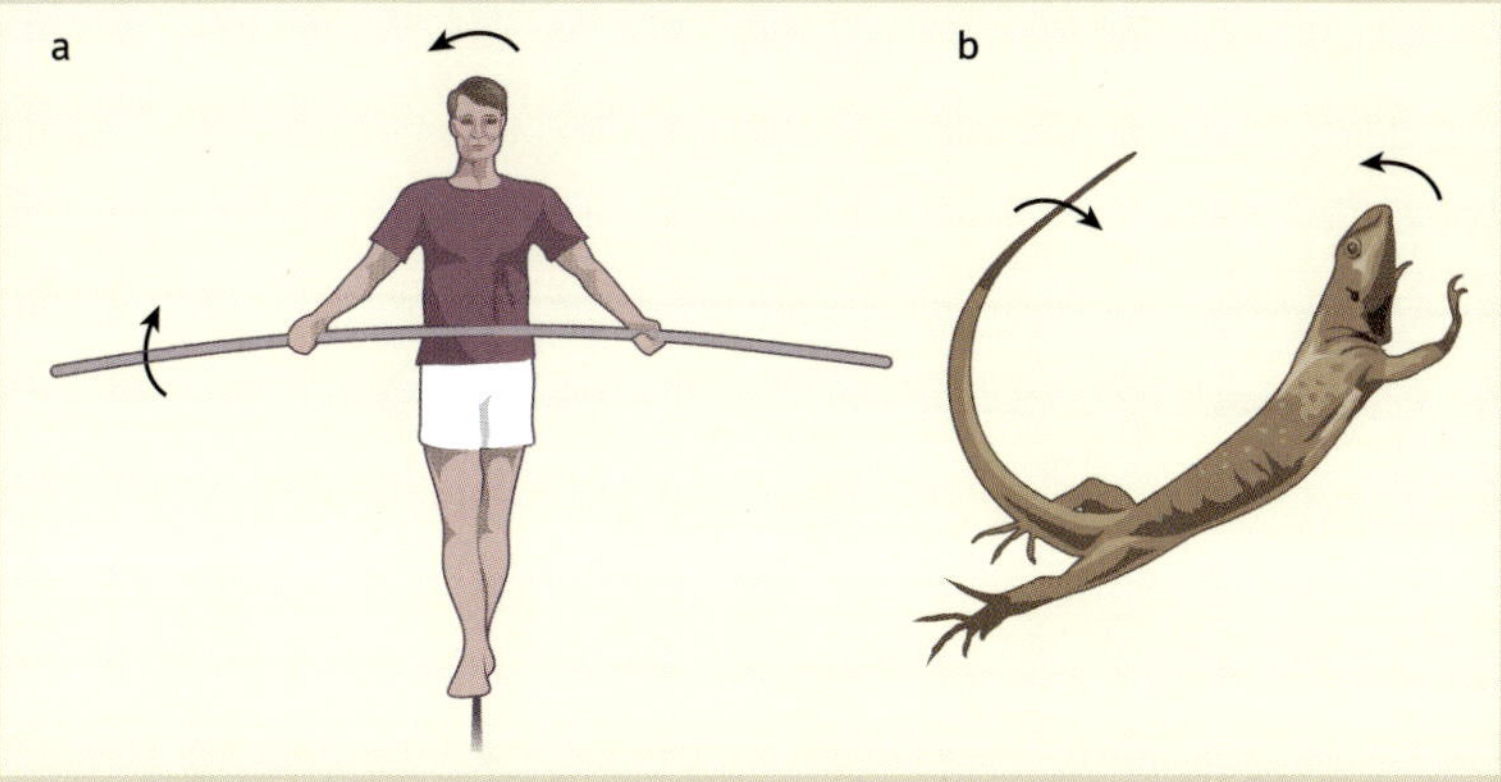

図１　角運動量の保存
ａ：綱渡りでバランス棒を時計回りに回転させると、角運動量保存則の原理に従って、体は反時計回りに傾く。
ｂ：ジャンプしたアガマトカゲも、空中で同じように尾を時計回りに振り上げて、体を反時計回りにのけぞらせる[1]。

▼定量的に説明できるアガマトカゲのジャンプ時の尾の制御とロボットモデル

アガマトカゲはジャンプが得意で、安全に着地する能力がきわめて高い。Thomas Libbyら[1]は、水平な台から垂直な壁に向かってジャンプするアガマトカゲを撮影し、『Nature』２０１２年1月12日号にその研究成果を発表した。トカゲは壁に接近するとき、空中で尾を動作させて、壁に取りつくのに適切な角度に体を傾けていたのだ。

その身のこなしは、角運動量保存則、すなわち、外的なトルクが作用しないかぎり系の角運動量は変化しない、という法則に従っている。たとえば、長い棒をもって綱渡りをする軽業師は、棒を傾けることで、棒の傾きと反対向きに体を預けることができる。棒の角運動量が少しでも変化したら、体は反対向きの角運動量変化で対応し、全

1. *Libby, T. et al.* Nature 481*, 181-184 (2012).*

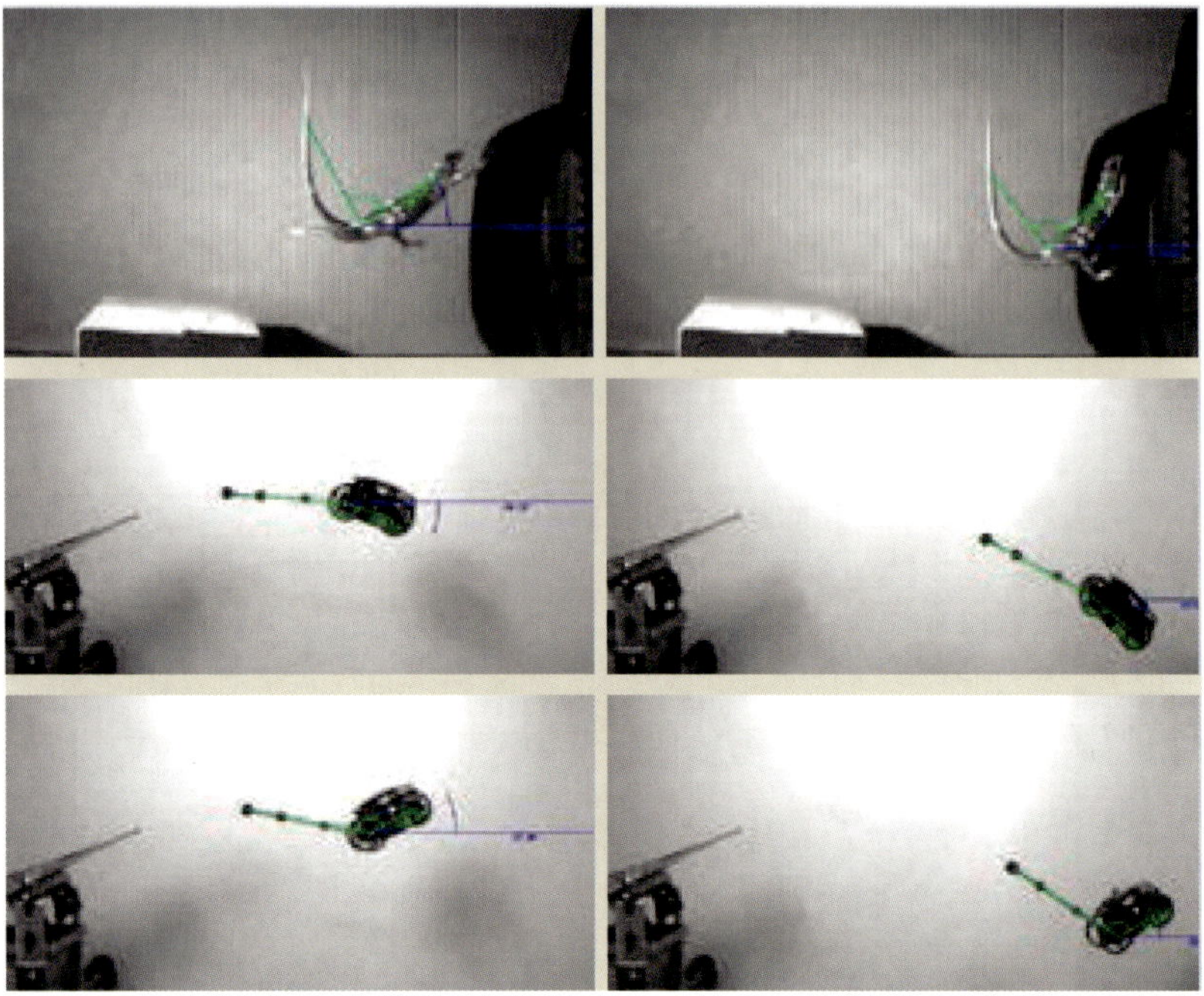

体の角運動量が一定になるようにしているのだ（図1a）。この法則にのっとり、棒を細かく操作することで、軽業師は重心をしかるべく綱の真上に維持することができる。また、棒は太くて短いものよりも細長いもののほうが有利である。というのも、質量が同じならば、細長いほうが慣性モーメントが大きいからだ（物体の角運動量は、角速度と慣性モーメントとの積である）。この単純な説明は、重心の横向きの動きがきわめて小さいために綱の周りの体重のモーメントは無視することができる、と仮定したうえでのものである。

　Libbyらは、アガマトカゲがジャンプして垂直な壁に的確に取りつくとき、鼻を上げるように体を傾けな

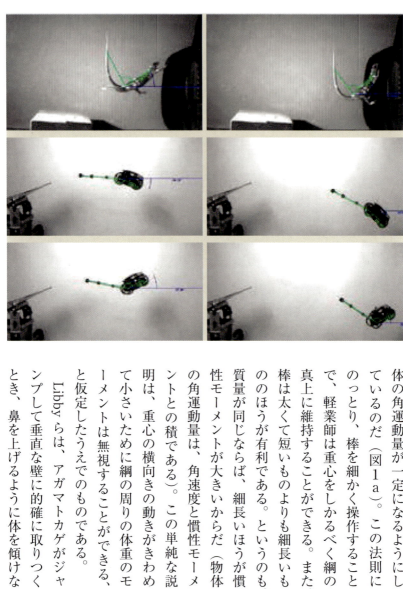

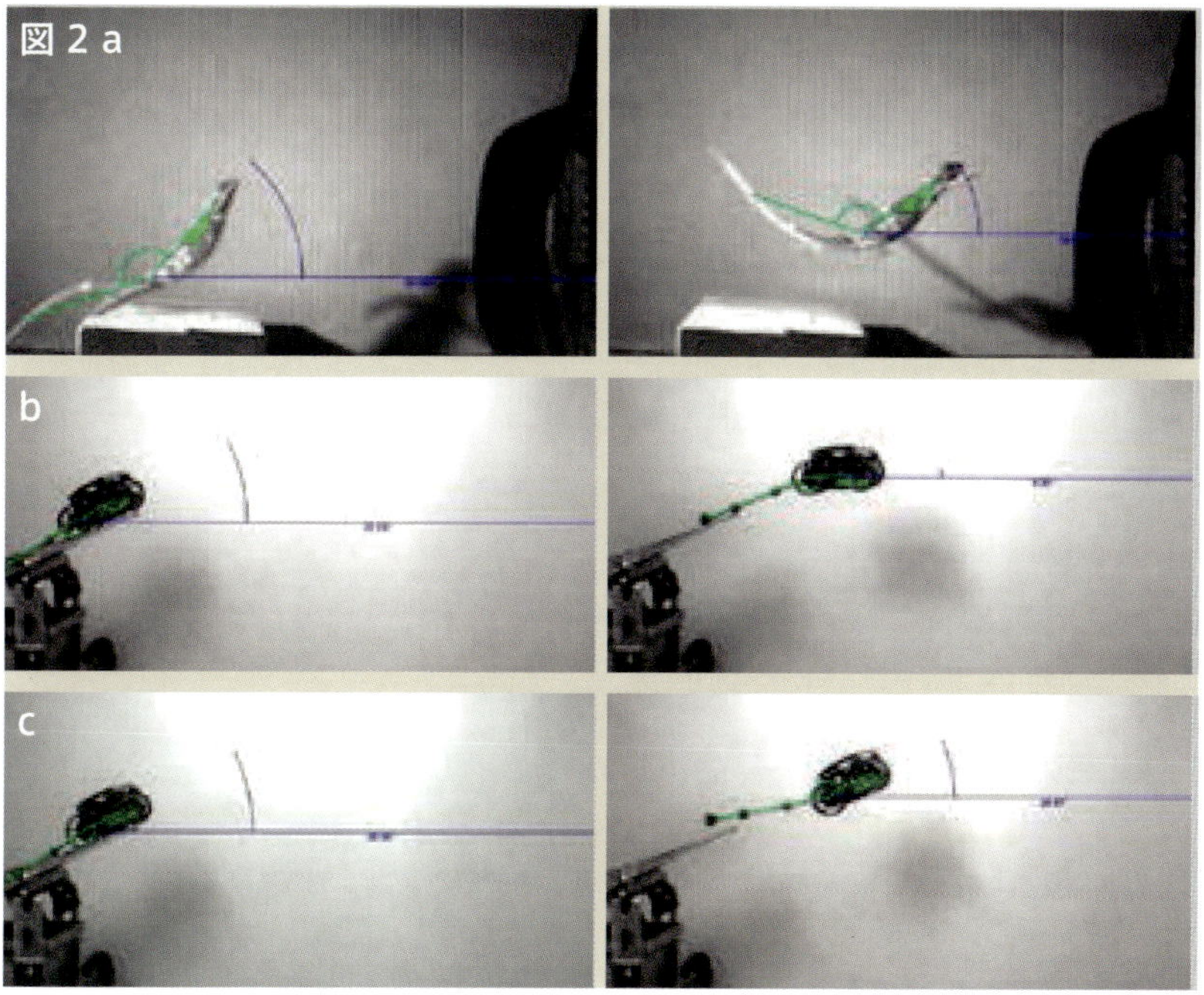

ければならないような事態になった場合、細長い尾を上に振り上げることを発見した（図1b）。たとえば、尾には時計回りの運動量、胴体には同じ大きさの反時計回りの運動量を与えて、保存則に従うように角運動量の合計が変化しないようにしているのだ。Libbyらは、踏み切り台の表面を滑りやすくしてトカゲにジャンプの踏み切りを失敗させ、その失敗を補うように尾の動きを調節できるかどうかを調べた。その結果、トカゲの足が滑ると跳び出し時の体の角度が変化するが、適切に尾を動かすことによって踏み切りの失敗を修正することがわかった（http://nature.asia/lizard-nv1：図2a）。

　さらにLibbyらは、数学的モデル

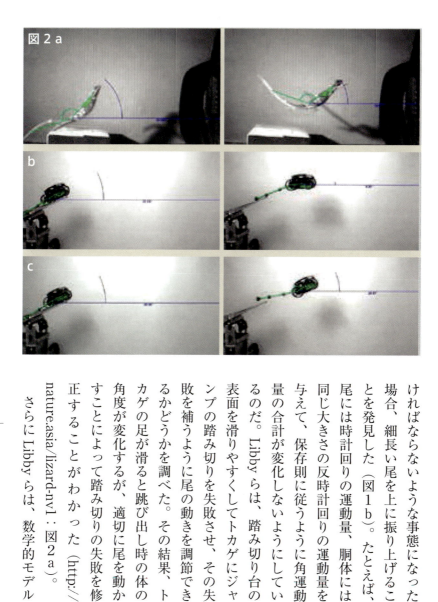

を利用して、尾による制御が定量的に説明されることを確かめた。この結果をより確実なものにしようと、Libbyらはおもしろいおもちゃを製作した。それは尾のある車輪付きのロボットで、傾斜台からスキージャンプ選手のように飛び立たせるものだ。ロボットは飛び立つとき、先に前輪が傾斜台から離れて落下しようとするが、後輪はまだ傾斜台上にあるため、先端が下に向かって突っ込もうとする（http://nature.asia/lizard-nv2：図２b）。しかし、ジャイロセンサーによるフィードバックで制御される尾をもったロボットでは、胴体の角度が着地前に修正された。ロボットは飛び立つときの不完全な体勢を鮮やかに立て直したのだ（http://nature.asia/lizard-nv3：図２c）。それはトカゲよりも見事だった。

▼尾の慣性モーメントを利用するさまざまな動物と3次元的な調節の考察

優れた研究にはよくあることだが、Libbyらの知見は新たな疑問を提起した。彼らは2次元的課題として尾の利用法を検討したのであり、体のピッチ（鼻先が上向きか下向きか）だけを考慮していた。尾は、ヨー（首振り）やロール（転がり）の角度の調節にも使われるのだろうか。垂直な壁に飛びつくときはピッチがもっとも重要だが、形が不規則な岩や枝の間を跳び回るには3次元的な調節が必要と考えられる。Libbyらは、落下するヤモリの体勢立て直し反応に関する論文[2]で3方向すべてを検討の対象としたことがあるが、こうした研究はもっと定量的に行なうことができるだろう。

Libbyらは、尾の慣性モーメントを利用する動物として、トカゲ以外にも、キツネザル、カ

2. *Jusufi, A., Goldman, D. I., Revzen, S. & Full, R. J.* Proc. Natl Acad. Sci.USA 105, *4215-4219 (2008).*

ンガルーネズミ、ネコなど、いくつかの例を挙げている。さらに、恐竜のなかにも、ジャンプ時にアガマトカゲのように尾を使い、体の角度を制御するものがいた可能性があると考えている。しかし、そうした恐竜は大型ではなかったはずだ。なぜなら巨大な動物は、体の構造が小型の近縁動物と幾何学的に類似していると仮定すれば、体重が体長の3乗に比例して大きくなるのに対し、骨と筋肉の強度は断面積、つまり体長の2乗に比例するにすぎず、遠くまでジャンプすることができないからだ。ウマやエランド（きわめて大型のレイヨウの一種）は、いずれも体重が約500kgもあり、ジャンプが得意な動物として最大級のものだ。恐竜の骨の計測値[3]と筋肉の大きさの推定値[4]に基づく計算からは、大型の恐竜はそれほど敏捷《びんしょう》ではありえなかったことが示されている。

では、大型でない恐竜がジャンプしたことを裏づける痕跡は残されているのだろうか。肉食恐竜のデイノニクスは、体重が約70kgだったと推定されている。これはヒョウに近く、ジャンプしていたことが十分に考えられる値だ。化石からは、デイノニクスは群れをつくり、自分よりもはるかに大型の恐竜を捕食していた可能性が示唆されている。[5]この考え方には異論もあるが、[6]デイノニクスは獲物の背中や脇腹に跳びつき、巨大な爪でしっかりつかみかかっていたと考えるのが定説となっている。ライオンなど大型のネコ科動物も鋭い爪で獲物の皮膚をつかみながら、牙で弱点の喉を攻撃するのと同じようなことだ。

インターネット上には、宙を舞って大きな獲物に襲いかかるデイノニクスのイラストがいくつも掲載されている。まさかと思われるくらい高く舞い上がっている、ありえないようなイラ

3. *Alexander, R. M.* Zool. J. Linn. Soc. 83, *1-25 (1985).*
4. *Hutchinson, J. R. & Garcia, M.* Nature 415, *1018-1021 (2002).*
5. *Maxwell, W. D. & Ostrom, J. H.* J. Vert. Paleontol. 15, *707-712 (1995).*
6. *Roach, B. T. & Brinkman, D. L.* Bull. Peabody Mus. Nat. Hist. 48, *103-138 (2007).*

ストもあるが、なかには、Libbyらが発表したように、アガマトカゲと同じ要領で尾を高く振り上げている姿に描かれているものも見られる。そんなイラストには、思わず喝采を送りたくなってしまう。

[1] R. McNeill Alexander はリーズ大学統合比較生物学研究所（英）に所属している。

Special compilation

特別収録

natureに投稿した日本の研究機関の科学論文

遺伝暗号を解読する鍵となる新メカニズムを発見
——四半世紀にわたる謎をX線結晶構造解析により解明

独立行政法人理化学研究所

アラニンの遺伝暗号を解読する酵素・ｔＲＮＡ複合体の構造解析に成功し、二重螺旋《らせん》にわずかな変形をもつＲＮＡだけを選択する巧妙な仕組みを解明。非反応性複合体を介した基質選択という新しい原理を発見し、応用を可能にした。

理化学研究所（理研：野依良治理事長）は、遺伝暗号解読の主要なプロセスでまったく新しい分子メカニズムが働いていることを発見した。これは、理研横山構造生物学研究室の横山茂之上席研究員、永沼政広特別研究員、理研ライフサイエンス技術基盤研究センター　構造・合成生物学部門の関根俊一チームリーダーと、米国のスクリプス研究所、トーマスジェファーソン大学との共同研究グループによる成果である。

＊本稿は２０１４年６月11日付（日本時間・同12日）『Nature』オンライン版に掲載され、さらに理研が６月23日に発表したプレスリリースによる。なお、本書掲載にあたり、他との統一のため用字・用語等の一部改編があるが、その責任はすべて当編集部にあることをお断りしておきたい。

---

1. **トランスファーRNA（tRNA）、アクセプター／Tステム**　tRNAは、transfer RNA（転移リボ核酸）の略号。４種類の塩基、アデニン（A）、ウラシル（U）、グアニン（G）、チミン（C）のヌクレオチドが70～100個連なってL字型の３次元構造をとる。標準的なL字構造は、アクセプターステム、Tステム、Dステム、アンチコドンステムの４つのステム（二重螺旋構造）と、それらを結ぶループ（１本鎖構造）で構成される。20種のアミノ酸

■要旨――プレスリリースでのポイント

おもに20種類のアミノ酸が連なったタンパク質は、私たちの体の重要な構成要素です。タンパク質の合成過程では、遺伝子の塩基配列が、トランスファーＲＮＡ（ｔＲＮＡ）[1]の仲介[2]により、遺伝暗号の規則に従い特定のアミノ酸へと翻訳されます。遺伝暗号の規則を実現しているのは、個々のアミノ酸に対応する20種の「アミノアシルｔＲＮＡ合成酵素（ａａＲＳ）[3]」です。ａａＲＳは対応するアミノ酸と、そのアミノ酸の運搬を担うｔＲＮＡとを厳しく選択して結合し、反応させます。１９８８年に、アミノ酸の１つのアラニンで、ｔＲＮＡ選択の決め手（決定因子）がｔＲＮＡの二重螺旋部分にある変則的塩基対（Ｇ・Ｕ塩基対[4]）であることが発見されました。しかし、アラニンに対応するａａＲＳ「アラニルｔＲＮＡ合成酵素（ＡｌａＲＳ）」によるｔＲＮＡ選択のメカニズムには多くの謎があり、その実態は解明されていませんでした。

そこに、共同研究グループは、大型放射光施設「SPring-8[5]」と放射光科学研究施設「フォトンファクトリー[6]」を用いて、ＡｌａＲＳとそのｔＲＮＡとの複合体のＸ線結晶構造を解析し、ｔＲＮＡ選択の詳細なメカニズムの解明に成功しました。アラニンと反応するｔＲＮＡの末端部分が、天然型ではＡｌａＲＳの活性部位に向かって入っていくのに対し、天然型のＧ・Ｕ塩基対をＡ・Ｕ塩基対に入れ替えた変異型ｔＲＮＡでは、ＡｌａＲＳ上の「分岐点」で向きを変えて、活性部位から遠く離れていき、「非反応性複合体[7]」となることがわかりました。変異型

それぞれに専用のtRNAがあり、アミノ酸の種類ごとにアンチコドン配列（３連続の塩基）が割り当てられている。専用のaaRSによってCCA末端のＡにアミノ酸が結合される。

tRNAは、天然型tRNAとほぼ同じ強さでAlaRSと結合するのにもかかわらず、反応速度が2桁も遅く、事実上、選択されません。この反応速度の差だけに基づくtRNA選択の原理は、これまで説明できませんでした。今回、結晶構造の解析に成功したことにより、天然型tRNAでは、G・U塩基対に起因するわずかな変形が、末端部分の位置をずらして分岐点を超えさせ、反応を2桁も速くすることがわかりました。非反応性複合体を介した基質選択は新規の基本的概念です。今後、これを応用することで、人工アミノ酸を遺伝暗号に組み込むなど、新技術の開発につながると期待できます。

本研究成果は、文部科学省ターゲットタンパク研究プログラム、文部科学省創薬等支援技術基盤プラットフォーム事業の一環として行なわれたもので、前記したとおり『Nature』オンライン版に掲載されました。

背景

私たちの体を構成するタンパク質は生命を営むうえで重要な分子で、おもに20種類のアミノ酸でできています。すべてのタンパク質は、それぞれの遺伝子の塩基（A・G・T・C）の配列として暗号化されて記録された情報（遺伝暗号）に従って、アミノ酸が数珠つなぎになって合成されます。

DNAの遺伝子領域から転写されたメッセンジャーRNA（mRNA）[8]の塩基の（A・G・U・

2. **仲介**　mRNAのコドンとアミノ酸は直接に相互作用することができないため、コドンをtRNAが認識し、アミノ酸を aaRSが認識し、tRNAとaaRSが互いを認識することによって、間接的に、コドンとアミノ酸が対応づけられる。このように、遺伝暗号の規則に従ったコドンとアミノ酸の間の対応づけは、tRNAとaaRSが仲介する。

Ｃ）配列は、３つの塩基ずつに区切られ、その３塩基の並び方が１つのアミノ酸の種類を指定する暗号になっており、暗号の最小単位を意味する「コドン」と呼ばれています。ｍＲＮＡのコドンは、タンパク質合成の場である細胞小器官「リボソーム」で、順番に、トランスファーＲＮＡ（ｔＲＮＡ）の「アンチコドン」と呼ばれる部分の３塩基の配列によって認識されます。同時に、ｔＲＮＡが指定のアミノ酸を運んできていて、タンパク質が合成されます。このように、ｔＲＮＡがコドンとアミノ酸との間を仲介することによって、遺伝子の塩基配列は、タンパク質のアミノ酸配列に「翻訳」されています。

　コドンとアンチコドンの間の認識は、ＤＮＡの複製や転写における情報の受け渡しと似た、ＲＮＡ分子間のワトソン・クリック型塩基対[9]などによって行なわれます。それに対して、アミノ酸はＲＮＡとはまったく異なるタイプの分子であり、それらをどのようにして結びつけるかが、遺伝暗号における情報変換の本質といえます。

　アミノ酸とｔＲＮＡとを反応させ、結びつける役割を担うのが、「アミノアシルｔＲＮＡ合成酵素（ａａＲＳ）」です。それぞれのアミノ酸に対して、専用のａａＲＳが存在し、数多くのアミノ酸とｔＲＮＡのなかから、自分に対応するものだけを厳密に選択して反応させます。つまり、コドンとアミノ酸との対応関係を決める役割を担っているのがａａＲＳといえます。ａａＲＳによるアミノ酸の認識については、これまで多くのＸ線結晶構造解析が行なわれ、対応するアミノ酸をどのようにして選び出すか、その認識機構が解明されてきました。四半世紀ほど前に、ａａＲＳによるｔＲＮＡの認識の決め手となる目印（決定因子）[10]が、ｔＲＮＡ中の

3.　**アミノアシルtRNA合成酵素（aaRS）**　タンパク質を構成するアミノ酸はおもに20種類存在する。20種類のアミノ酸のそれぞれに対してアミノアシルtRNA合成酵素が20種類存在し（アスパラギン酸に対応するAspRS、リシンに対応するLysRSなど）、アデノシン三リン酸（ATP）のエネルギーを利用してアミノ酸を活性化したのち、対応するtRNAのCCA末端に付加する（アミノアシル化）。

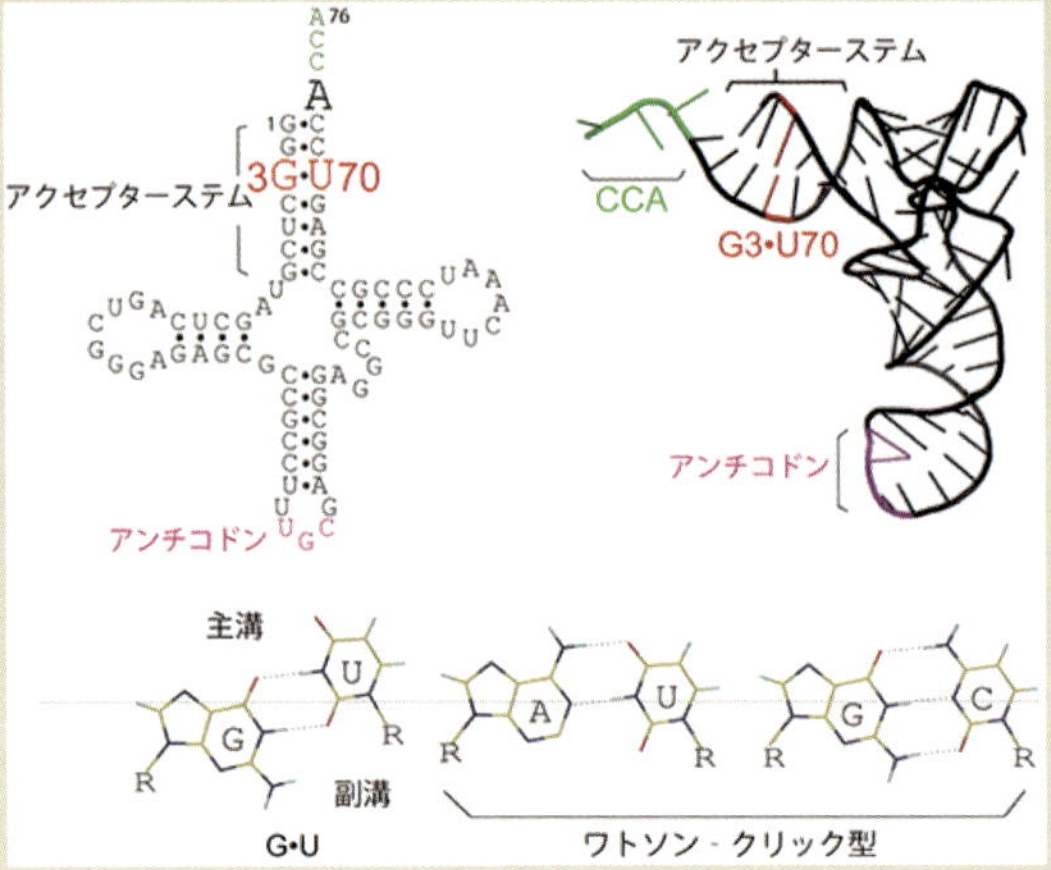

図１　tRNA^{Ala}の配列と立体構造とG・Uとワトソン・クリック型塩基対
左：tRNA^{Ala}の配列
右：tRNA^{Ala}のＬ字型立体構造
下：Ｇ・Ｕ塩基対とワトソン・クリック型塩基対

少数のヌクレオチド（ＤＮＡやＲＮＡを構成する単位）であることが発見されました。また、多くのａａＲＳは、ｔＲＮＡのアンチコドンを決定因子として認識すると考えられていました。

ａａＲＳの１つの「アラニルｔＲＮＡ合成酵素（ＡｌａＲＳ）」は、アミノ酸の１つアラニンとアラニン専用のｔＲＮＡ（tRNA^{Ala}）を選択して反応させ、アラニルtRNA^{Ala}を生成します。そして１９８８年、ＡｌａＲＳはtRNA^{Ala}のアンチコドンではなく、アクセプターステム[11]と呼ばれるｔＲＮＡの二重螺旋構造の３番目にある変則的塩基対（Ｇ・Ｕ塩基対：G3・U70）を決定因子として認識することで、tRNA^{Ala}とその他のｔＲＮＡを区別し、選択することが発見されました（図１左、右）。このG3・U70塩基対をA3・U70やG3・C70などのワトソン・クリック型塩基対に置換すると、ＡｌａＲＳによってアラニルtRNA^{Ala}が生成されなくなります。これと反対に他のｔＲＮＡ

4. **変則的塩基対（Ｇ・Ｕ塩基対）**　Ａ・Ｕ、Ｇ・Ｃなどの天然型塩基対と比べて、変則的塩基対（Ｇ・Ｕ塩基対）では、Ｇが副溝側へ、Ｕが主溝側へとずれており、幾何学的に異なる。
5. **大型放射光施設「SPring-8」**　兵庫県佐用郡の播磨科学公園都市内にある大型放射光施設。公益財団法人高輝度光科学研究センター（JASRI）によって、運転・維持管理、および利用促進業務が行なわれている。

にG3・U70塩基対を導入すると、アラニルtRNAが生成されます。当時、tRNAの決定因子はアンチコドンであると思われていたため、tRNA^{Ala}の決定因子がアクセプターステムに存在するというのは大発見でした。また、DNAと異なり、RNAの二重螺旋中の塩基対は、その主溝側からタンパク質が近づくことは困難で、塩基対の種類を認識することはできないと考えられています。

AlaRSに対するG3・U70塩基対の重要性の発見から20年以上もの間、AlaRSがどのようにして活性部位から離れたただ1つの塩基対に強く依存してtRNA^{Ala}を区別しているのかは、わからないままでした。さらに、G3・U70塩基対をA3・U70などのワトソン・クリック型塩基対に置換すると、tRNA^{Ala}間の結合の強さ（親和性）に影響を与えることなく、反応速度が2桁も遅くなることがわかっています。このような親和性ではなく反応速度を変えることによる基質選択メカニズムは、酵素による選択的RNA認識メカニズムという観点からも興味深い謎でした。

■研究手法と成果

共同研究グループは、AlaRSがG3・U70塩基対を決定因子としてtRNA^{Ala}を選択するメカニズムを明らかにするために、最初に①AlaRSと天然型のtRNA^{Ala}（tRNA^{Ala}/GU）が結合した状態の結晶構造、次いで②AlaRSとG3・U70をA3・U70に置換した変異型の

6. **放射光科学研究施設「フォトンファクトリー」**　茨城県つくば市の筑波研究学園都市にある大型放射光施設。大学共同利用機関法人高エネルギー加速器研究機構の実験施設である。
7. **非反応性複合体**　A3・U70をもつ変異型tRNA^{Ala}は、G3・U70をもつ天然型tRNA^{Ala}と異なり、そのCCA末端が活性部位とは異なる領域に捕捉されてしまうため、アミノアシル化されない。

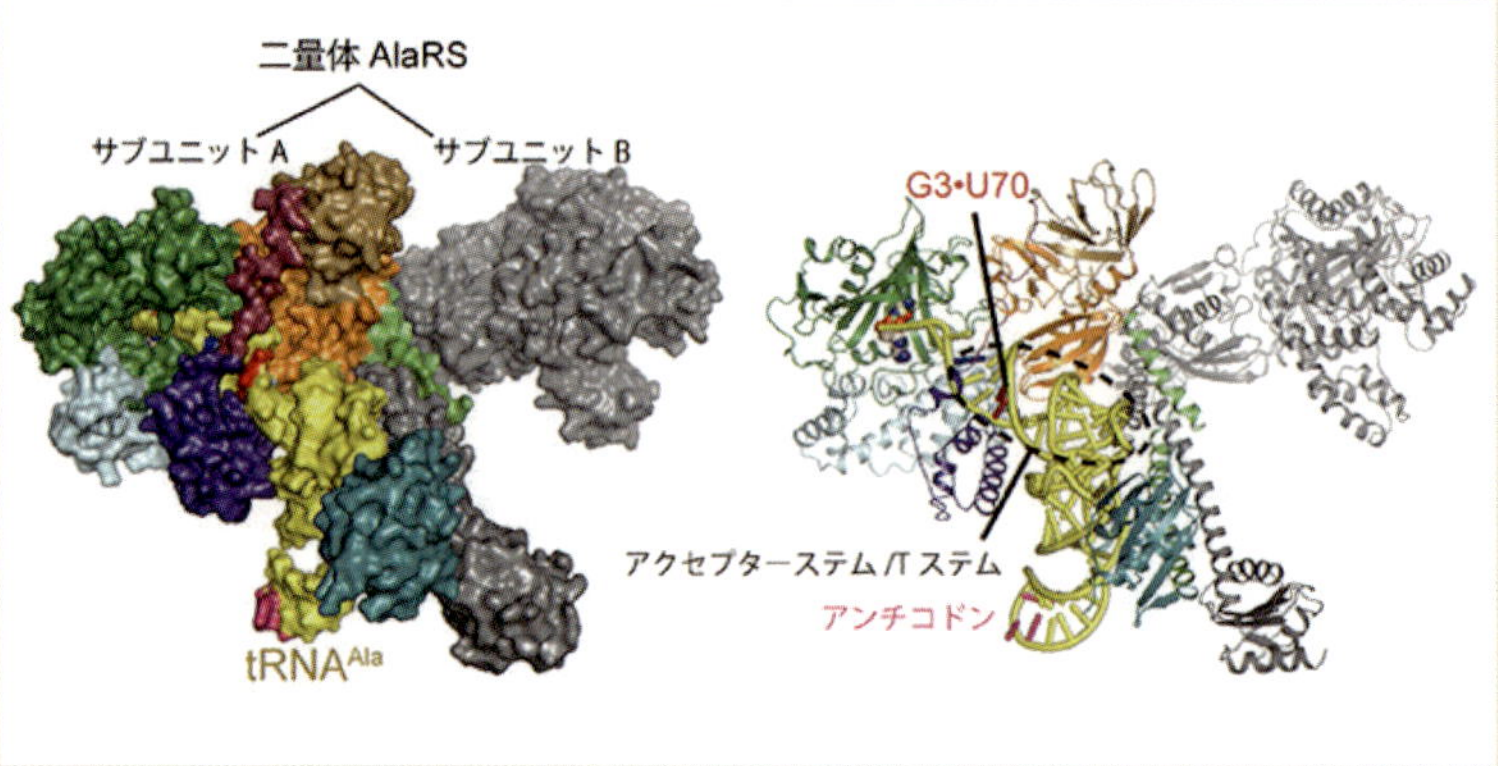

図２　AlaRSの全体構造
左：AlaRS-tRNA^Ala複合体の表面モデル。サブユニットAとBが二量体を作り、tRNA^AlaがサブユニットAにだけ結合している。
右：AlaRS-tRNA^Alaのリボンモデル。アクセプターステム/TステムがAlaRSによって取り囲まれるように相互作用している。

tRNA^Ala（tRNA^Ala/AU）が結合した状態の結晶構造の解明に取り組みました。X線結晶構造解析は、理研の大型放射光施設「SPring-8」、高エネルギー加速器研究機構の放射光科学研究施設「フォトンファクトリー」で行ないました。

解析の結果、①・②ともAlaRSは二量体を形成し、tRNA^Ala分子が結合していることがわかりました（図2左）。tRNA^Alaのアクセプター/TステムはAlaRSに包み込まれるように相互作用しており（図2右）、tRNAのアンチコドンを認識するaaRSとはまったく異なる結合様式でした。AlaRSは、アクセプターステムの二重螺旋を主溝と副溝の両側から挟み、深い主溝を押し広げて、決定因子の位置を挟み付けるように認識します。これにより、G3・U70塩基対もA3・U70塩基対も、

8. **メッセンジャーRNA（mRNA）**　タンパク質を翻訳できる塩基配列情報と構造をもったRNA。mRNAはDNAから写し取られた遺伝情報に従い、タンパク質を合成（翻訳）する。
9. **ワトソン・クリック型塩基対**　RNAはA、U、G、Cの塩基で構成されるが、AとU、GとCがペアとなる塩基対をワトソン・クリック型塩基対と呼ぶ。

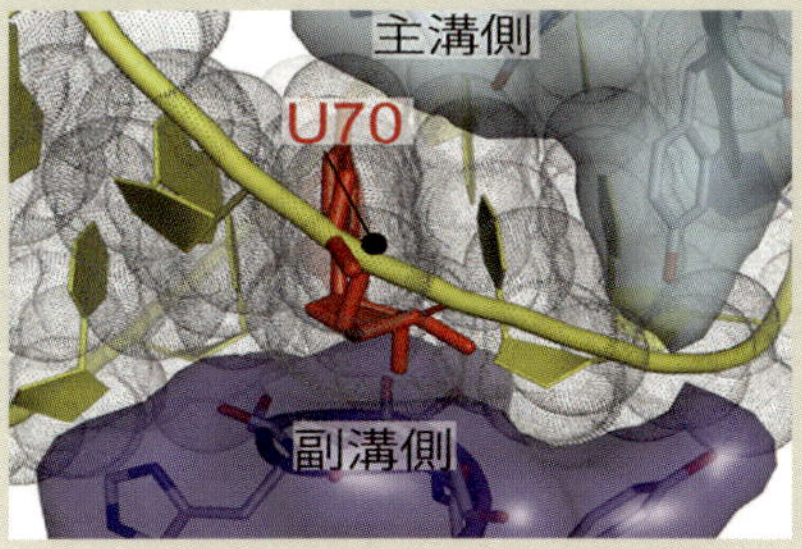

図３　AlaRSにより主溝と副溝の両側から挟まれるアクセプターステム
AlaRSは、アクセプターステム（黄色、原子の大きさをドットで示す）を、水色と紫色の構造を用いて、主溝と副溝の両側から挟み、深い主溝を押し広げて、決定因子（赤）の位置を挟み付けるように認識することで、G3・U70塩基対とA3・U70塩基対のU70の位置が同じようになるよう、精密に位置決めされる。

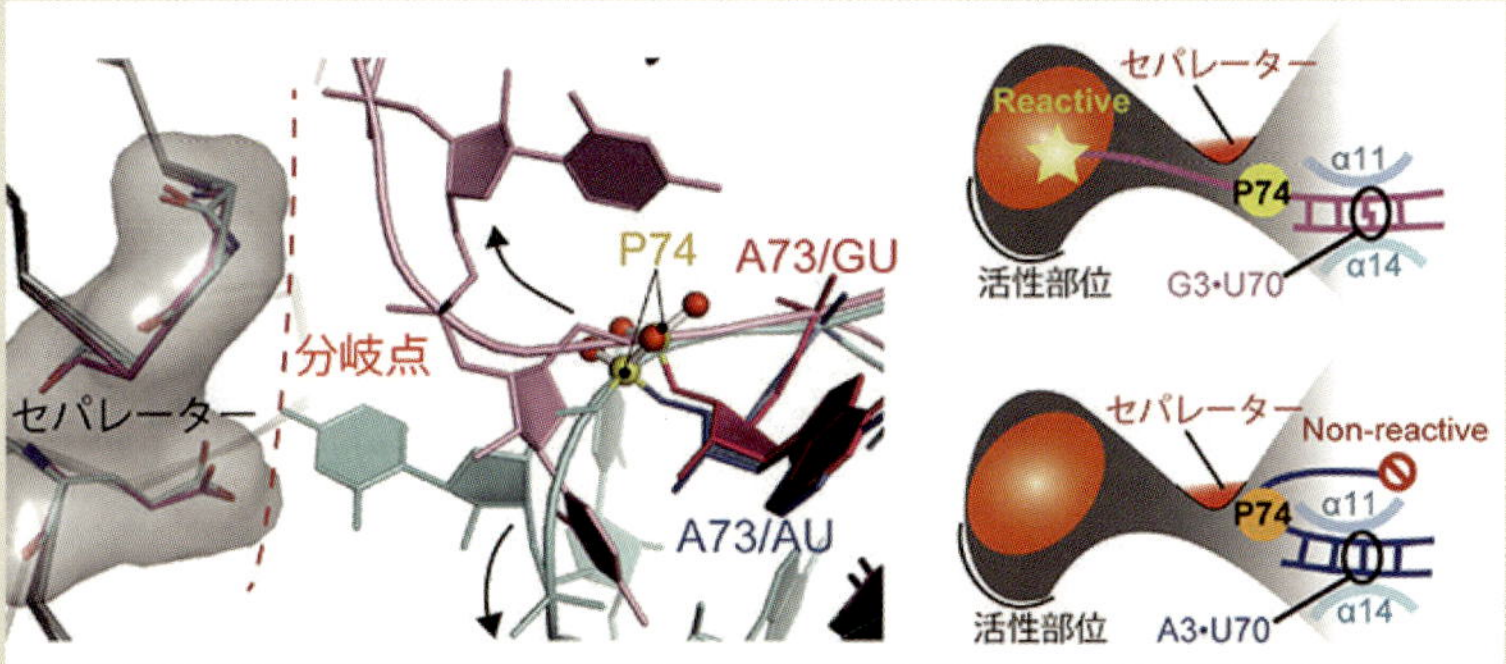

図４　選択的アミノアシル化のためのtRNAの末端CCA鎖分岐メカニズム
左：分岐しているtRNAの末端CCA鎖の構造。AlaRSのセパレーター構造が「分岐点」となり、末端CCA鎖の経路が２つに分岐している。
右：CCA末端鎖分岐メカニズムの概略図。G3・U70をもつtRNA^{Ala}末端鎖は活性部位に向かうことができ、A3・U70をもつtRNA^{Ala}のCCA末端は活性部位には到達できない。

10. **決定因子**　tRNAの認識の決め手となるヌクレオチド。20種のアミノ酸に対応するtRNAのそれぞれは、遺伝暗号の規則上で対応すべきaaRSによって選択されるための目印となるヌクレオチドをもつ。この目印となるヌクレオチド（決定因子）によって、どのaaRSによってアミノアシル化されるかが決まる。

U70の位置が同じようになるよう、精密に位置決めされていました（図3）。これらの結合様式は、天然型の$tRNA^{Ala}$/GUと変異型の$tRNA^{Ala}$/AUとでほぼ同じであり、それらとＡｌａＲＳの親和性がほぼ同じでした。

Ｇ・Ｕ塩基対とＡ・Ｕ塩基対などのワトソン・クリック型塩基対は、異なる幾何学的構造をしているため、Ｕの位置を合わせると、ＧとＡの位置は大きくずれて二重螺旋構造にわずかな変形が生じます（図1下）。今回の構造解析によって、ｔＲＮＡの末端アデノシン（ＣＣＡ、アミノアシル化されるヌクレオチド）のＡｌａＲＳ上での位置が、天然型と変異型の$tRNA^{Ala}$でまったく異なり、天然型ではＡｌａＲＳの活性部位に到達できるのに対し、変異型では、活性部位から約20Å（オングストローム、1Åは100億分の1ｍ）も離れており活性部位に到達できないという、予想外の大きな違いが発見されました。

このG3・U70塩基対とA3・U70塩基対の構造のわずかな変形の影響は、ｔＲＮＡの末端方向に伝わっていきますが、アクセプターステムの二重螺旋が終わるまでは小さな違いにとどまっています。詳細な構造を見てみると、アクセプターステムの二重螺旋の終わりからｔＲＮＡの末端ＣＣＡ鎖までは二重螺旋を作らずフレキシブルな1本鎖となっており、天然型と変異型の経路はまったく異なる方向へ配置されていることがわかりました。アクセプターステムの二重螺旋の終わり付近にＡｌａＲＳの突起状の構造（セパレーター構造）があり、これが「分岐点」となって、ｔＲＮＡの末端ＣＣＡ鎖を2つの経路に振り分けていました（図4左）。この経路の配置から、Ｇ・Ｕ塩基対に特有の螺旋構造の変形の影響は、アクセプターステムの二重

11. **アクセプターステム**　tRNAは4つの二重螺旋構造をもち、そのうち、アミノ酸と反応する（アミノアシル化される）CCA末端にもっとも近い二重螺旋構造をアクセプターステムと呼ぶ。

螺旋の主溝を広げて決定因子の位置を挟み付けるように認識することで末端方向に伝えられ、分岐点で大きく増幅されるという巧妙な仕組みによって、G3・U70塩基対をもつtRNA^{Ala}の末端ＣＣＡ鎖は活性部位に到達することができることがわかりました。一方、A3・U70などワトソン・クリック型の塩基対をもつｔＲＮＡの末端ＣＣＡ鎖は、この仕組みが働かないため、活性部位とはまったく異なる場所へ配置され、到達できないことがわかりました（図4右）。

変異型のtRNA^{Ala}/AUのＡｌａＲＳとの結合の様式では、反応すべき末端アデノシンが遠く離れた位置に隔離されていることから、「非反応性複合体」と呼ばれ、天然型のtRNA^{Ala}/GUの「反応性複合体」とはまったく異なります。ＡｌａＲＳのアミノアシル化の反応スキームに非反応性複合体の形成を含めてシミュレーションを行なったところ、変異型のtRNA^{Ala}/AUの場合に、天然型のtRNA^{Ala}/GUと比較して、親和性がほとんど違わないのに、反応速度が2桁も低下するという観測データを正確に再現できました。このような非反応性複合体を介した基質識別機構は、これまで報告されたことのない新しい概念です。

■今後の期待

新たなｔＲＮＡ選択メカニズムの発見によって、長い間謎のままだった、生命にとって必要不可欠な酵素反応の仕組みの説明が可能になりました。多くのａａＲＳはG3・U70よりも活性部位からさらに遠いアンチコドン配列を認識することでｔＲＮＡを選択しており、アンチコドンの変異が親和性に影響を与えることなく反応速度を変える例が多く知られています。そのようなａａＲＳの系でも、「非反応性複合体を介する基質識別機構」が働いているのか、まったく異なるメカニズムがあるのかは謎のままです。今後、この非反応性複合体を介する基質識別機構を取り入れた酵素の設計などにより、人工塩基をもつｔＲＮＡの認識・選択が可能になれば、それらの人工コドンを人工アミノ酸に割り当てる遺伝暗号拡張技術の開発につながると予想され、有用な人工アミノ酸を活用するタンパク質工学の発展につながると期待できます。

【ハ行】

【マ行】

【ヤ行】

【ラ行】

【ワ行】

【英字】

索引 本書の「索引」は通常形式ではなく、用語から本文に進みたいとする方々に向けて、その役割を果たすべく作成された。したがって、検索を主眼とする読者の方にはご不満となるかもしれないが、ご了解いただけることを請い願う。

装丁・デザイン	アダチヒロミ（株式会社 ムーブエイト）
DTP	本郷印刷
編集協力	SUPER NOVA（代表：長谷川隆義）
企画協力	中村康一
翻訳	菊川要 小林盛方 新庄直樹 坪井誠司 藤野正美 古川奈々子 三枝小夜子 三谷祐貴子
校正	（有）あかえんぴつ

※本書の翻訳・出版に際しては、ここで紹介した各スタッフのほかにも多くの方々の助言や協力を仰ぎました。
この場を借りて、厚く御礼を申し上げます。

監修 竹内 薫（たけうち かおる）

1960年、東京都生まれ。東京大学理学部物理学科卒業。マギル大学大学院博士課程修了。理学博士。ノンフィクションとフィクションを股にかけるサイエンス作家。NHK「サイエンスZERO」ナビゲーター、TBS「ひるおび！」コメンテーターとしても活躍中。 主な著書に『宇宙のかけら』（講談社）、『99.9％は仮説』（光文社新書）、『数学×思考＝ざっくりと』（丸善出版）、『猫が屋根から降ってくる確率』（実業之日本社）ほか、多数。

nature 科学 系譜の知 バイオ（生命科学）・医学・進化（古生物）

2015年2月12日　初版第一刷発行

監修　竹内薫

発行者　村山秀夫

発行所　実業之日本社
〒104-8233　東京都中央区京橋3－7－5　京橋スクエア
【編集部】TEL.03-3535-2393
【販売部】TEL.03-3535-4441
振替 00110-6-326
実業之日本社のホームページ　http://www.j-n.co.jp/

印刷・製本　大日本印刷株式会社

ISBN978-4-408-11105-6（学芸）